Hotel Food & Beverage Service

호텔·외식산업

식음료서비스 실무론

황성식 · 서정운 · 김재현 공저

(주)백산출판사

PREFACE 머리말

"머리가 아닌 가슴으로 서비스하라" 나의 호텔리어 32년 서비스철학이다. 호텔산업에서 진정한 굿 서비스는 참(진실)의 마음으로 고객을 대하는 것이다. 특히 서비스산업에 종사하는 서비스리어들은 진정한 서비스를 위한 전문지식과 스킬이 무엇보다 중요하기에 이를 터득하라고 말하고 싶다. 또한 그것이 서비스의 첫걸음이다.

호텔경영에 있어 식음료는 과거의 부대시설 서비스가 아닌 호텔의 주된 상품이 되었고 가장 탄력성이 강한 상품으로 현재까지 호텔의 수익에도 많은 공헌을 하고 있다. 현대 호텔경영에 있어 식음료부문 경영은 객실부문 경영과 함께 2대 수익 발생부분이며 객실경영에 비하여 많은 전문성이 요구되므로 그 중요성이 점차 높아지고 있다. 호텔의 식음료(F&B, Food and Beverage)부서는 고객 만족에 큰 영향을 미치고 다양한 고객의 취향을 만족시키며 호텔의 브랜드 이미지를 형성하는 데 중요한 역할을 하고 있다. 특급호텔 식음료부는 많게는 10개 이상으로 영업장이 많아 특별히 전문적인 스킬을 필요로 한다. 특급호텔의 경우 일반적으로 식음료 영업장이 많고 수시로 이 부문의 종사원을 채용하기 때문에 항시 훌륭한 예비 호텔리어를 필요로 한다. 따라서 본서가 이러한 식음료부에서 근무할 유능한 호텔리어 양성의 입문서로 활용되기를 바란다.

본서는 다음 네 가지의 특장점이 있다.

첫째, 호텔 식음료부는 영업장이 많아 실무지식을 가르치기 쉽지 않은데, 세부내용을 잘 강의하실 수 있도록 전반적인 실무지식을 가장 잘 망라했다고 자부한다.

둘째, 산업체 현장 투입 시 학생들이 바로 적응하여 유능한 호텔리어가 될 수 있도록 인터내셔널 호텔 식음료서비스의 실제 업무까지 익힐 수 있도록 하였다.

셋째, 필자가 5성급(특급) 호텔에 몸담았을 때 실습 및 채용된 학생들의 부족했던 부분을 다루어 업계에서 환영받는 호텔리어로 키울 수 있도록 하였다.

넷째, 호텔 실무현장에서 식음료부문 종사원의 교육훈련을 실시해야 하는데, 시간적인 문제와 매뉴얼의 부족 등으로 효과적으로 교육시키지 못하는 지배인님들의 교육 시 도움이 될 수 있는 식음료지침서가 되도록 하는 데 그 주안점을 두었다.

또한 본서는 입문하는 학생 중심으로 시작하여 호텔 현장실무서로서 손색이 없도록 구성하였다.

본서는 5성급 호텔인 쉐라톤서울팔래스호텔과 하얏트호텔의 현장 실무 서비스 매뉴얼을 토대로 정통적인 서비스 매뉴얼을 기초로 하였으며, 식음료서비스상품 · 연회서비스상품 · 인적서비스상품의 서비스 3요소가 완성된 직원에 의한 서비스품질과 고객이 경험하는 모든 상호작용 및 긍정적 기대가치는 재방문과 긍정적인 입소문을 이끌어낸다. 고객에게 전달하는 외식사업체와 호텔 식음료 부문에 있어 서비스의 중요성은 아무리 강조해도 지나치지 않다.

호텔 및 외식사업체의 식음료부서에서는 실시간 서비스가 이루어지다 보니 어떤 서비스를 창출하느냐, 어떤 고객만족을 창출해 내느냐에 따라 고객 로열티(Loyalty, 충성도)에 큰 차이를 보이게 된다. 이에 따라 많은 외식사업체와 호텔들은 더욱 차별화된 서비스 제공을 통한 고객만족, 더 나아가 이로 인한 매출상승을 목표로 직원 교육에 열을 올리고 있다.

끝으로, 본서가 출간될 수 있도록 도움을 주신 백산출판사는 40여 년간 셀 수 없이 많은 관광과 호텔 관련 서적을 발행하여 관광과 호텔산업에 빛과 소금이 되어주셨다. 이로써 우리나라 관광 발전에 기여한 공로는 가히 말로 다 표현할 수 없다고 하겠다. 또한, 관광 관련 업종에 종사하는 분들께도 진심으로 감사드리며, 출간을 쾌히 승낙해 주신 백산출판사의 진욱상 사장님과 이경희 부장님께 진심으로 감사드린다. 책이 출간될 수 있도록 도와주신 모든 분께 깊이 감사드린다.

2024년 12월

황성식 배상

CONTENTS 차 례

호텔의 이해

오늘날 호텔산업의 발달은 환경친화적 ESG 경영과 디지털화 및 로봇 그리고 AI 인공지능 산업화 혁신에 집중되고 있다. 온라인 예약 시스템, 자율주행, 자율주차, 스마트 라운지 등 UAM 서비스화가 더욱 가세하면서 관광과 호텔 리조트 산업 핵심가치 분야의 한 축으로 관심이 집중되고 있다.

인공지능(artificial intelligence), AI시대의 미래 관광이 새로운 시대를 맞이하는 뉴 트렌드 시대, 뉴 노멀 시대, 디지털 전환시대, 기후변화 시대, 탈경계 시대, 새로운 창조, 창업, 창직의 시대, K-컬처 시대의 웰니스여행, 디지털관광, 탄소중립여행, 스마트관광, 드론관광 시대를 맞이하면서 관광의 사회적 보장 즉 스스로 성장하는 지역관광 시장경제를 통한 융복합 관광 확장의 시대를 맞이하고 있는 것이 현실이다.

호텔산업을 이해하기 위한 기초는 기술의 발전과 관광의 트렌드 변화라고 할 수 있다. 이것이 미래의 여행문화와 관광서비스 트렌드를 변화시키는 것이 현실이다. 호텔산업은 관광의 다양한 정의와 이해를 바탕으로 복잡한 사회현상에서 성장한 다양성의 집합 산업이라 할 수 있다. 관광은 자연환경을 기반으로 역사와 문화, 경제적 측면 등을 아우르는 다양한 시각으로 재해석되고 있으며 특히 경제적 요인인 소득의 증대, 여가시간의 증대, 인구구조의 변화, 가치관의 변화 그리고 교통수단의 발달, 기후환경변화 등 현대사회의 이슈가 현대의 관광동향이다. 관광의 다양화로 나타나는 것을 사례로 든다면 생태관광, 문화관광, 테마관광, 가족관광, 체험관광, 모험관광, 스포츠관광 등을 들 수 있다. 이는 찾아가는 목적지 거점관광이 형성되고 리조트문화가 성장 발달하면서 단순여가활동에서 체류형 관광활동 그리고 생활형과 정주형의 리조트로 새로운 여가문화의 라이프가 숙박서비스 산업에 큰 영향을 미칠 것이라 생각한다.

관광의 테마 속에서 호텔산업이 성장 발전하기 위한 초석은 진정성의 서비스 실천이라고 할 수 있다. 숙박서비스에서 다루어지는 식음료서비스는 결국 관광의 3대 요소인 여행, 숙박, 식사 중 어느 하나 소홀히 할 수 없는 중요한 실천학문이다. 저자는 여기에서 부대서비스가 필수불가결한 하나의 외식산업이라는 것이고 식음료서비스의 품질과 기능 그리고 고객과 서비스 제공자의 상호관계는 신뢰와 친밀한 관계에서 형성된다고 생각한다.

1. 호텔의 조직

1) 국내 5성급 럭셔리 호텔의 조직도 사례

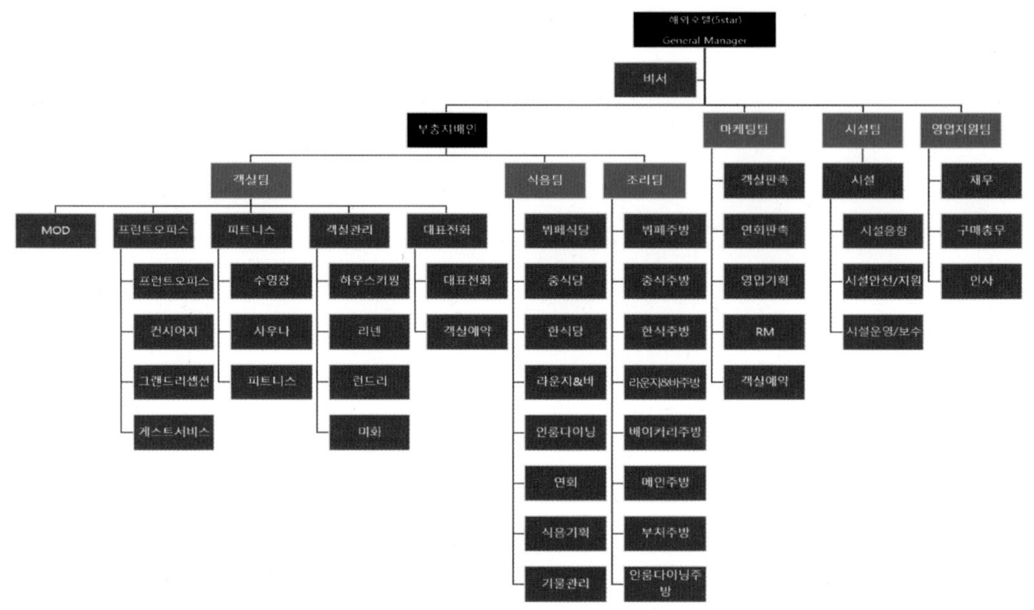

출처 : 조선호텔앤리조트. 저자 재구성

2) 해외 5성급 럭셔리 호텔의 조직도 사례

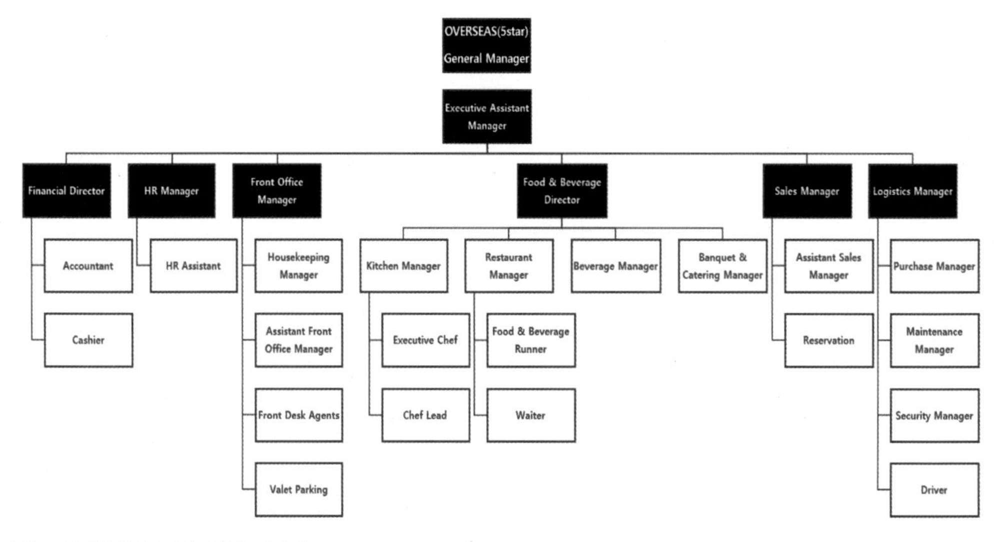

출처 : 글로벌호텔 조직. 저자 재구성

2. 호텔의 교육

1) 국내 럭셔리 호텔에서 General Manager(총지배인) 최고경영자의 역할

우리나라의 호텔산업은 1876년 강화도조약을 체결하면서 조선이 개항하여 외국인들이 찾아오면서 서양식 숙박시설이 필요하게 되어 생겨나기 시작하였다. 1888년 일본인 호리는 인천 중앙동에 최초의 서양식 호텔인 대불호텔을 세웠다. 1890년 인천에는 이미 3개의 서양식 호텔이 있었다고 하는데 스튜어드호텔도 대불호텔과 비슷한 시기에 생긴 듯하다. 서울에도 최초의 서양식 호텔이 생겼는데, 1902년 프랑스계 독일 여성인 앙투아네트 손탁이 정동의 경운궁 건너편에 지은 '손탁호텔'이다. 러일전쟁 시에는 후에 영국의 처칠이 호텔에서 하룻밤을 묵기도 하였다고 한다.(행정안전부 국가기록원 참조)

전 세계 호텔들이 운영관리 총괄책임자이자 최고경영자인 GM(general manager)을 호텔에 한 명씩 두고 있다. GM은 영업 및 관리의 주요 핵심업무를 관리 감독하고 새로운 마케팅전략 수립과 고객의 안전을 책임지는 최고책임자로서 그 역할이 막중하다.

호텔 등급에 따라 총지배인의 역할과 책임도 다르며 지휘하는 부서나 업무도 다양하게 이루어진다. 우리가 배워야 하는 것은 글로벌 매니지먼트 기능을 할 수 있는 최고경영자 과정이다. 한국적인 총지배인의 역할 K-GM 교육프로그램의 필요성을 이 책에서 강조하고 호텔의 꽃이라 할 수 있는 진정한 서비스맨이자 최고경영자 CEO 교육을 정립하고자 하였다.

총지배인의 업무범위는 다음과 같다.

NCS(National Competency Standards, 국가직무능력표준)는 분야별 환경 분석으로 노동시장 분석, 교육훈련 현황 분석, 자격 현황 분석, 해외사례 분석으로 구분하고 있으며, 이는 산업현장에서의 지식, 기술, 태도의 표준을 습득하고 현직에 적합한 인적자원 개발을 위한 자격, 교육훈련, 채용, 배치, 승진 등 직무중심의 인사제도를 운영할 수 있게 만든 제도로 실무형 인재 양성과 교육이다. 이러한 모든 분야의 전반적인 업무 지식과 기술, 그리고 통제 및 의사결정을 할 수 있는 능력을 갖추고 있어야 한다.

2) 국내 호텔들의 GM(General Manager, 총지배인) 교육 프로그램

호텔리어 성장 프로그램	
국내 브랜드 호텔	해외 브랜드 호텔
K-Hotel 리더스 프로그램 ■ Operation 부문 : 지속가능 경영 ■ Project 부문 ■ 개발 부문 선발 통과 후 교육과정 ■ Leadership Program ■ Case 1. Spirit of K-hotel 슈퍼바이저급 2. Challenge of K-hotel 내부/외부 모집 ※ KMT(K-hotel Management Training) : 매니저급 3. GM on Boarding ※ KMT(Kensington Management Training) : 캔싱턴 호텔 사례, 이사급/약 6개월 코스	Hyatt ※ CLT Program Corporation Leaders Training 약 6개월 Four Seasons ※ MIT Program Management Leaders Training 약 12개월 Hilton ※ Elevator Program

출처 : 저자 재구성

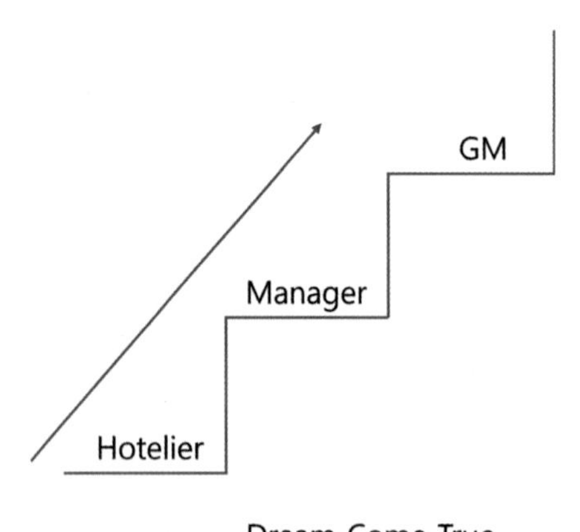

3) 국내 럭셔리 호텔의 교육과정 사례

호텔의 서비스는 보통 식음료 업장인 식당에서 좌우한다고 해도 과언이 아니다. 그만큼 가장 현실적이고 감성적이고 주관적인 측면이 있어 가장 힘든 서비스가 되기 때문이다. 따라서 육체와 정신 노동에서 오는 서비스의 질 저하와 직원들의 정신적인 스트레스가 더욱 많아지고 있다. 이에 따라 호텔에서는 직원에 대한 관심이 서비스에 대한 관심보다 더 높아지는 것이 현실이고 정부에서는 2022년부터 '감정노동자보호법'을 만들어 시행하고 있다. 이처럼 노동집약산업인 서비스산업에서는 서비스 스킬도 중요하지만 먼저 서비스 직원들의 심신을 안정시키고 마인드 컨트롤을 할 수 있도록 다양한 프로그램을 개발하여 문학, 여행, 신체훈련, 미술, 음악 등 인문학적 소양교육을 위한 교육도 호텔별로 다양하게 진행하는 것이 현재 서비스교육의 추세라 할 수 있다.

(1) 쉐라톤서울팔래스호텔 서비스 교육 및 직무교육 사례

Chapter 1. F&B본부 조직 및 운영(공통부문)

1. 시설 개요
   - 호텔 배치도와 엘리베이터 현황
   - F&B팀 영업장 현황과 영업장 배치도
2. F&B팀 조직도
   - 영업장별 개별 조직 이해
3. F&B팀 직급별 편성표
   - F&B Director, F&B Assistant Manager
   - F&B Office, Clerk
4. JOB DESCRIPTION
   - OUTLET MANAGER
   - OUTLET ASSISTANT MANAGER
   - CAPTAIN
   - WAITER, WAITRESS
   - WINE SOMMELIER
   - ORDER TAKER
   - BEVERAGE MANAGER
   - BARTENDER
5. 식당의 정의
6. 서비스맨의 기본자세 및 정신
   - 종사원의 기본 자세 및 정신
7. 서비스맨의 인간관계
   - 인간관계의 의의 및 종사원의 상호 인관관계
8. 보고요령
   - 보고의 원칙 및 보고 체계도

Chapter 2. 접객 서비스(공통부문)

1. 고객 영접 및 안내
2. 식당 예약 업무
3. 전화 응대 요령

Chapter 3. 식당 서비스(공통부문)

1. 서비스의 원칙 및 기법
2. 영업 전후의 업무
3. 주문받는 요령
4. 집기, 비품의 종류 및 사용법
5. NAPKIN 접는 방법

Chapter 4. 식당 서비스(공통부문)

1. 전채요리	Appetizer
2. 수프	Soup
3. 생선요리	Fish
4. 육류요리	Entree, Main Dish
5. 가금류요리	Poultry
6. 야채요리	Salad, Vegetable
7. 치즈	Cheese
8. 후식	Dessert
9. 커피	Coffee

Chapter 5. 식당 서비스(공통부문)

1. 와인 : White wine, Red wine, Rose wine
2. 맥주 : Draft Beer & Lager Beer
3. 증류주 : 위스키, 럼, 보드카, 진, 브랜디
4. 중국 술
5. 일본 술
6. 전통주
7. 칵테일

Chapter 6. Marriott Membership Program(공통부문)

Sheraton Seoul Palace Gangnam Hotel

Marriott Membership Program

6,700 Hotels.
130 Countries.
Extraordinary Brands.

- Wherever you're going, whatever you're doing, one program will bring you an unmatched collection of hotels and experiences.
- Members earn, redeem and enjoy exclusive benefits at more than 6,700 hotels and resorts across our extraordinary portfolio of brands in over 130 countries.

BENEFITS	MEMBER 0-9 nights/year	SILVER ELITE 10-24 nights/year	GOLD ELITE 25-49 nights/year	PLATINUM ELITE 50-74 nights/year	TITANIUM ELITE 75-99 nights/year	AMBASSADOR ELITE 100+ nights/year and $20K in annual qualifying spend
Complimentary In-Room Internet Access *Enhanced Internet	•	•	•	•	•	•
Member Rates	•	•	•	•	•	•
Mobile Check-In/Services	•	•	•	•	•	•
Ultimate Reservation Guarantee		•	•	•	•	•
Points Bonus		10% Bonus	25% Bonus	50% Bonus	75% Bonus	75% Bonus
Late Checkout Based on availability		•	• 2pm	• 4pm	• 4pm	• 4pm
Dedicated Elite Reservation line		•	•	•	•	•
In Hotel Welcome Gift Varies by brand			Points	Points, Breakfast offering or Amenity	Points, Breakfast offering or Amenity	Points, Breakfast offering or Amenity
Enhanced Room Upgrade Based on availability			•	• Including Select Suites	• Including Select Suites	• Including Select Suites
Lounge Access				•	•	•
Guaranteed Room Type				•	•	•
Annual Choice Benefit (5 Suite Night Awards or Gift Options) Awarded with 50 qualifying nights				•		
Annual Choice Benefit (5 Suite Night Awards or Gift Options) Awarded with 75 qualifying nights					•	
48-Hour Guarantee					•	•
Ambassador Service						•
Your24						•

출처 : 쉐라톤서울팔래스강남호텔

(2) 조선호텔의 직원 기초서비스 교육 및 직무교육 사례

조선호텔은 Global 경쟁력을 갖춘 최고의 호텔전문가 육성을 모토로 직원서비스 교육에 최선을 다하고 있다. 서울 웨스틴조선호텔에서 이루어지는 식음서비스 스킬은 경진대회를 통해 서비스를 실제와 같이 실시하고 있었다.

구 분	세부내용
직무교육	직군별 직무교육(직무 아카데미) – Rooms : 객실의 이해 Room & Housekeeping – F&B : Selling Skill, Beverage 1 · 2 · 3, Wine 1 · 2 – Kit : HACCP기초, 조리원리, 한 · 중 · 일 · 양식 개론 – 자격증 : 소믈리에, 조리기능장 – 기타 : Cost Control, Menu Engineering, 외국어
서비스교육	서비스 교육(서비스 아카데미) – Basic Level : Service Spirit, Service Standard, Complaint Handling – Intermediate Level : Service Frontier, Upscale STD 고객유형별 응대 – Advanced Level, 이문화 이해, 비즈니스매너, Image Making
기본교육	신입 멘토링, 사이버 과정, 리더십, 팀커뮤니케이션, 성과관리, 변화관리, 문제해결 향상 과정, 영향력 향상 과정, 독서통신 교육, 법정의무교육, 기타

출처 : 조선호텔앤리조트서울

3. 글로벌 호텔 브랜드의 이해

현대의 젊은 세대는 브랜드를 단순한 제품이나 서비스가 아니라 경험과 가치로 인식하고 있다. 이들 브랜드는 제품의 품질이나 가격이 아닌 기업의 사회적 책임, 환경에 대한 관심, 다양성 및 포용성과 같은 요소들을 포함하고 있는 것이다. 결국 브랜드란 자신의 자아표현 수단이고 자신의 라이프스타일과 가치관을 반영한 중요한 나만의 차별화된 가치창조라고 할 수 있다.

브랜드 특징은 크게 계층별, 유형별로 구분하고 CI(Corporate Identity), BI(Brand Identity)의 개념 이해를 우선 숙지해야 하고, 브랜드명은 차별성 · 독특성 · 연관성 · 유연성, 그리고 기억하기 좋게 기억용이성을 갖추어야 한다.

다음은 전 세계 유명 호텔 최고 브랜드와 대표 호텔 브랜드 네임(Brand Name)의 구조 및 계층별 호텔 브랜드를 파악하고 호텔등급의 계층별 브랜드 자산인 상표를 간략하게 알아보고자 한다.

We Are Marriott International

Travel with us as we expand our world, improve the communities we serve and open doors to new opportunities.

MARRIOTT BONVOY

출처 : Marriott International 홈페이지

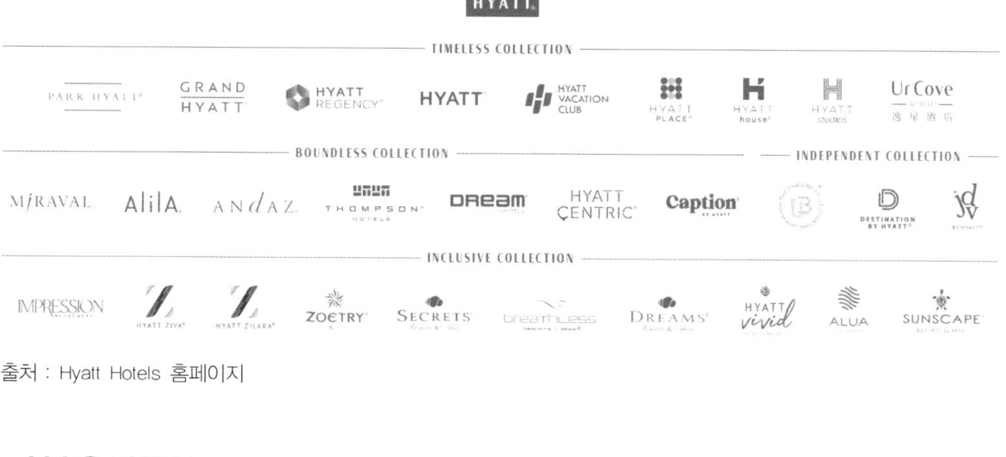

출처 : Hyatt Hotels 홈페이지

IHG HOTELS & RESORTS

출처 : IHG Hotel & Resorts Group 홈페이지

제 2 장

식음료의 이해

제1절

식음료의 이해

롯데호텔 서울 - 프렌치 레스토랑 '피에르 가니에르 서울'

1. 식음료 운영의 중요성

현대 호텔경영에 있어서 식음료부문 경영은 객실부문 경영과 함께 2대 수익 발생부분이며, 초특급 호텔의 매출 구성비 객실 45%, 식음료 40%, 기타 15% 정도의 매출 추이를 보이고 있어 그 중요성이 점차 높아지고 있다.

식음료는 호텔의 주된 상품이 되었으며 가장 탄력성이 강한 상품으로 호텔의 수익에도 많은 공헌을 하고 있다.

식음료부분의 효율적 운영은 호텔이익의 근원이 되며 객실이용을 증대시키는 데도 크게 기여하는 것이다. 이러한 이유로 호텔 웨딩사업부문 및 컨벤션센터(국제회의장)를 포함하는 식음료부문 경영은 객실부문 못지않게 매우 중요하다.

2. 식당의 유래

1) 식당의 역사

(1) 고대(B.C. 3500년경~A.D. 14세기 초 동로마제국 멸망)

고대 이집트의 분묘와 피라미드의 벽화에는 음식을 준비, 시장에서 팔았음을 묘사한 그림이나 상형문자가 그려져 있으며, 상인들이 길거리 등에서 음식을 팔던 모습과 제빵사, 조리사들의 요리과정이 잘 묘사되어 있다. 아시리아왕 사르다나팔루스(Sardanapalus)는 식도락을 즐겨 큰 연회를 자주 열었으며, 현재의 조리경연대회와 같은 행사를 개최, 최고의 요리사들이 명예를 걸고 실력을 겨루도록 하였다. 식당은 인간이 여러 목적으로 이동하면서 먹고 쉬는 장소가 필요해짐에 따라 생기게 되었다. 기록에 의하면, B.C. 512년 고대 이집트에 식당의 기원이라 할 수 있는 음식점이 있었다고 한다. 이 시대에 메뉴는 간단한 시리얼(Cereal), 들새고기(Wild), 양파(Onion) 정도의 요리가 제공되었고, 소년들은 부모와 동반해야만 출입이 가능하였으며, 소녀들은 결혼할 때까지 식당 출입이 절대 금지되어 있었고, 특히 숙녀들은 이런 식당에 출입이 금지되어 있었다.

(2) 로마시대{B.C. 8세기 중엽~A.D. 5세기 말(약 1300년)}

A.D. 79년경 로마시대에는 나폴리의 'Vesuvius' 산줄기의 휴양지에 식사하는 곳(Eaters Out)이 매우 많았으며, 유명한 카라칼라(Caracalla)라는 대중목욕탕의 유적에서도 식당의 흔적을 찾아볼 수 있다. 이 목욕탕은 기원전 216년 카라칼라 제왕 때 사용되었던 것으로, 한 변이 330m나 되며 수용능력이 1,600명이었다고 한다. 이 큰 건물 내에는 증기탕, 온탕, 냉탕 등 여러 가지 욕실과 체육장, 경기장, 도서실, 강연실, 학습실, 미트라교의 예배당까지 갖추어져 사교장 겸 스포츠장으로 사용했고 음식물을 제공하는 식당이 있었다고 한다. 이때는 수도원과 사원에도 음식물을 제공할 수 있는 식당이 있었고 여행자를 수용하는 여인숙이 있었다.

타베르네(Tavernas)는 고대 로마의 작은 레스토랑으로 그곳에서 포도주와 음식을 판매했고, 음식판매와 음식점 운영에 관한 법이 있었다고 전해진다.

(3) 중세시대(A.D. 5세기~A.D. 15세기)

중세시대의 화려한 식음료서비스는 귀족들만의 특권이었는데, 연회에서는 곡예사, 마술사들이 묘기를 보였고, 음유시인들은 시를 지어 흥을 돋우었다. 참석자들은 향숫물에 손을 씻고 큰 접시 위에 놓인 공작, 소, 돼지, 양고기요리를 즐겼다. 중세시대에 길드(Guilds)들이 대량으로 음식을 준비하였다.

굽는 사람(Roaster) 길드의 하나인 '셰네 드 로티스리(Chain'e de Rotisserie)'는 현재 각국에서 개최되는 미식가단체와 같은 모임인데, 12세기 프랑스 파리에서 허가받아 독점적으로 상품을 생산하였다. 요리장이 몇몇 요리사들을 전임으로 맡아 기술을 전수해 왔다. 현재 전해지는 조리에 관한 표준과 기술의 대부분은 이때 시작된 것이다.

(4) 12세기 영국의 경우

12세기경 영국은 선술집(Public House)이 번창했으며, 1650년에는 최초의 커피하우스(Coffee House)가 옥스퍼드에 개업했고, 일정한 가격으로 점심이나 저녁식사를 제공하는 오디너리(Ordinary)란 간이식당도 생겼다.

(5) 프랑스 요리

14~16세기 동안의 르네상스시대에는 문화, 예술의 부흥뿐만 아니라 음식도 눈부시게 발전했다. 르네상스시대의 요리는 예술의 발달만큼이나 고급요리로 유명하였으며, 요리의 르네상스는 이탈리아에서 씨를 뿌렸고, 곧 프랑스로 옮겨가 화려한 꽃을 피우게 되었다.

프랑스 요리라고 하는 음식의 등장은 1533년 앙리 2세(Henry Ⅱ)와 이탈리아 플로렌스(Florence) 지방 메디치(Medici) 가문의 카트린(Catherine)과의 결혼식 때 조리된 고급음식이 그 시초이다. 전통적으로 예술을 매우 애호하는 집안분위기에서 자란 '카트린'이 수석조리사를 데리고 시집 와서 새로운 음식을 선보였다. 이 시기의 귀족들은 자신의 성(城)을 최대한 호화롭게 짓는 데 열중했었고, 사치스러운 연회는 누가 최고의 접대연회를 할 수 있는가 하는 조리경연대회 같아 능력 있는 조리사는 생활비는 물론 연금을 보장받으면서 미식의 연구와 발전에 몰두할 수 있는 최상의 대우를 누렸다. 이러한 환경이 프랑스 요리를 최고급으로 발전하게 만들었으며, 유럽에 그 명성을 떨치게 되었다.

한편 쇠락한 프랑스의 많은 귀족들이 조리사와 하인들을 데리고 파리(Paris)에 있는 자신들의 집에서 저녁과 음식을 판매하였으며, 이들 중 몇몇은 오늘날 파리에 있는 고급 유명 레스토랑으로 이름을 떨치게 되었다.

프랑스 요리는 19세기까지 귀족과 외교관, 예술가들의 사랑을 받으며 세계적인 명성을 유지하였으나, 제1차 세계대전 이후부터 화려한 것보다는 단순화된 요리가 요리사들뿐만 아니라 일반대중에게까지 널리 전파되었다.

(6) 레스토랑의 출현

1600년경은 식당 역사상 매우 중요한 전환점이 되는 시기이다. 프랑스에 레스토랑의 전신이라고 할 수 있는 최초의 커피하우스(Coffee House)가 출현, 곧 유럽의 전 도시로 빠르게 확산되었고, 커피하우스에서는 커피, 코코아, 포도주 등 간단한 음료와 술을 판매하였다. 음료를 마시면서 흥미 있는 사건들을 이야기하거나 지역의 상류사회에서 흘러나오는 최신 뉴스와 소식들을 서로 주고받았다. 이것이 후세 레스토랑의 시초이다.

프랑스의 루이 15세 집권기간 중에, 프랑스에서는 1765년 몽 블랑거(Mon Boulanger)라는 사람이 "블랑거는 신비의 스태미나 요리를 판매 중(Boulanger Sells Magical Restoratives)"이라는 간판을 내걸고 양의 다리와 흰 소스(White Sauce)를 끓여 만든 '레스토랑(Restaurant)'이란 이름의 수프를 판매했다. 이 수프는 루이 15세를 비롯하여 대중들에게 인기가 대단했는데, 이 수프의 이름이 전래되어 후세에 이 요리를 먹는 장소는 '레스토랑(Restaurant)'이라 칭하게 되었다. 이후 많은 커피하우스들이 몽 블랑거의 레스토랑을 모방, 여러 곳에서 개점하였고, 추후 약 30년 동안 500개가 넘는 레스토랑이 생겨나게 되었다고 전해진다.

'레스토랑(Restaurant)'이란 단어는 체력을 회복시킨다는 뜻의 '레스토레(Restaurer)'라는 말에서 유래되었다. "De Restaurer(드 레스토레)"란 단어의 의미는 '수복한다, 재흥한다. 기력을 회복시킨다'라는 의미이다.

오늘날의 전형적인 레스토랑의 효시는, 18세기 말 앙투안 보빌리에(Antoine Beauvilliers)가 개점한 'Grande Taverne de Londres'로 브리야 사바랭은 이 식당을 조찬서비스, 와인, 음식 등을 체계적으로 갖춘 상급 레스토랑이라 정의한다. 이 식당이 오늘날 현대적 의미의 레스토랑의 효시이다.

중국에서는 6세기 『식경(食經)』이라는 요리 전문서적이 발간, 식당 발전에 효시가 되었고, 청조(靑朝)시대에는 회관(會館)이란 식당이 등장하면서 장원(壯元), 진사(陣士)라는 간판을 내걸고 영업하였다고 한다.

우리나라 『삼국사기(三國史記)』에 의하면, 우리의 문헌에 나타나는 최초의 시장은 490년(소지왕 12)에 개설된 경시(京市)이다. 『삼국사기』에 보면 이해에 "처음으로 서울에 시장을 열어 사방의 물화를 통하게 하였다(初開京師市 以通四方之貨)"라고 되어 있다. 그러나 이것은 당시 신라의 서울인 경주에 세워진 최초의 관설시장을 뜻하는 것이지 우리나라 시장의 효시를 의미하는 것은 아니다(한국민족문화대백과, 한국학중앙연구원). 이후 509년에는 동시(東市), 695년에는 서시(西市), 남시(南市) 등의 상설시장이 개설되었고, 시장 안에 상인들을 위해 음식을 판매하는 장소가 생겼다고 한다. 『고려사』 권제3, 5장 앞쪽에서 뒤쪽에는 성종 2년(983)에 성례(成禮) · 낙빈(樂賓) · 연령(延齡) · 영액(靈液) · 옥장(玉漿) · 희빈(喜賓) 등 6개의 주점이 함께 설치되었다고 전한다. 이 시기 주점의 설치는 화폐를 유통시키며 상업 발달을 도모하기 위한 것이고, 숙종 9년(1104)에도 국가에서 정책적으로 주점을 설치하였다.(한국고전용어사전, 세종대왕기념사업회, 2001)

이태조는 조선왕조 1398년(태조 7) 숭교방(崇敎坊, 지금의 명륜동)에 국립대학인 성균관을 두었는데, 이 안에는 공자를 모신 사당 문묘(文廟)와 유생들이 강의를 듣던 명륜당(明倫堂)이 있었고, 명륜당 앞 좌우에는 두 재(齋)가 있었는데 이 안에 모두 28개의 방이 있어 200명 가까운 유생들이 거처했고, 선비들이 식사하는 식당이 이곳에 있었다. 이때부터 처음으로 식당(食堂)이라는 말이 기록되었으며, 음식을 날라주는 사람을 일컫는 식당지기라는 말이 최초로 생겨났다.

1885년 초대 한국 주재 러시아 대리공사 '베베르(Veber)'와 함께 입국한 독일 여인 손탁(Sontag)이 1902년(고종 39), 고종으로부터 정동에 있는 가옥을 하사받아 개업한 손탁호텔(Sontag Hotel)에 프랑스식 식당이 처음으로 생겨 우리나라 최초의 서양식 식당이 되었으며, 1925년에는 철도호텔의 등장과 함께 서울역의 구내에는 서양식 식당인 서울역 그릴(Grill)이 생겨났다.

2) 레스토랑의 개념

프랑스 대백과사전 『Larousse du XXe Siècle』에 의하면 식당의 어원은 "De Restaurer(드 레스토레)"란 말로부터 시작되었다고 한다. 이 Restaurer(레스토레)란 단어는 '수복한다, 재흥한다, 기력을 회복시킨다'라는 의미이다. 이 사전에 의하면, Restaurant이란 "Establishment Public ou l'on peut Manger : Restaurant a Prix File : Restaurant À La Carte"라고 적혀 있다. 즉 사람들에게 음식물을 제공하는 공중의 시설, 정가판매점, 일품요리점이라고 표현하고 있듯이, 식당이란 음식물과 휴식장소를 제공하고 원기를 회복시키는 장소라고 풀이했다.

한편, 미국의 『Webster사전』에는 "An Establishment Where Refreshment or Meals May Be Procured By The Public : A Public Eating House"라고 표현되어 대중들이 가벼운 음식물이나 식사할 수 있는 시설이라 설명하고 있다. 영국의 고전적 사전 『The Oxford English Dictionary』에서도 "An Establishment Where Refreshment or Meals May Be Obtained"라고 기록되어 있다. 우리나라 『국어사전』에는 식당을 "식사를 편리하게 할 수 있도록 설비된 방, 음식물을 만들어 파는 가게"라고 설명하고 있다. 이들을 종합해 볼 때 "식당이란 일정한 장소와 시설을 갖추어 인적 서비스와 물적 서비스를 동반하여 음식물을 제공하고 휴식을 취하게 하는 곳"이라고 정의할 수 있다.

3. 식음료서비스의 이해

1) 운영방식에 의한 분류

(1) 테이블서비스(Table Service)

고객은 편히 앉아서 서비스를 받을 수 있으므로 시간이 많고 바쁘지 않은 고객에게 적합하다. 대부분 고객의 좌측에서 서브하고 우측에서 빈 그릇을 수거하며 서비스 수단은 Tray, Wagon, Plate에 의한다.

(2) 셀프서비스(Self-Service)

Self-Service Restaurant은 고객이 음식을 운반하여 먹는 서비스로서 카페테리아(Cafeteria)나 뷔페(Buffet) 서비스가 바로 그것이다. 그러나 경우에 따라 카빙(Carving)이 필요한 요리는 요리사가 서비스해 주기도 한다.

셀프서비스의 특징은 다음과 같다.

① 기호에 맞는 음식을 다양하게 자기 양껏 먹을 수 있다.
② 식사를 기다리는 시간이 없으므로 신속한 식사를 할 수 있다.
③ 인건비가 절약된다.
④ 가격이 저렴한 장점이 있다.

(2.1) 카페테리아서비스(Cafeteria Service)

① 간단한 음식을 고객 자신이 스스로 운반하여 먹는 서비스 제도이다.
② 공장, 학교, 병원, 고속도로 휴게소 식당, 드라이브인 식당, 터미널 식당 등이 택하는 서비스제도이다.
③ 셀프서비스로서의 장점이 있다.

(2.2) 뷔페서비스(Buffet Service)

① 격식 없는 가족모임에 적합
② 음식을 스스로 가져다 테이블에 앉아서 먹는 Seating Buffet 방법과 연회식으로 서서 먹는 Standing Buffet 방법이 있다.
③ 고객의 수, 메뉴, 홀의 크기와 형태에 따라 테이블의 배치가 달라진다.
④ 종사원들은 고객의 편의를 도와주고 음식이 모자라지 않는지 항시 체크한다.
⑤ 간단한 테이블 세팅(Table Setting)을 하고 모든 서브용 빈 접시는 뷔페 테이블 뒤에 놓는다.

(2.3) 카운터서비스(Counter Service)

카운터서비스(Counter Service)는 식당의 주방이 개방되므로 고객은 조리하는 과정을 직접 볼 수 있으며, 조리장과 붙은 카운터를 식탁으로 하여 고객이 직접 조리과정을 지켜보며 식사할 수 있는 형식으로서, 때로는 웨이터가 음식을 테이블까지 날라주기도 한다. 바 카운터와 일식당의 철판구이 카운터, 스시 카운터 등이 있다.

카운터서비스의 특징은 다음과 같다.

① 빠르게 식사를 제공할 수 있다.
② 고객의 불평이 적다.

③ 고객이 조리과정을 지켜볼 수 있어 청결하다.

④ 상당히 경제성 있는 서비스이다.

2) 서비스 형태에 의한 분류

(1) 플레이트서비스(Plate Service)

플레이트서비스는 간혹 독일식 서비스라고도 칭하지만 일반적으로 아메리칸(American) 서비스라고 한다. 이 서비스는 주방에서 개별 Plate에 담긴 요리를 Waiter나 Waitress가 손으로 접시를 운반하여 직접 들고 나와, 식탁에 앉아 있는 고객에게 시종일관 접시째 제공하는 서비스 방식이다. 따라서 이 서비스의 형태는 주로 커피숍이나 스낵바 등과 같이 객석의 회전이 빠른 약식식당(Canteen)이나 단체숙식을 하는 곳(Boarding house)의 식당에 적합한 신속 편리한 서비스 방법이다.

플레이트서비스의 특징은 다음과 같다.

① 주방에서 음식을 접시에 담아 운반하고 서브

② 신속하고 빠른 서비스

③ 고급식당이 아닌 객석의 회전이 빠른 식당에 적합한 서비스

④ 일정한 몫(Portion Size)이 정해져 있어 모든 고객의 양을 만족시켜 주지 못하며, 또한 음식이 비교적 빨리 식어버리는 것이 단점

(1.1) 플레이트서비스(Plate Service)

장 점	단 점
서비스상의 숙련도가 많이 필요치 않으므로 종사원 확보가 용이	프렌치서비스 같은 우아한 점은 부족
신속한 서비스가 용이	특별한 전문성을 요하지 않으므로 종사원의 이직률이 비교적 높은 것이 단점
숙련된 요리사에 의해 음식이 배식되므로 깔끔한 음식배열 가능	
단체고객 식사에 효율적	

(1.2) 플레이트서비스(Plate Service)의 요령

① 서브(serve)는 고객의 왼쪽에서, 빈 접시의 수거는 오른쪽에서 한다.
② 엄지손가락이 접시 가장자리 안쪽으로 들어가지 않도록 한다. 운반 시 기울지 않도록 한다.
③ 빈 접시의 수거는 코스요리의 순서에 따르며 소음이 나지 않도록 주의한다.
④ 식사 서브는 어린이, 나이 많은 여성, 젊은 여성, 주빈, 고령 남성, 젊은 남성 순으로 한다.

(2) 트레이서비스(Tray Service)

트레이서비스는 해당식사에 필요한 기물과 음식을 쟁반(Tray) 위에 차려서 제공하는 형식으로 요리 담은 접시를 트레이에 담아서 서브하며, 롯데리아 같은 스낵 식사 또는 호텔의 룸서비스나 항공기의 기내 식사를 제공할 때 사용한다.

이 서비스의 특징을 간단히 요약하면 다음과 같다.

① 다른 서비스에 비해 빠른 서비스를 할 수 있다.
② 플레이트서비스보다 안전하다.

트레이서비스(Tray Service)의 장점

① 플레이트 서비스보다 서빙이 안전하다.
② 여러 가지 음식을 동시에 서브 가능
③ Tray Service 방법

(3) 카트서비스(Cart Service or Gueridon Service)

영국식 서비스(English Service), 게리동서비스(Gueridon Service)라고도 불리는 이 서비스는 영국의 정통적인 주인(Master) 또는 가장(Family Head)이 식탁에서 직접 카빙(Carving)하고, 몫을 나누어 서브하는 포셔닝(Portioning)을 한 것에서 유래한다. 이 서비스 형식은 유럽의 정통적이고 우아한 서비스를 즐기는 미식가들과 귀족적인 서비스를 원하는 고객에게 적합한 형식으로 프렌치서비스(French Service)에서도 이 방식을 사용한다. 카트서비스 자체가 프렌치서비스는 아니다. 음식이 반조리상태에서 홀(Hall)로 운반되어 고객의 식탁 앞에 위치한 Cart(Gueridon) 위에 준비한 다음 셰프 드 랑 혹은 코미 드 랑에 의해 요리를 완성하여 Serve하는 형식이다. 셰프 드 랑은 코미 드 랑과 한 조를 만들어 팀워크를 이루는데, 셰프 드 랑이 카트 위에서 조리를 완성하고 접시에 Presentation(프레젠테이션 : 보여주며 제시, 증정)을 하면 코미 드 랑이 고객에게 Serve한다. 카트서비스(Cart Service)를 미국에서는 웨건서비스(Wagon Service)라고도 한다.

게리동서비스(Gueridon Service)의 특징은 다음과 같다.

① Á La Carte 채택 전문식당에 적합한 서비스
② 식탁과 식탁 사이의 충분한 공간 필요
③ 잘 훈련되어 숙련된 접객조 편성을 요하므로 인건비 비율 높음
④ 셰프 드 랑 시스템(Chef de Rang System)
⑤ 고객은 자기의 양(Portion)에 맞게 식사 가능하며, 남은 음식은 따뜻하게 보관되어 추가 서브 가능
⑥ 정교함과 정중함을 요구하는 서비스이므로 시간이 오래 걸리는 것이 단점

(4) 플래터서비스(Platter Service, 실버서비스 : Silver Service)

부유층의 고급식당 이용고객들은 주방에서 음식을 미리 접시에 담아서 내오는 플레이트서비스(Plate Service) 형식을 선호하지 않는다.

플래터서비스(Platter Service)는 생선이나 가금류를 통째로 요리하여 아름답게 장식한 후 고객에게 서브되기 전에 고객들이 잘 볼 수 있도록 보조테이블에 올려놓아 이 요리를 보고 고객이 식욕을 돋게 하는 효과를 거둘 수 있도록 한 데서 유래되었다고 한다.

이 요리는 주빈에게 쇼(Show)를 거친 후 식탁 위에 직접 올려놓아 고객이 직접 셀프서비스하거나 웨이터가 요리를 덜어서 테이블을 돌며 서브하게 되는데, 19세기 초 유럽에서 크게 유행되었던 서비스 방식이다. 우리나라도 1978년 전후 특1급 호텔 프랑스 식당에서 유행하였다. 이 서비스는 1800년 중반에 유행한 것으로 큰 은쟁반(Silver Platter)에 멋있게 장식된 음식을 고객에게 보여주면 고객이 직접 먹고 싶은 만큼 덜어먹거나 웨이터가 시계 도는 방향으로 테이블을 돌아가며 고객의 왼쪽에서 적당량을 덜어주는 방법으로 매우 고급스럽고 우아한 서비스이다.

독일과 미국에서는 러시안서비스(Russian Service)라고도 말하며, 프랑스에서는 실버

서비스(Silver Service) 혹은 프렌치서비스(French Service)라고 칭하는 것으로, 세계 각국의 고급호텔이나 상류사회 고급식당에서 많이 채택하여 이용되는 형식이다.

러시안서비스의 특징은 다음과 같다.

① 모든 요리는 고객의 식탁 위에 준비
② Self-Service로 고객이 직접 덜어 먹음
③ 소형 연회나 가족파티에 적합하며 비교적 서빙인원이 적게 듦
④ Full Silver Service는 테이블에 앉아 있는 고객에게 정식요리나 일품요리를 정중하게 서브할 때 종사원이 은기(Silver)로 주문한 요리를 제공하는 것을 말하며, 이는 사이드 보드(Side Board)를 활용하여 시종일관 모든 코스를 은기로 서브함
⑤ 종사원들의 정중한 태도와 숙련도가 요구됨

3) 나라별 서비스 특징에 의한 분류

(1) 미국식 서비스(American Service)

서비스 중에서 가장 신속하고 능률적이다. 고급 레스토랑을 제외하고는 대부분 미국식 서비스 방법을 취한다.

(1.1) 미국식 서비스(American Service)의 요령

① 한 손에 너무 많은 접시를 들어서는 안 되며 안전에 유의한다.
② 수평으로 접시를 들어 음식이 쏠리거나 소스(Sauce)가 옆으로 흐르지 않도록 한다.
③ 식사 접시(plate)는 고객의 왼쪽에서 왼손으로 서브한다.
④ 빈 접시(plate)는 고객의 오른쪽에서 오른손으로 치운다.
⑤ 음료는 고객의 오른쪽에서 오른손으로 서브한다. 또한 브레드 바스켓, 텅, 버터서빙도 이와 같이 한다.
⑥ 모든 서브는 어린이, 여성 연장자, 여성, 남성 연장자 순으로 하고 시계방향으로 한다.

(1.2) 미국식 서비스(American Service)의 특징

① 주방에서 음식을 접시에 담아 제공한다.
② 신속한 서브를 할 수 있다.
③ 종사원 한 사람이 고객 12~20명까지 서브할 수 있다.
④ 음식이 비교적 빨리 식는다.
⑤ 고객의 미각을 돋우는 데는 플래터서비스(Platter Service) 등보다 취약하다.
⑥ 고급식당보다 고객회전이 빠른 식당에 적합하다.

(2) 영국식 서비스(English Service)

패밀리 스타일서비스(Family Style Service)라고도 한다. 가정집에서 가장(Host)이 하는 식으로 서브되며 음식이 플레이트(Plate) 또는 트레이(Tray)에 담겨 테이블로 운반되면, 테이블에서 주빈 또는 종사원이 카빙(Carving)하고 각 접시에 담아서 모든 사람에게 돌려주거나, 카빙된 큰 접시를 돌려가면서 각자가 덜어 먹는 형식이다. 가족적인 소형연회나 칠면조가 제공되는 미국식 추수감사절 만찬 등에 적합하다.

영국식 서비스의 특징

① 고객의 몫을 종사원이 선택하여 제공한다.
② 일품요리(À La Carte : 아 라 카르트) 식사에 적용 가능하다.
③ 남은 요리는 워머기 위에 뚜껑 있는 실버웨어 플래터를 올려놓고 따뜻하게 보관한 후 남은 요리를 고객에게 식지 않게 추가 서브할 수 있다.
④ 공간이 넓고 단조로운 식당에 어울린다.
⑤ 게리동(또는 카트)을 사용하여 서브된다.

(3) 러시아식 서비스(Russian Service)

러시안 서비스는 프렌치서비스(French Service)와 비슷한 점이 많으며, 1800년 중반에 유행했던 대단히 고급스럽고 우아한 서브형식이다.

종사원은 대형 플래터(Platter)를 사용하며, 테이블 세팅(Table Setting)은 프렌치서비스(French Service)와 같다.

(3.1) 러시아식 서비스(Russian Service)의 요령

① 한 명의 종사원이 담당 테이블을 책임지고 서비스한다.
② 뜨거운 접시를 왼손에 암타월(Arm Towel)로 받쳐 들고 고객의 오른쪽에서 오른손으로, 시계 도는 방향으로 돌아가며 서비스한다.
③ 요리 플래터(Platter)는 왼손에 암타월(Arm Towel)로 받쳐 들고 서버(Server : Spoon & Fork)를 플래터(Platter)의 가장자리에 준비한다.
④ 주빈의 왼쪽에서 왼발로 한 발자국 앞으로 다가서 주문한 요리를 주빈을 포함한 모든 고객에게 쇼(Show)를 거친 후 식욕을 돋워주며 선택한 요리에 대한 만족감을 준다.
⑤ 종사원은 고객의 왼쪽에서 왼손으로 암타월 위에 플래터를 받쳐 들고 오른손으로 서버(Server)를 쥐고 약간 구부린 자세에서 플래터(Platter)를 수평이 되도록 가까이 하고 한 사람에 알맞은 몫을 서비스한다.

(3.2) 러시아식 서비스(Russian Service)의 특징

① 전형적인 연회서비스이다.
② 혼자서 우아하고 멋있는 서비스를 할 수 있고, 프렌치서비스에 비해 특별한 준비기물이 필요하지 않다.
③ 요리는 고객의 왼쪽에서 왼손으로 Platter를 받쳐 잡고 오른손으로 서브한다.
④ 프렌치서비스(French Service)에 비해 시간이 절약된다.
⑤ 음식이 따뜻하게 서브된다.
⑥ 마지막 고객은 식욕을 잃게 되기 쉬우니 가능하면 신속하게 서비스를 실시한다.
⑦ 속도가 빠른 서비스(Fast Service)에 속한다.

4) 국가별 주된 품목에 의한 분류

(1) 서양식 식당(Western Style Restaurant)

(1.1) 이탈리아식당(Italian Restaurant)

14세기 초 탐험가 '마르코 폴로'가 중국 원나라에서 배워온 면류가 고유한 스파게티(Spaghetti)와 마카로니(Macaroni)로 정착하여 이탈리아 요리의 원조가 되었다. 이탈리아에서는 이 면류를 총칭하여 파스타(Pasta)라 하여 수프(Soup) 대신 식사 전에 먹는다. 이탈리아의 요리는 기본적으로 안티파스토(Antipasto : 전채요리), 프리모 피아토(Primo piatto : 파스타나 수프), 세콘도 피아토(Secondo piatto : 육류나 생선요리), 포르마조(Formaggio : 치즈), 돌체(Dolce : 디저트) 순으로 구성되어 있다. 코스로는 아페리티보(Aperitivo : 식전주), 안티파스토(Antipasto : 전채), 육요리, 인살라타(Insalatá : 채소), 과일, 커피(Caffé) 또는 홍차(Tè : 차) 등의 순으로 식사한다. 스파게티, 피자, 토마토, 올리브 오일, 육류, 생선류, 에스프레소 커피, 카푸치노 등을 제공하는 식당이다.

(1.2) 프랑스 식당(French Restaurant)

이탈리아에서 유래되어 16세기 앙리 4세 때부터 요리가 시작되었다. 요리의 이름에는 국가의 지명이나 인명 등이 대표이름으로 내려온 것이 특징으로, 전 국토에서 생산되는 풍부한 식재료와 국민의 미식가적 기질이 세계적인 요리로 만들었으며, 요리에 주로 버터를 사용한다. 대표적인 요리로는 Chateaubriand(샤토브리앙), Lobster thermidor(랍스터 테르미도르), Hors d'oeuvre(오르되브르) 등이 있다. 각종 소스만도 500가지가 넘는다. 우리나라에서는 1979년대에 황금기를 맞았으며 특1급 호텔 프랑스 식당인 롯데호텔의 프린스 유진 레스토랑, 쉐라톤 워커힐 호텔의 세라돈 레스토랑, 신라호텔의 콘티넨탈 레스토랑, 조선호텔의 나인스게이트 레스토랑, 하얏트호텔의 휴고 레스토랑, 힐튼호텔의 시즌스 레스토랑 등이 유명하였다.

(1.3) 미국식당(American Restaurant)

재료는 빵과 곡물, 고기와 달걀, 낙농식품, 과일 및 채소 등을 이용하고 식사는 간소한 메뉴와 경제적인 재료 및 영양 본위의 실질적인 식생활을 추구하는 메뉴식단 등이 특징이다. 대표적인 요리로는 비프 스테이크(Beef Steak), 햄버그 스테이크(Hamburg Steak), 바비큐(Barbecue) 등이 있다.

(1.4) 스페인식당(Spanish Restaurant : 서반아식당)

스페인요리로는 생선요리가 유명하며 새우, 가재, 돼지새끼요리 등을 대표요리로 들 수 있다. 스페인요리에는 올리브유(Olive Oil), 포도주(Wine), 마늘(Garlic), 파프리카(Paprika), 새프런(Saffron) 등의 향신료를 많이 쓰는 것이 특징이다. 일반적으로 점심시간은 오후 1시부터 4시까지이며, 저녁시간은 오후 8시부터 12시까지로 점심과 저녁식사 중 1끼는 술을 곁들여 풍성하게 먹는 것이 특징이다.

(2) 중국식당(Chinese Style Restaurant)

6세기경에 만든 『식경』이라는 책이 지금도 남아 있을 정도로 중국의 요리는 그 맛과 전통이 증명되고 있다. 중국인의 주식은 쌀과 밀가루이고, 부식은 돼지, 생선, 닭, 오리, 소, 양고기와 채소, 콩으로 만든 식품을 위주로 한다. 대표적인 중국요리에는 북경요리, 산둥요리, 사천요리, 상해요리 등이 있으며 음식의 종류와 맛, 재료의 다양함에 있어 세계 으뜸이다.

(3) 일본식당(Japanese Style Restaurant)

일본요리는 시각적인 요리라 불릴 정도로 색채와 모양을 중시하며 해산물과 제철의 맛을 살린 산나물요리가 많다. 일본은 계절의 변화가 뚜렷하고 바다로 둘러싸인 해양국가의 특수성으로 인해 색깔, 향기, 맛을 생명으로 하여 조미료를 가미하는 것을 특색으로 한다. 일본요리는 맛과 함께 모양과 색깔, 그릇과 장식에 이르기까지 전체적인 조화에 신경을 쓴다. 다도의 전통과 생선요리, 초밥, 튀김요리, 스키야키 등의 요리가 200가지를 넘는다.

출처 : 하얏트호텔서울

모던코리안 철판요리 전문레스토랑 소월로-테판

(4) 한국식당(Korean Style Restaurant)

전통적인 한국음식으로 궁중음식, 향토음식, 혼인음식, 명절음식, 제사음식 등이 전승되고 있다. 한국식당은 밥은 주식, 각종 찬은 부식으로 하여 각 지역의 향토 특산물을 제공한다. 한국요리는 특급호텔에서 제공하는 궁중요리를 비롯하여 불고기, 신선로, 김치 및 전골요리 등을 들 수 있으나, 아직까지 우리나라 표준식단의 미개발로 인하여 앞으로도 체계적인 우리 음식 전승이 절실하다.

5) 일반적인 이용형태에 의한 분류

(1) 레스토랑(Restaurant)

식탁(Table)과 의자(Chair)를 갖추고 고객의 주문에 따라 종업원이 음식을 제공하는 비교적 고급시설을 갖춘 식당을 말한다.

(2) 다이닝 룸(Dining Room)

이용하는 시간이 대체로 제한되어 있고, 주로 점심과 저녁 식사만 제공되어 정찬(Table d'hote)을 서브(Serve)하는 식당이다.

(3) 그릴(Grill)

고객의 기호에 의해 음식을 선택하는 일품요리(A Lá Carte)나 특별요리(Daily Special Menu)를 제공하는 식당으로 아침, 점심, 저녁 식사가 제공된다.

(4) 카페테리아(Cafeteria)

카운터 테이블(Counter Table)에서 고객이 직접 요금을 지불하고 스스로 가져다 먹는 셀프서비스(Self-Service) 형식의 간이식당을 말한다.

(5) 커피숍(Coffee Shop)

호텔의 커피숍은 고객출입이 많은 장소인 1층 호텔 로비(Lobby)에 위치하여 주로 커피나 음료를 판매하면서 서양인들이 맛볼 수 있는 우리나라의 불고기, 비빔밥, 설렁탕 등을 포함한 인도의 카레라이스, 일본의 데리야키(소고기요리) 등 대표적인 몇 개국의 간단한 식사도 판매하는 식당으로서 호텔 부대시설로 운영되고 있다. 호텔에서는 위와 같이 각국의 간단한 식사를 제공하는 식당을 말하며, 외식산업의 '커피숍(카페)'과는 그 개념(Concept)이 다르다.

(6) 바(Bar)

주로 음료를 원하는 고객이 이용하기 편리한 곳에 일정한 시설을 갖추어 놓고 주류 및 음료를 판매하는 곳이다.

(7) 다이닝 카(Dining Car)

철도사업의 부대사업으로 기차를 이용하는 고객들을 대상으로 식당차를 여객차의 중간쯤에 달고 다니면서 식사를 제공한다. 열차시설의 특성상 메뉴가 그리 다양하지 못하며 우리나라의 경우 음식가격은 시중가격보다는 비교적 비싸다.

(8) 델리카트슨(Delicatessen)

델리숍(Deli Shop)이라고도 하며, 제과, 제빵, 가공식품 등을 주로 판매하는 식당을 말한다. 델리는 페이스트리, 케이크, 샌드위치, 빵 외에도 초콜릿과 와인, 차, 치즈, 소시지 등 다양한 선물용품을 판매하며 추석과 설에는 선물세트를 판매하고, 크리스마스와 추수감사절에는 칠면조요리를 주문 판매한다.

(9) 뷔페식당(Buffet Restaurant)

일정한 요금을 지불하고 기호에 따라 이미 준비된 음식을 먹을 수 있는 Self-Service 식당이다. 음료는 별도 계산을 한다.

4. 식사의 종류

1) 식사시간에 의한 분류

(1) 조식(Breakfast)(06:00~11:30, 토·일요일 07:00~11:30)

일반적으로 아침식사라고 하면 식당에서 판매하는 아침식사를 말한다. 호텔 커피숍에서 제공하는 아침식사에는 다음과 같은 종류가 있다.

(1.1) 미국식 조식(American Breakfast)

유럽식 조식(Continental Breakfast)의 내용에다 달걀요리[베이컨(Bacon), 소시지(Sausage), 햄(Ham) 중에 1가지 선택]가 추가되어 제공되는 식사이다.

(1.2) 유럽식 조식(Continental Breakfast)

주스 선택 제공, 빵과 잼 또는 버터, 커피 또는 홍차 선택 제공 정도로 간단히 하는 식사이다. 호텔 투숙객 중 단체고객에게는 통상 객실요금에 아침식사 요금이 포함된다.

(2) 브런치(Brunch)(10:00~12:00)

아침과 점심식사의 겸용 식사이다. 도시생활인에게 적용되는 식사형태로 이 명칭은 최근 미국의 식당에서 고객이 브런치 이용하는 것을 흔히 볼 수 있다. 주중은 오전 10:00~12:00까지이고, 토 · 일요일은 12:00~14:30까지 선데이 브런치를 제공한다.

(3) 점심(중식, Lunch : Luncheon)(12:00~14:30)

영국에서 런치(Lunch)는 아침과 저녁 중간에 먹는 식사를 말하고, 미국에서는 시간에 관계없이 아무 때나 간단히 먹는 식사를 런치(Lunch)라고 한다. 대개의 경우 수프, 앙트레, 후식, 음료 등 3~4가지 코스로 구성된 오찬만을 런천(Luncheon)이라 한다.

(4) 애프터눈 티(Afternoon Tea)(15:00~17:00)

영국인의 전통적인 식습관으로 우유티(Milk Tea)와 핑거 샌드위치류, 홈메이드 케이크와 페이스트리, 스콘 등을 점심과 저녁 사이에 간식으로 먹는 것을 말한다.

(5) 저녁(석식, Dinner)(18:00~22:00)

최근에 다이어트 등으로 18:00 이후 식사를 금하는 사람도 많이 늘어난 추세이나 통상적인 식습관에 따라 저녁은 내용 면에서 보다 양이 많고 시간적으로 여유 있는 식사를 하게 된다. 보통 저녁은 6가지 코스(Appetizer, Soup, Entreé, Salad, Dessert, Coffee or Tea)로 제공되지만, 정식 디너에서는 생선(Fish)이나 로스트(Roast)를 추가해서 7~9가지 코스로 구성되기도 한다.

(6) 만찬(서퍼, Supper)(22:00~24:00)

디너는 격식 높은 정식 만찬이고 서퍼는 정찬보다 가벼운 가족식사라 할 수 있다. 늦은 저녁에 먹는 밤참의 의미로 사용되고 있다. 원래 단어의 어원이 분명치 않으나 프랑스의 수프라는 단어에서 유래되었다. 가볍게 2~3코스 메뉴로 구성되며 달걀요리, 케이크류, 커피 또는 홍차로 한다. 늦은 저녁행사(음악회, 오페라) 등 큰 모임 후의 식사이다(밤 10시 이후의 식사).

2) 식사내용에 의한 분류

(1) 정식(Full Course)

정식은 정해진 메뉴(Set Menu)에 의해 제공되는 것으로 전채(Appetizer), 수프(Soup), 생선(Fish), 셔벗(Sherbet), 주요리(Entreé), 채소(Salad), 로스트(Roast, 가금류), 후식(Dessert), 음료(Beverage) 순으로 제공되는 식사를 말한다.

(2) 일품요리(Á La Carte)

고객의 주문에 의해 조리하는 일품요리로 일반적으로 호텔의 그릴 또는 전문 레스토랑에서 제공하고 있다. 근래 들어 정식식당에서도 일품요리를 폭넓게 준비, 고객욕구 변화에 대응하고 있다. 일품요리는 고객이 원하는 메뉴를 알아서 주문 후 식사 제공이 끝난 뒤 그 가격을 합해서 지불하므로 코스요리보다 비교적 가격이 비쌀 수도 있어, 매상증진을 꾀할 수 있다고 본다.

(3) 뷔페(Buffet)

기호에 맞는 음식을 고객이 셀프서비스하여 갖다 먹는 식사 형식을 말한다. 준비 내용에 따라 찬요리(Cold Dish) 뷔페와 더운 요리(Hot Dish) 뷔페로 나누며, 조직상으로는 먹는 대로 값을 지불하는 오픈뷔페(Open Buffet)와 일정한 연회고객의 숫자에 따라 정해진 양의 음식이 제공되는 클로즈 뷔페(Close Buffet)로 구분할 수 있다.

일반적인 뷔페식당에서 운영하는 방식이 오픈뷔페(Open Buffet)이고 연회장이나 출장파티 등 특정장소의 요청으로 이루어지는 뷔페가 바로 계획 뷔페 성격의 클로즈뷔페(Close Buffet)이다.

제2절

식음료 종사원의 기본자세

1. 식음료 종사원의 서비스관리

식음료부문 레스토랑은 예절과 친절 그리고 맛있는 음식으로 승부를 걸 수 있는 서비스업이라 할 수 있다. 식당을 이용하는 고객은 좋은 음식과 더불어 모든 종사원들로부터 존경과 환대를 받고 싶어하는 기본욕구를 갖고 있다. 따라서 고객의 가치와 중요성을 인식하는 것이 서비스의 기본이다.

고객에게 형식적인 인사만 잘하는 것이 최상의 서비스가 아니다. 고객이 원하는 것을 적시에 제공하지 않으면 이것이 고객 불만으로 이어지고 고객은 말없이 떠난다. 고객은 우리로부터 만족을 느끼지 못할 때는 언제든지 떠날 준비가 되어 있다.

고객이 도착하기 전 예약시점에서부터 레스토랑 문을 나갈 때까지 일관되게 표준절차에 따라 친절하게 맛있는 요리를 제공하려고 최선을 다할 수 있어야 훌륭한 서비스맨이다.

고객 감동서비스는 다음과 같은 성실함에서 나온다.

- 고객연령층이나 고객수준에 관계없이 폭넓게, 그리고 공평하게 서비스 향상의 방안을 강구한다.
- 서비스를 처음부터 마지막까지 관철한다는 일관성 있는 자세가 필요하다.
- 서비스 리더가 되기 위해서는 서비스에 대한 리더의 배려와 생활방식을 계속해서 재확인하고 또한 과감하게 개선해 나갈 필요가 있다.

1) 서비스 자세

환대산업에서 훌륭한 인적 서비스를 고객에게 제공하기 위해서는 다음의 자세가 필수적이다. 인적 서비스가 주요 상품인 호텔에서 인적 서비스는 단순한 서비스 제공이라는 차원에서 벗어나 고객의 심리적 측면을 이해하고 그 욕구를 파악하여 충족시킬 수 있는 방안을 모색하는 적극적인 노력이 필수적이다. 그 해결방안이 바로 지속적인 교육훈련이다.

(1) 종사원은 미소 띤 명랑한 얼굴(Smile, 스마일)

미소는 세계 공통의 언어이며 낯선 사람이나 낯선 장소라도 고객이 편안하고 환영받는 것처럼 느끼게 한다.

(2) 고객에 대한 관심, 성실성, 환영(Eye Contact, 아이 콘택트)

고객에 대한 관심, 성실성, 환영을 표시하는 것이다.

(3) 고객에 대한 환대(Reaching out, 리칭 아웃)

고객에 대한 환대를 의미하는 것으로 호텔의 우수함과 단골고객을 창출한다.

(4) 고객을 특별하게 여김(Viewing, 뷰잉)

고객을 특별하게 여김을 나타내며 고객들로 하여금 돈을 쓸 만한 가치가 있는 곳이라고 느끼게 한다.

(5) 진실로 환영, 방문에 감사(Inviting, 인바이팅)

진실로 감사하다는 느낌으로 고객이 호텔을 다시 찾을 수 있게 하면 고객이 주위 사람들에게 자기가 받은 서비스를 선전한다.

(6) 서비스를 창출, 고객필요를 충족(Creating, 크리에이팅)

서비스를 창출하여 고객에게 최대한의 관심을 표시하며 고객필요를 충족시켜 줄 수 있다.

(7) 서비스의 우수함, 직원들의 우수함(Excellence, 엑셀런스)

직원들의 우수함을 나타내며 곧 고객에 대한 서비스의 우수함과 고객만족이 최고임을 뜻한다. 호텔의 구성요소 중 맛있는 식음료 상품 및 훌륭한 시설과 물적 요소도 중요하나 가장 우선해야 할 요소는 잘 훈련된 종사원에 의한 인적 서비스이기 때문이다.

(8) 신속한 자세(Speed, 스피드)

고객의 요구나 주문에 대해 신속한 서비스가 제공되어야 한다. 대다수 고객의 불평불만은 식음료를 늦게 제공한다고 느끼게 했을 때 생기기 때문이다.

(9) 진실한 성의(Sincerity, 신세러티)

주인정신을 가지고 고객에게 최상의 서비스를 제공하겠다는 마음으로 고객에게 이익을 주기 위해 노력하는 자세, 진실한 성의를 가지는 자세, 즉 진정한 마음에서 표출되는 최상의 친절 등과 같은 프로정신(Professional Spirit)의 기본적인 자세가 필요하다.

(10) 단정한 자세(Smart, 스마트)

레스토랑의 이미지(Image)는 우선 종사원의 용모 및 태도에 있으므로 종사원은 근무에 임하기 전 반드시 자신의 몸가짐 및 복장에 대해 점검하는 태도를 길러야 한다.

(11) 연구하는 자세(Study, 스터디)

서비스맨 스스로의 자기 개발을 위한 부단한 노력과 투자가 필요하다. 어학공부는 필수이고 상급 서비스맨의 자질은 뛰어난가? 업무지식은 탁월한가? 판매하는 상품과 서비스의 지식이 충분한가? 업무 매뉴얼에 따라 일을 처리해 나가는가? 조직이 학습기회를 충분히 부여하는가? 등은 회사가 교육을 통해 해결해 주어야 할 중요한 문제이다.

(12) 정직과 신뢰(Honesty & Trust, 어니스티 앤 트러스트)

고객을 응대해서 업무처리를 할 때 접촉 종사원의 인간적이고 정직한 업무처리는 회사를 신뢰할 수 있게 만든다. 회사 브랜드 인지도 상승, 회사의 명성에 기여하는 것이 정직과 신뢰이다. 회사나 업소의 명성이 뛰어난가, 브랜드 파워가 고객에게 기억되는가, 접촉하는 종업원이 인간적인가, 고객으로부터의 평판이 어떠한가, 종업원의 태도가 얼마나 믿음직한가, 종업원의 약속이 얼마나 실천적인가, 예정된 시간에 서비스가 제공되는가, 청구서가 정확한가, 서비스에 일관성이 있는가 등을 고려한다.

2) 서비스의 특성

(1) 무형성(Intangibility, 인탠저빌러티)

서비스는 무형적인 것이기 때문에 고객을 위한 견본 제시가 불가하다. 다시 말해, 서비스는 규격화된 제품이 아니라서 사전에 품질을 평가할 수 없고, 구매하기 전에는 만져볼 수도 없으므로 서비스에 대한 인식을 하기 어렵다. 서비스는 형체가 없다. 심리적으로 느껴야 하는 무형의 가치재이다.

(2) 소멸성(Perishability, 페리셔빌러티)

서비스는 저장이 불가능하기 때문에 미리 생산, 저장하여 수요발생 시 이를 제공할 수 없다. 일반 제조업에서는 상품을 생산하여 물류창고에 보관 후 유통기간을 거쳐야만 고객에게 제공될 수 있다. 따라서 고객은 상품 제조과정을 볼 수 없고, 다만 진열된 상품을 보고 그 질의 정도를 알 수 있다. 그러나 식당에서의 서비스, 칵테일, 오픈 주방 등 식음료의 판매는 바텐더나 웨이터, 조리사의 생산 및 서비스 활동을 고객이 현장에서 직접 경험할 수 있다. 일단 제공된 서비스는 질이 나쁘다는 이유로 교환이 불가능하다. 호텔의 식음료상품은 생산과 소비의 동시발생으로 저장이 불가능한 소멸성의 특성이 있다.

(3) 복합성(Complexity, 컴플렉서티)

레스토랑에서 제공되는 식음료상품은 복합성을 띠고 있으므로 식음료, 인적 서비스, 시설이나 분위기 등의 3요소가 유기적으로 잘 통합되어야 비로소 완전한 상품이 된다. 모든 상품이 고객의 욕구를 충족시킬 수 있을 때 고객은 만족했다고 할 수 있다. 그러나 식음료, 인적 서비스, 시설이나 분위기 등의 3가지 상품요소 중 어느 한 가지라도 빠진다면 서비스의 기능과 가치도 잃게 된다는 복합성의 특성이 있다.

(4) 신속성(Promptness, 프롬프트니스)

주문과 동시에 생산된 음식과 음료는 신속하게 서비스가 제공되어야 한다. 고객의 불만족은 식음료가 늦게 제공되었다고 느낄 때가 가장 많다. 대기시간은 고객의 입장에서 주관적으로 생각한 것이나 거기에 이유는 있을 수 없다. 고객은 항상 옳다(세자르 리츠 : Cesar Ritz). 기다리는 불편이 없도록 신속한 서비스를 제공해야 한다.

(5) 매개성(Instrumentality, 인스트러먼탤러티)

호텔 식음료부분 또는 레스토랑에 있어서 서비스의 기계화나 자동화는 경영합리화 측면에서 볼 때 제약을 받게 되며 인적 자원에 의존하는 경향이 다른 분야보다 비교적 크다고 볼 수 있다. 이러한 인적 서비스는 단독상품을 고객에게 판매할 수 없어 객체인 식음료상품을 주체인 고객에게 도달하게 하기 위한 매개역할을 한다.

tip 세자르 리츠(Cesar Ritz)

호화로운 호텔경영을 완성시킨 인물이다. 그의 서비스맨으로서의 탁월한 재능은 서양요리사상 가장 위대한 조리사 조르주 에스코피에와의 만남에서 이루어졌다. 두 사람은 유럽의 여러 고급호텔을 경영하였는데, 1889년 The Savoy Hotel을 경영하면서 정장차림의 디너파티를 정착시켰고 여성고객의 중요성을 부각시켰다.

1897년에는 Hotel Ritz를 개업하고 1899년에는 런던에서 The Carlton을 개업하였다. 그 후 Ritz Development Company가 설립되어 프랜차이즈의 형태로 미국 등에서도 고급호텔로서 영업을 하고 있다. 세자르 리츠(Cesar Ritz)는 '손님은 항상 옳다'는 경영이념을 갖고 고객이 요구하는 모든 것은 최고의 서비스로 제공한다는 호텔 역사상 최초의 위대한 호텔리어이다.

3) 서비스맨의 10훈(訓)

(1) 활력을 가져라

① 시간의 보복처럼 아픈 것은 없다. 시간관리에 신경을 써라!

② 움직이지 않으면 아무 일도 일어나지 않는다. 적극적으로 고객에게 지금 봉사하고 자신의 발전을 위해 시간과 노력을 투자하라!

(2) 신속한 판단을 할 수 있도록 훈련하라

① 업무에 대한 숙달은 신속하고 정확한 판단을 할 수 있게 한다.

② 고객의 입장에서 신속하게 생각하고 신속하게 서비스를 행하라! (항상 상대방의 입장을 먼저 고려한다.)

(3) 주관을 갖고 환경에 적응할 수 있는 융통성을 가지며 역경을 발전의 계기로 삼는다

① 고객의 마음상태를 아는 것은 매우 중요하다.

② 불편한 고객의 불평의 진실을 발전의 계기로 삼자!

(4) 신뢰감을 얻을 수 있도록 먼저 고려한다

① 고객과의 약속을 꼭 지킨다.

② 사소한 약속도 엄수한다.

③ 언행을 일치시킨다.
④ 남의 실수를 탓하기보다는 내 탓으로 생각하고, 발전할 수 있는 경험으로 삼도록 한다.

(5) 규칙을 준수하라

① 서비스 매뉴얼을 숙지하라!
② 표준 서비스 절차는 곧 그 레스토랑의 법이다. 일관된 고객서비스를 하라!

(6) 맡은바 책임을 다하라

① 책임완수는 자신을 성숙한 인간으로 향상시킨다.
② 달성 가능한 계획을 세우고 반드시 이를 달성한다.
③ 일에서 보람을 찾도록 하고 건전한 가치관을 함양한다.

(7) 실수를 두려워하지 마라

① 실수의 원인은 반드시 파악해서 같은 실수를 반복하는 일이 없도록 한다.
② 실수는 당신을 더욱 프로로 만들어주는 밑거름이라 생각한다.

(8) 순간순간에 최선을 다하라

① 오늘 일을 내일로 미루지 않는다.
② 일과를 마친 후 하루를 반드시 반성한다.

(9) 시간을 귀중하게 보내라

① 자신의 시간이 중요한 만큼 다른 사람의 시간도 중요하다.
② 여가시간을 적절히 활용한다. 일에서 인생을 배우도록 노력하라.
③ 보다 많은 지식과 기술 습득을 위한 자기계발에 힘쓴다.

(10) 불친절한 사람은 불결한 복장, 굳은 표정, 도덕성 상실 등을 보인다.

2. 서비스 화법

식음료서비스에 있어서 고객과의 간단한 대화는 친밀감을 유지하고 좋은 관계를 유지하는 데 매우 유익하다. 따라서 식당종사원들은 고객이 편안함과 따뜻함을 느낄 수 있도록 표정을 부드럽게 하고 용모를 단정히 하여 서두르지 말고 예의바른 자세를 갖추어 가장 품위 있는 언어로 이야기한다. 또한 접객 시 모든 언어는 가능한 한 쉬운 말을 사용하고 고객에게 전문용어, 외국어, 약어를 사용하지 않는다. 똑같은 말이라도 사용여부에 따라 의미가 달라지므로 항상 올바른 언어습관을 가져야 한다.

1) 고객응대 화법

고객에게 올바른 용어를 사용하기 위해 다음의 원칙을 지켜서 이야기해야 한다.

(1) 고객언어 사용의 포인트

① 밝고 부드럽게 : 고객과 대화 시 바른 자세를 하고 밝고 부드러운 표정으로 한다.
② 쉽게 : 고객에게 전문용어, 외국어, 약어를 사용하지 않는다.
③ 우아하게 : 고객과의 대화 시 목소리의 고저와 속도를 맞추어서 말한다.
④ 품위있게 : 고객에게는 비어, 속어, 유행어를 사용하면 안 된다.
⑤ 인내심을 갖고 경청 : 고객이 나에게 무례한 언어를 사용하더라도 냉정을 잃지 말고 인내심을 갖고 응대하면서 잘 들어준다.

(2) 고객에 대한 언어사용의 원칙

① 무조건 경어를 사용한다.
② 명령형을 의뢰형으로 말한다.
③ 부정형을 긍정형으로 말한다.
④ 사적인 질문은 피한다.
⑤ 정치와 종교 이야기는 절대 꺼내지 않는다.

2) 대화의 예의

- 자신이나 회사의 이미지를 좌우하는 것은 최초의 한마디임을 명심한다.
- 항상 긍정적인 태도를 갖는다.
- 상대방의 입장에서 이야기한다.
- 외국인인 경우 예약 시 파악한 이름을 기억하여 부른다. 외국인은 주한대사 등 직함이 있는 사람도 미스터 제임스 등 이름을 호칭해 주면 굉장히 좋아한다. 모르는 경우 Sir 또는 Madam 등으로 호칭해 준다.
- 내국인은 임원급 이상의 경우 직함을 알면 이사님, 상무님, 박사님, 교수님 등으로 칭해주고 부장급 이하는 고객님으로 호칭함이 무난하다.
- 고객에게 절대 "No"라고 말하지 않는다.
- 고객과 농담하는 투의 언어는 피한다.
- 이성고객에게 불필요한 질문이나 잡담은 하지 않는다.
- 대화는 표준어로 고운 말을 쓰는 것이 원칙이다. (고객 앞에서 은어적인 표현이나 사투리를 사용하지 않는다)
- 몸을 바르게 하고 예의를 갖추어 상대의 말에 귀를 기울인다.
- 항상 고객과 시선접촉(Eye Contact)을 하며 말한다.
- 상대방의 말에 머리를 끄덕이면서 적절한 호응을 하며 말을 한다.
- 대화 중에 상대를 칭찬한다.
- 손님의 불평을 끝까지 경청한 후 잘못했을 경우 "죄송합니다"라고 솔직하게 말한다.
- 사소한 일이라도 배려받았을 때는 "감사합니다"라고 말한다.
- 어떠한 경우이든 항상 경어를 사용한다.
- 부드러운 미소와 함께 밝은 목소리로 말을 한다.
- 직함이나 성함을 모르는 고객에게는 '고객님' 또는 '선생님'이라고 부른다.
- 동료와 영업장 안에서 경박하게 다투어선 안 된다.
- 과음한 고객과도 절대 다투지 않는다. 연장자나 지배인에게 보고하고 다툼을 피한다.
- 우물쭈물 망설이는 고객에게 적극적으로 먼저 말을 건다.

접객언어로 사용해야 할 표현과 사용해서는 안 되는 표현

사용해야 할 표현	사용해서는 안 되는 표현
감사합니다(고맙습니다).	고마워요.
죄송합니다.	미안해요.
도움이 되어드리지 못해 죄송합니다.	무반응 또는 무응답
오래 기다리셨습니다. (기다리게 해서 죄송합니다)	고객님 이제 자리가 났습니다.
어서 오십시오.	어서 옵쇼. (그냥) 몇 명이세요?
잠깐 기다려주십시오.	잠깐만요. 잠깐 기다리세요. 테이블을 치워야 됩니다.
네, 그렇습니다.	맞아요. 네 또는 고개만 끄덕이거나 무응답
자신을 표현할 때 "저", "저희들"	"나", "우리들"
예, 이렇게 하면 어떻겠습니까?	그렇게는 안 되는데요. 잘 모르겠는데요.
잠깐만 기다려주시면 저희 ○○○를 불러드리겠습니다.	기다려보세요.
주문하시겠습니까?	주문했어요? 손님.
예, 잘 알겠습니다.	알겠어요.
남직원에 대한 호칭 ○○○씨	아저씨.
고객님, 몇 분이십니까?	몇 명이신가요? 언니, 이모 등의 호칭은 피한다.

식당에서 사용해야 할 표현, 사용해서는 안 되는 표현

사용해야 할 표현	사용해서는 안 되는 표현
예약해 주셔서 대단히 감사합니다.	누구 이름으로 예약하셨나요.
영업이 잘되는 것은 고객님 덕분입니다.	가격이 싸니깐 손님이 너무 많아요.
잠시만 기다려주시겠습니까?	많이 기다려야 돼요. 자리가 언제 날지 몰라요.
주문한 음식 여기 있습니다. 맛있게 드십시오.	손님 뭐 시키셨나요? 안심스테이크 어느 분 거죠?
어서 오십시오. 예약하셨습니까? 고객님 저희 잘못 알려주셔서 정말 감사합니다. 고객님 음식 값은 안 받겠습니다. 위생에 신경을 쓰겠습니다.	몇 명이세요, 손님? 1명은 바빠서 안 돼요. 미안합니다. 새 음식으로 바꿔드리겠습니다.
	손님~ 다 드셨으면 빈 그릇 빼겠습니다. 가세요. 손님이 이해하세요. 바빠서……
맛있게 드셨습니까? 고객님 더 도와드릴 것이 없습니까?	
꼭 다시 뵙기 바랍니다.	들어가세요, 손님. (집에 들어가시란 뜻?)
고객님, 주문하신 스테이크 즉시 확인해 드리겠습니다.	조금만 기다려주세요. 지금 굽고 있으니 곧 나올 겁니다.

사용해야 할 표현	사용해서는 안 되는 표현
안녕히 가십시오. 또 오십시오. 고객님! 오늘도 좋은 하루 되십시오!	몇 분이세요?(인사가 없고 힘들어서 귀찮다는 듯이)
죄송합니다. 고객님. 지금은 그날 자리가 다 예약되었습니다만, 연락처를 주시면 제가 반드시 확인해서 좌석예약이 가능한지 연락드리겠습니다.	다시 전화해 보세요. 그때 자리가 있을지 모르니까요.
안녕하십니까? 고객님. 잘 알겠습니다.	무언, 무표정
무엇을 도와드릴까요? 고객님.	뭐 드릴까요?
제가 추천해 드릴까요? 오늘 ○○요리가 특별히 신선하고 맛이 좋습니다. 요리장이 적극 추천한 오늘의 요리입니다.	다 맛있어요, 주문하세요. 손님.

3. 전화예약 예절

상대방의 얼굴을 못 보는 특성 때문에 호텔이나 레스토랑에서 전화응대를 소홀히 하기 쉽다. 그러나 전화는 호텔 또는 식음료 상품을 전화예약을 통해 판매하는 중요수단이며 고객편의를 도와주는 의사소통의 중요한 도구이다. 따라서 그 호텔이나 레스토랑의 이미지를 대표하는 매개체의 역할을 하며, 일차적으로 상대의 음성만으로 평가, 판단하므로 종사원들은 직접 접하여 대화할 때보다 더욱 신중하고 정중한 언어로 응대해야 한다. 항상 정확하고 간결한 표현과 적극적인 태도로써 고객의 문의에 신속 정확하게 웃으면서 답변할 수 있도록 정성을 다해야 한다. 여러분이 미소를 띠고 통화하면 고객은 바로 그 미소를 인지한다는 사실을 알아야만 한다.

1) 전화의 특성

- 전화는 고객과의 얼굴 없는 만남이다.
- 전화는 예고 없이 찾아오는 방문객이다.
- 음성만으로도 해당 호텔이나 직원들의 교육수준, 영업장의 모든 이미지 수준과 감정이 그대로 고객에게 전달된다.

2) 예약전화를 받는 요령

① 전화는 바른 자세로 밝은 미소로 명랑하게 상냥한 목소리로 받는다.
② 벨이 울리면 빨리 받아야 한다(3회 이내).
③ 전화를 받으면 '감사합니다. ○○○(상호), ○○○입니다.'라고 올바른 경어를 사용하여야 한다.
④ 예약날짜, 시간, 성함, 연락처, 생일 케이크, 꽃 등 특별 요구 등은 잘 들으면서 예약장부의 해당란에 바로 적어내리고 그것을 고객에게 반복하여 말해서 다시 확인한다.
⑤ 전화를 끊을 때는 "전화 주셔서 감사합니다."라고 끝인사를 '꼭' 한다.
⑥ 고객보다 늦게 수화기를 내려놓는다.

3) 고객의 불평전화

① 먼저 고객에게 정중한 사과를 한다.
② 고객의 성함과 직함, 전화번호를 확인한다.
③ 고객에게 해당부서(담당자)를 가르쳐주고, 그쪽으로 연결하거나 이쪽에서 확인 후 다시 연락을 드리겠다고 한다.
④ 다시 한 번 정중하게 사과드리고 "얼마나 마음이 상하셨습니까? 고객님" 등과 같은 위로의 말씀을 드리고 반드시 연락드리겠다고 정중한 어조로 상대방을 중요하게 대하는 듯한 느낌이 전달되게 해야 한다. (흔히 있는 일이고 일하다 보면 그럴 수도 있으니 고객님께서 이해해 주세요~. 따윈 그 고객을 더 화나게 만든다)
⑤ 여기저기로 전화를 돌리다 전화가 끊어지거나 책임을 전가하는 행위를 절대 해서는 안 된다.

4) 그 밖의 전화예절

(1) 사적인 전화를 하는 경우

개인적인 전화는 응급상황을 제외하고는 근무시간 중에 받을 수 없다. 직원들은 어떠한 경우에도 객실이나 기타 사무실 전화 혹은 호텔 내의 공공장소에 설치된 고객용 공중전화를 사용해서는 안 된다. 또는 허락 없이 빈 사무실에서 상사의 전화를 사용해도 안 된다.

(2) 잘못 걸린 전화가 올 경우

평소 전화응대에 익숙한 종사원도 잘못 걸려온 전화에 대해 무심코 결례를 범할 수 있다. 그러나 잘못 걸려온 전화라고 해도 친절하게 받는 것이 회사의 고객에 대한 예의이며, 그것은 직간접적으로 회사의 이미지에 영향을 줄 수 있다. 그러므로 항상 회사를 대표하는 마음가짐으로 친절히 응대하는 것이 중요하다.

(3) 메시지를 전달할 때

반드시 노트와 펜을 준비하여 필요한 메시지를 받아 적도록 하며, 메시지를 받을 때는 정확하고 주의 깊게 받아두는 것이 중요하다. 주의 깊게 듣고, 반드시 이름과 전화번호와 메시지를 반복하여 확인한다.

tip 전화예절 중 피하거나 주지해야 할 사항

피해야 할 사항	주지해야 할 사항
• 항상 통화 중이다. • 빨리 받지 않는다. • 똑같은 말을 반복하게 한다. • 전화를 여기저기 돌린다. • 친절하지 않다. • 말의 속도가 빨라 알아듣기 어렵다. • 조금 기다리라고 한 후 응답이 없다. • 전화 해준다고 한 후 무소식이다. • 고객의 말을 막는다. • 경어를 사용하지 않는다. • 웃는 소리가 들려 기분이 나쁘다.	(1) "잠시만 기다려주십시오"의 잠시는 30초~1분! 그 후에는 "오래 기다리게 해서 죄송합니다" 또는 "시간이 걸릴 것 같습니다." (2) 때로는 "고객님" 호칭 대신 "○○○님" 이름으로! 이름을 불러줌으로써 상대방에게 친근감을 느끼게 한다. (3) 부정의 표현은 완곡하게! 긍정의 표현은 시원하게! "그럴 리가 없다고 생각합니다. 무엇인가 착오가 있었다고 생각합니다." (4) "예, 잘 알겠습니다", "예, 그렇습니다." (5) 전화고객 우선의 법칙 : 통화 도중 내방고객 응대 시 방문고객에게 양해를 구한 후 전화고객 응대 먼저! 벨이 3번 이상 울린 후 받으면 반드시 "늦게 받아 죄송합니다"라고 말한다.

(4) 전화를 인계할 때

① 자신의 담당이 아닌 용건의 전화라 할지라도 용건을 충분히 확인한 다음 담당자에게 정확히 인계한다.

② 담당자가 확실하지 않을 때에는 양해를 얻어 상대방의 번호를 확인한 다음 번호를 알려주어 그 담당자가 전화를 걸도록 한다.

③ 담당자를 확인하지 않고 여러 사람에게 전화를 돌리는 것은 가급적 삼간다.

(5) 전화를 끊을 때

상대방에게 감사의 말로 인사를 한 후 조심스럽게 수화기를 내려놓아야 한다. 수화기를 거칠게 내려놓는 것은 예의에 어긋난다. 상대방이 수화기를 내려놓고 전화가 완전히 끊어질 때까지 기다린다.

4. 식음료서비스 종사원의 기본자세

1) 지켜야 할 기본자세 측면

- 풍부한 상품지식을 지닌다.
- 기물을 위생적으로 관리한다.
- 근무태도는 항상 단정해야 한다.
- 종업원은 정기적으로 신체검사를 받는다.
- 영업장에서는 아무리 바빠도 뛰지 않는다.
- 요리의 재료와 조리법을 철저히 공부한다.
- 테이블, 의자, 벽에 기대거나 불량한 태도를 취해서는 안 된다.
- 상품지식의 습득은 정확한 서비스 실시와 자신감 있는 제안판매를 가능하게 한다.
- 판매하는 상품에 대하여 풍부한 지식을 갖는다. 또한 상품지식을 많이 알고 있다고 해서 이를 지나치게 내세우는 일이 없도록 한다.
- 다른 부문과 직원 간에 서로 밀접하게 상호 협력하는 자세를 지닌다. 바쁘거나 업무가 과중할 때는 서로 간에 도움을 청하고 도와준다. 협조는 상호발전의 원동력이 된다.

2) 고객서비스 측면

- 크게 소리내어 웃지 않는다.

- 고객의 옆에 동석해서는 안 된다.
- 신속하고 친절하게 서비스를 한다.
- 큰 소리로 동료나 고객을 부르지 않는다.
- 예의바르고 정중해야 하며 정직해야 한다.
- 고객을 오랫동안 기다리게 해서는 안 된다.
- 고객의 대화를 엿듣는 행동을 해서는 안 된다.
- 고객이 원하는 바를 미리 알아내어 신속히 응대한다.
- 실수했을 때에는 즉시 정중하게 사과한다.
- 나의 태도로 영업장의 수준을 평가받게 하므로 한순간이라도 방심하면 안 된다.
- 잘못 받은 주문은 고객 불만을 낳고 원가손실을 초래하니 고객의 주문은 반드시 복창 반복 확인해 주어야 한다.

3) 기물 및 재산관리 측면

- 원가의식을 갖고 업무에 임해야 한다.
- 종이 한 장이라도 불필요하게 낭비하지 않는다.
- 원가관리는 이익창출을 위해 모든 종업원이 함께하여야 한다.

4) 종업원의 근무 평가기준

(1) 근무태도 면

① 항상 웃는 얼굴인가?

② 성실하고 적극적인 자세로 근무하는가?

③ 회사의 근무규정 및 규칙을 잘 지키는가?

④ 동료나 부하와 자주 다투며 자주 화를 내지는 않는가?

(2) 접객태도 면

① 호감 가는 태도로 서비스하는가?

② 고객에게 불쾌감 주는 인상을 주거나 그런 행위를 하지는 않는가?

③ 아무리 까다로운 고객에게도 끝까지 서비스할 자세를 가지고 있는가?

(3) 협동 면

① 지나치게 이기적이지 않은가?
② 상사의 지시에 잘 협조하는가?
③ 동료 또는 부하와 협조가 잘되는가?
④ 타 부서의 업무협조 요청사항에 기꺼이 협조하는가?
⑤ 회사의 내외부에서 타인을 비난하는 행위를 하지는 않는가?

(4) 책임 및 적극성의 면

① 책임을 회피하거나 전가하는 일은 없는가?
② 자신의 업무는 책임감을 갖고 정확하게 완수하는가?
③ 모두가 기피하는 업무일지라도 희생하는 자세를 보이는가?
④ 서비스의 개선, 매출증진 등에 적극적인 기여를 하고 있는가?

(5) 업무량 및 정확도

① 업무를 안심하고 맡길 수 있는가?
② 바쁜 중에도 업무를 무난히 처리하는가?
③ 업무의 처리속도가 신속하며 신속처리가 일관성이 있는가?
④ 기계의 조작 등을 조심성 없게 처리하여 문제를 일으키지는 않는가?

(6) 원가관리 면

① 원가의식을 염두에 두고 경비절감에 기여하는가?
② 원가의식을 염두에 두고 물품관리에 주의를 기울이는가?

(7) 언어 사용 면

① 부하직원에게 존칭을 사용하는가?

② 고객 및 동료 간의 대화에 적절한 언어를 구사하는가?

(8) 이해 및 판단 면

① 업무의 내용을 즉시 이해하는가?
② 상사의 의도나 방침을 잘 이해한 후 업무에 임하는가?
③ 업무를 이해하지 못한 채 경솔히 처리하여 실수를 하지는 않는가?

(9) 기술 면

충분한 표준서비스기술을 연마하여 여러 동료의 모범이 되는가?

(10) 위생 면

복장 및 두발, 얼굴, 손톱, 구두 등이 항상 단정하게 손질되어 있는가?

(11) 지도력

① 후배사원보다 솔선수범을 잘하는가?
② 후배사원을 계획성 있게 지휘하는가?
③ 후배사원을 객관성 있게 지휘하는가?
④ 후배사원으로부터 신뢰를 받고 있는가?
⑤ 후배사원에게 부당한 처우나 비방 등을 하지 않는가?

제 3 장

식음료 조직 및 식음료서비스의 이해

제1절

식음료 조직

방콕 샹그릴라 호텔(Bangkok Shangri-La hotel) 'F&B Staff'

1. 식음료서비스의 경영조직

1) 셰프 드 랑 시스템(Chef de Rang System)

정중하고 일정한 격식을 요하는 프렌치 레스토랑과 같은 최고급 레스토랑에서 많이 사용하는 최고급을 지향하는 서비스 조직이다. 메트르 도텔(Maitre d'hotel, Head Waiter)의 관리하에 일정 테이블, 즉 스테이션을 담당하는 서비스 수장인 셰프 드 랑이 있고, 그 아래에 드미 셰프 드 랑(Demi-Chef de Rang), 코미 드 랑(Commis de Rang), 코미 드 바라슈(Commis de Barrasseur)가 한 팀이 되어 서비스 업무를 하게 된다. 셰프 드 뱅(Chef de

Vin, Sommelier)은 와인을 전문적으로 관리하고 고객에게 와인을 서비스하는 사람으로 음식을 서비스하는 셰프 드 랑의 업무에 협조한다.

셰프 드 랑 시스템은 게리동(Gueridon), 또는 플랑베 웨건(Flambee Wagon)을 사용하여 음식을 직접 만들어 서비스하게 되므로 팀워크가 필수적이다.

(1) 셰프 드 랑 시스템의 장점

① 높은 수준의 서비스를 제공, 최고의 분위기를 연출한다.
② 고객 앞에서 직접 조리해 주므로 고객만족이 극대화될 수 있다.
③ 매출 극대화를 가져온다.
④ 타 업장 대비 급여가 높고 최고기술 습득의 동기를 부여한다.

(2) 셰프 드 랑 시스템의 단점

① 종업원 의존도가 높으므로 인원이 많이 필요하고 크로스 타임이 있어 하루 기준 회사 체제시간이 약간 길다.
② 매출액에 비해 인건비 지출이 크다.
③ 다른 서비스에 비해 시간이 오래 걸린다. 서비스의 섬세함으로 인해 장시간 식사를 하므로 회전율이 낮다. 셰프 드 랑 시스템의 장점과 단점을 요약하면 아래의 표와 같다.

셰프 드 랑 시스템의 장단점

장 점	단 점
높은 수준의 서비스, 최고의 분위기 연출	종업원 의존도가 크므로 많은 인원 필요
급여 및 최고기술 습득의 동기부여	고가의 인건비 지출
충분한 휴식시간	연중무휴인 고급식당 편성에만 적당
고객 앞에서 조리해 주므로 고객 만족 극대화	

조직도는 아래 그림과 같다.

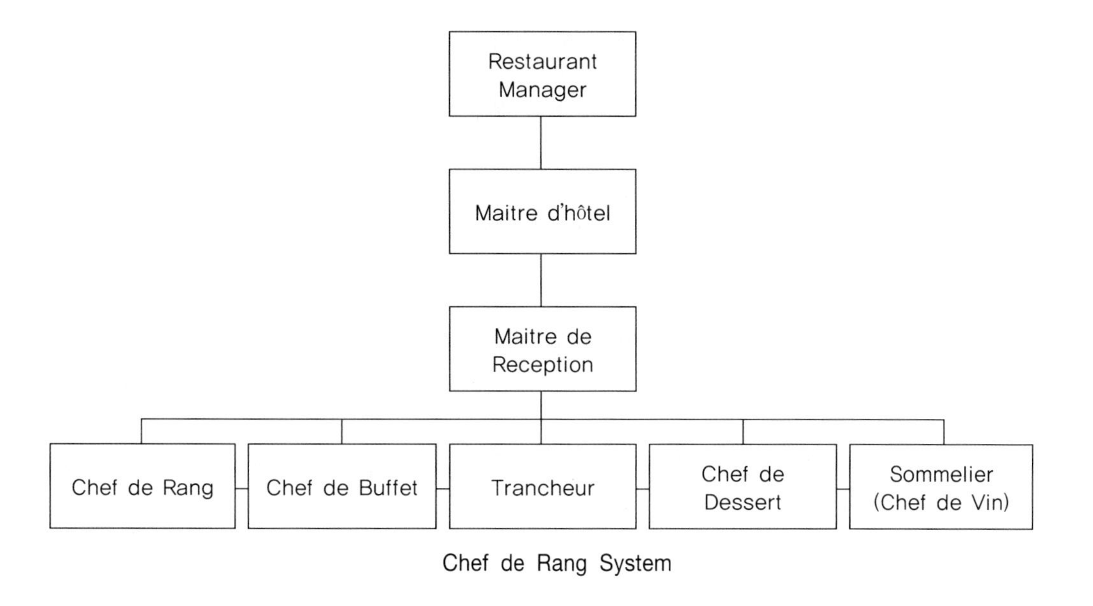

Chef de Rang System

(3) 셰프 드 랑 시스템의 직무분장

(3.1) 메트르 도텔(Maitre d'hotel, Head Waiter)

헤드웨이터라고 칭하기도 하며, 고객을 지정된 테이블로 영접하고 각 스테이션에 서비스가 원활하게 이루어지도록 고객을 고루 안배토록 배려하며 셰프 드 랑과 코미 드 랑을 감독한다.

호텔 식음료부문의 레스토랑 조직도는 다음 그림과 같다.

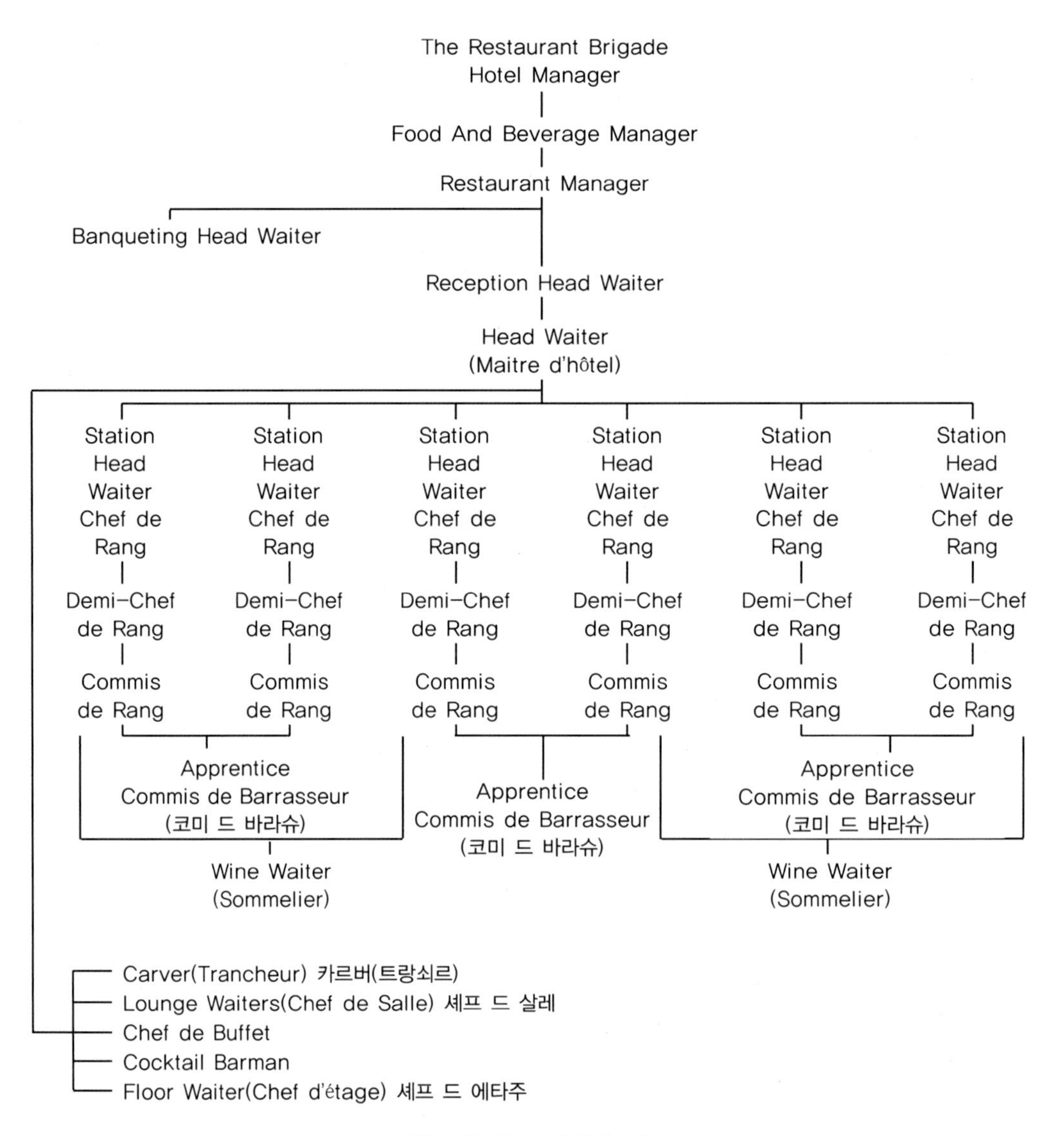

The Restaurant Brigade

(3.2) 셰프 드 랑(Chef de Rang)

근무구역의 조장으로 2명의 웨이터와 서비스의 책임을 진다. Food, Wine, Beverage, Service 등에 관한 충분한 지식과 전문적인 기술이 요구된다.

(3.3) 코미 드 랑(Commis de Rang)

셰프 드 랑을 보좌, 실질적인 서비스에 참여한다.

2) 헤드 웨이터시스템(Head Waiter System)

최고급을 지향하는 서비스 조직인 셰프 드 랑 시스템(Chef de Rang System)을 간편하게 변형시킨 것이며, 일반 레스토랑에서 통상적으로 많이 사용하는 서비스 조직이다. 헤드 웨이터 밑에 음식을 서비스하는 웨이터와 음료를 서비스하는 바텐더(Bartender) 또는 소믈리에(Sommelier)가 있다. 지정된 테이블이나 스테이션(Station) 없이 웨이터 또는 웨이트리스가 모든 곳을 서비스할 수 있는 것이 특징이다. 즉 수장 밑으로 식사담당, 음료담당을 두어 주어진 테이블을 서브하는 제도로 일반식당에 적합하다.

(1) 헤드 웨이터시스템의 장점

① 셰프 드 랑 시스템 서비스보다 신속한 서비스가 가능
② 좌석 회전율이 높음
③ 최고급 서비스와 하위급 서비스의 절충형
④ Plate Service 위주의 음식서비스 실시

(2) 헤드 웨이터시스템의 단점

① 정중한 서비스를 하기에는 부족함
② 셰프 드 랑 시스템보다 서비스 분위기가 가벼움
③ 고객의 서비스 불평이 고정고객 확보에 영향을 줄 가능성이 많음

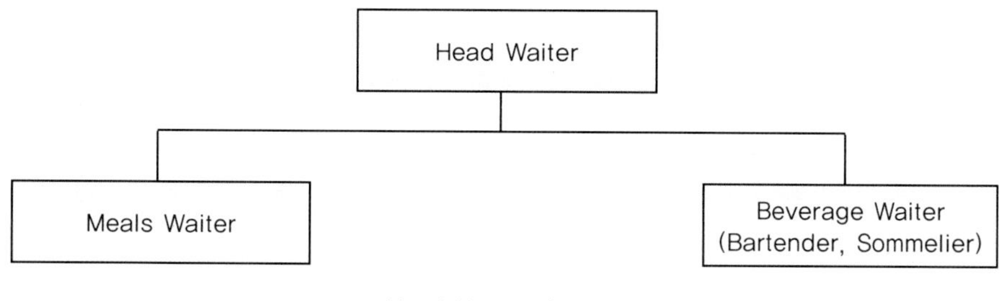

Head Waiter System

(3) 헤드 웨이터시스템의 직무분장

(3.1) 헤드 웨이터(Head Waiter)

고객의 주문을 직접 받고 웨이터, 웨이트리스를 감독 · 지시하며 서비스의 전반적인 책임을 진다.

(3.2) 식사담당 웨이터(Meals Waiter)

식사만 담당하고 헤드 웨이터의 지시에 따라 서비스하지만 바쁠 때는 직접 주문을 받는다.

(3.3) 음료 웨이터(Beverage Waiter)

음료와 와인의 상품지식과 식사에 대한 지식을 습득한 후 서비스 업무에 임한다.

3) 스테이션 웨이터시스템(Station Waiter System)

One Waiter System이라고도 하며, 한 계절만 영업하는 계절식당(Seasonal Restaurant)에 적합한 서비스제도이다. 한 식당에 조장을 두어 그 밑에 한 명씩 웨이터가 한 구역만을 담당하여 서비스한다. 즉 1명의 웨이터가 일정한 구역의 식탁만을 맡아 주문받고 식사와 음료를 제공하는 시스템이다.

(1) 스테이션 웨이터시스템의 장점

① 보다 신속한 서비스가 가능하다.
② 고객의 부담이 최소화될 수 있다.
③ 좌석회전율이 높다.
④ 인건비의 절약이 가능하다.

(2) 스테이션 웨이터시스템의 단점

① 서비스의 부실로 고객관리가 다소 어렵다.
② 서비스의 질적 향상이 다소 어렵다.

③ 전문성이 떨어질 수 있다.

④ 고객으로부터 항상 불평받을 소지가 있다.

⑤ 웨이터가 자기 담당구역을 비우면 고객이 다소 기다리게 되는 단점이 있다.

스테이션 웨이터시스템(Station Waiter System)의 장단점을 요약하면 다음 표와 같다.

<table>
<tr><th>장 점</th><th>단 점</th></tr>
<tr><td>일괄적이고 신속한 서비스</td><td rowspan="2">웨이터의 잦은 주방 출입으로 고객을 오래 기다리게 하거나 세심한 서비스가 어려움</td></tr>
<tr><td>한 계절을 통한 웨이터 인건비 절감</td></tr>
<tr><td rowspan="2">회전율이 높음</td><td>서비스의 부실로 고객관리가 다소 힘듦</td></tr>
<tr><td>서비스의 질적 향상이 다소 어려움</td></tr>
</table>

(3) 스테이션 웨이터시스템(Station Waiter System)의 직무분장

(3.1) 웨이터 조장(Head Waiter, Chief Waiter)

지배인 역할을 한다. 한 식당에 조장을 두어 그 밑에 웨이터가 한 명씩 한 구역만을 담당하여 서비스하는 제도이다. 그러므로 스테이션 웨이터, 웨이트리스를 감독하고 지시하며 서비스의 전반적인 책임을 진다.

(3.2) 웨이터(Waiter)

각자 자기에게 배당된 한 구역만을 담당하여 서비스한다. 웨이터가 일정한 구역의 식탁만을 맡아 주문받고 식사와 음료를 제공하는 것이다.

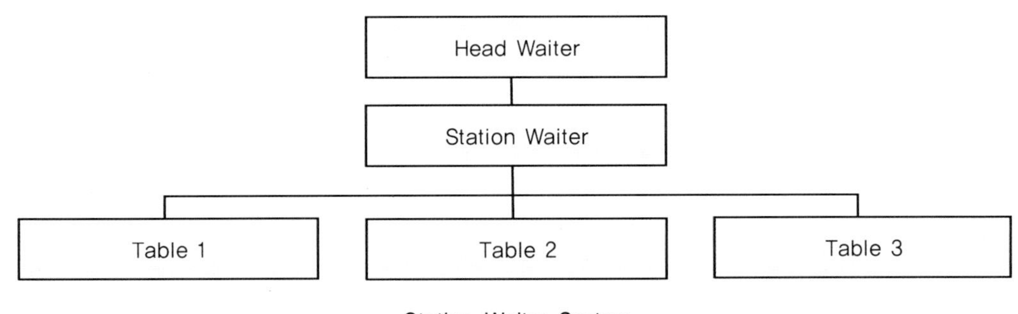

Station Waiter System

2. 식음료서비스의 구성

호텔의 식음료부서는 매우 전문적이고 국제적인 컨벤션 등 다양한 행사를 치르는 경우가 많기 때문에 세분화된 서비스 기능을 필요로 한다. 호텔의 규모에 따라 모두 다르지만, 크게 연회컨벤션서비스(Banquet Convention Service), 웨딩서비스(Wedding Service), 레스토랑 아울렛서비스(Restaurant Outlet Service), 음료서비스(Beverage Service), 룸서비스(Room Service), 조리부(Food Preparation) 등으로 부서를 나눌 수 있다. 각 부서에 필요한 구성원의 직무 권한과 책임을 할당하여 효율적인 일처리를 도모할 수 있도록 한다.

1) 식음료부서의 직원규모

호텔의 규모와 레스토랑의 유형 및 규모와 개수는 예상 고객 수나 음식을 준비하고 제공하는 식음료부서의 조리 및 서비스 직원의 규모에도 많은 영향을 끼친다. 일반적으로 특급호텔은 각 식음료 업장별로 주방을 따로 설치한다. 그리고 대규모 연회행사를 치를 수 있는 별도의 연회주방을 설치한다. 이에 따라 직원의 규모가 정해진다.

2) 식음료서비스의 구성

(1) 주방(Food Preparation or Food Production)

메뉴를 개발하고 음식을 생산하는 곳으로 특급호텔에서는 식음료업장마다 별도의 주방을 운영하며 연회주방이 있다. 그러나 소규모 호텔에서는 메인주방(Main Kitchen) 하나로 전체 업장을 관리한다. 주방에는 총주방장을 비롯하여 분야별로 직접 조리하는 조리사들이 조직된다. 또한 식기와 조리기구 등을 닦고 관리하는 기물관리과(스튜어드 : Stewards)가 있다.

(2) 음식 서비스(Food Service)

조리된 모든 음식을 각 식음료업장의 서비스 직원이 고객에게 제공하고, 그 외에 고객을 위한 여러 가지 서비스를 담당하는 것을 말한다. 호텔 식음료업장은 지배인, 부지배인 또는 캡틴(수장), 웨이터, 웨이트리스, 리셉셔니스트(그리트리스) 등으로 구성된다.

(3) 음료 서비스(Beverage Service)

바, 라운지, 각 아울렛(레스토랑) 등에 주류를 포함한 모든 음료를 제공하고 관리하는 것을 말한다. 호텔에 따라서는 음식 서비스 부문과 통합하여 부서를 운영하기도 하지만, 음료는 특별한 분야이기 때문에 음료지배인(Beverage Manager)이 별도로 각 영업장의 음료 담당직원을 관리한다.

(4) 연회 서비스(Banquet Convention Service)

연회장과 컨벤션(Convention)이 별도로 조직되어 있어 대 · 소형 행사에 식음료를 제공한다. 연회직원이 별도로 구성되어 있고, 바쁠 때는 다른 아울렛의 직원들이 파견 나와서 대규모 행사를 돕는다.

(5) 룸 서비스(Room Service)

오더 테이커(Order Taker)가 객실고객의 식사주문을 받고 이를 웨이터가 서비스하는 임무를 실행한다.

제2절

호텔 식음료부서의 조직

취급하는 음식 종류, 서비스 수준 및 형태, 영업시간 등에 따라 조직의 형태가 달라진다. 특급호텔의 경우는 보통 10개 이상의 식음료 Outlets(영업장)을 운영하고 있다. 다음은 디럭스 체인 특1급 호텔 식음료부문 중 영업장의 기본적 서비스 조직 시스템의 예이다.

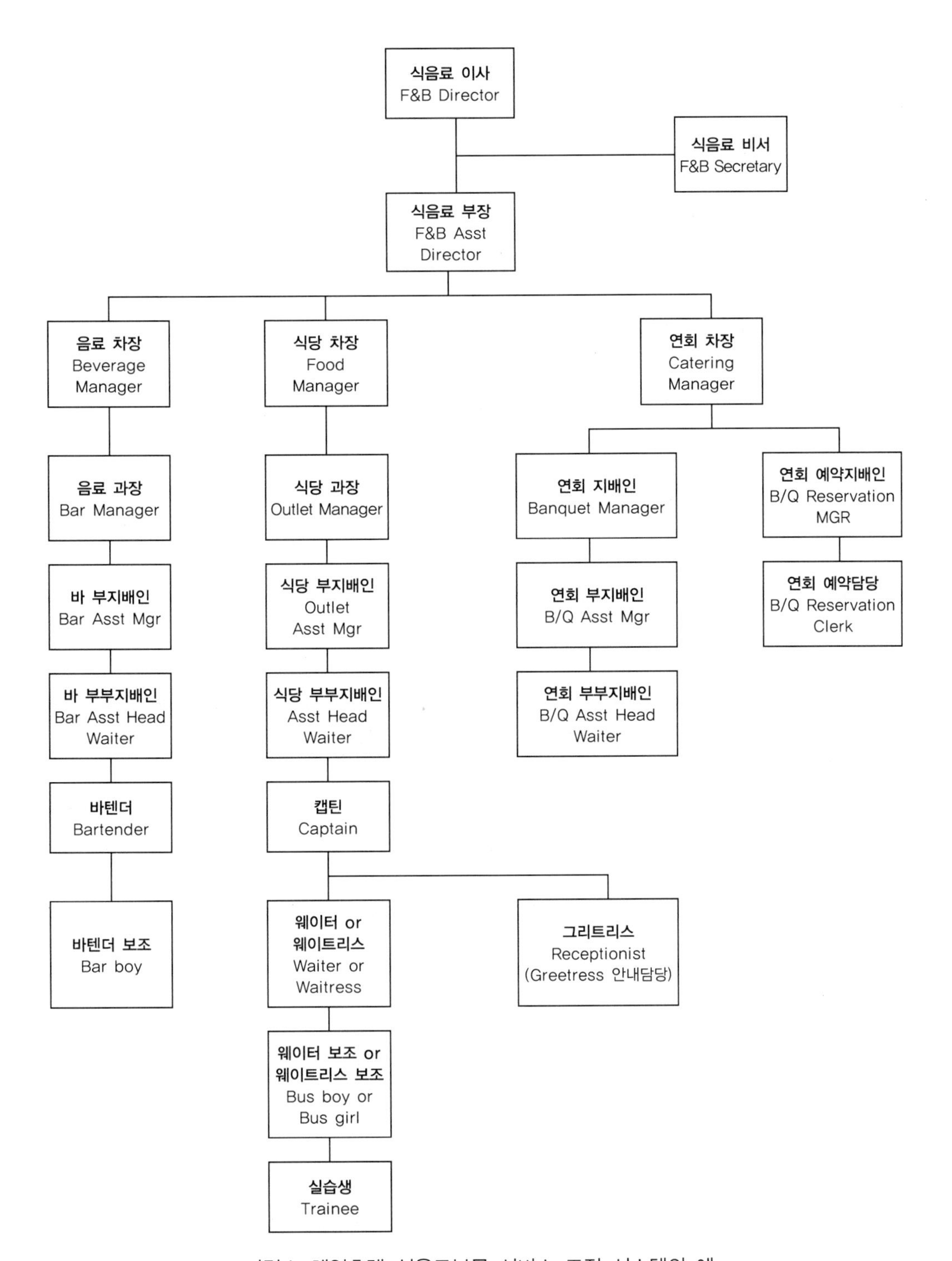

디럭스 체인호텔 식음료부문 서비스 조직 시스템의 예

1. 식음료부문의 직무분석

1) 식음료 이사(Food & Beverage Director, F&B Director)

Food & Beverage Dept.의 최고 수장으로 식음료부문 총괄계획 및 정책의 수립, 영업장의 관리감독, 종사원의 인사관리, 종사원의 서비스 교육 등 식음료부의 전반적 운영에 대해 책임을 진다.

✣ 주요 업무(The Principal Duty)

① 경쟁사 식음료부문의 정보를 수집 · 비교하여 새로운 경영을 시도함
② 각 영업장의 매출분석 및 원가분석
③ 경쟁사 호텔을 주기적으로 방문하여 벤치마킹
④ 새로운 신상품 개발에 노력
⑤ 인원계획에 의한 채용 및 교육을 담당
⑥ 서비스의 질을 높이는 계획을 수집하고 모든 가격을 결정
⑦ 식음료 전체 업장의 목표관리와 원가관리

2) 영업장 지배인(Restaurant Manager, Outlet Manager)

최근 각 호텔 간의 경쟁이 치열해지고 있기 때문에 영업장 지배인(Outlet Manager)의 역할이 그만큼 중요시되고 있다.

레스토랑의 책임자로서 용모 단정한 인격체여야 하며 풍부한 경험을 바탕으로 부하직원에 대한 통솔력이 있어야 한다. 또한 원가관리에 충분한 지식이 있어야 하며 영어와 일어 등의 외국어 구사능력이 요구된다.

✣ 주요 업무(The Principal Duty)

① 캡틴(Captain), 웨이터(Waiter), 웨이트리스(Waitress), 리셉셔니스트(Receptionist) 등에 대한 훈련과 감독을 한다.
② 종사원들의 업무와 영업 준비에 대한 지시를 한다.
③ 예약접수현황과 준비상황을 점검하고 각 해당자의 업무에 대한 세부사항을 지시한다.

④ 직원들의 근무시간표를 작성한다.
⑤ 종사원들에게 서비스 담당구역을 할당한다.
⑥ 각국 음식축제, 각 지방 음식축제 등의 이벤트를 계획한다.
⑦ 영업장의 운영 및 고객관리, VIP 접대 실적보고, 원가관리, 인사관리 등 책임자로서 영업장을 관리한다.
⑧ 메뉴를 작성한다.
⑨ 고객들의 불평처리와 식음료에 대한 권유, 서비스에 대한 총괄적인 책임을 진다.
⑩ 준비물이 적절한 수준에 이르렀는지를 확인 점검한다.
⑪ 리넨류, 조미료, 기타 식당기물의 부족 시 청구를 지시한다.
⑫ 식음료부, 영선부, 객실정비부서 등에 필요한 상황이 발생될 때 필요사항을 전달 의뢰한다.
⑬ 고객영접 안내를 하며 각 서비스 스테이션의 균형 유지에 힘쓴다.
⑭ 고객들의 불평처리와 식음료에 대한 권유, 서비스에 대한 총괄적인 책임을 진다.
⑮ 식당 내 모든 서비스에 대한 지휘 통솔과 동시에 주방요원과 서비스 요원 간에 협동을 이루도록 조정한다.

3) 업장 부지배인(Assistant Manager)

전문지식과 기술이 요구되며 식당 전반에 걸쳐 지배인을 보좌하며 지배인 부재 시에는 그 직무를 대행한다. 자격과 역할은 지배인과 같으며 지배인의 업무를 누구보다 가까이에서 도와준다.

4) 캡틴(Captain : 수장, 접객조장)

각 Outlets의 접객조장으로서 보통 헤드웨이터(Head Waiter)라고도 불리며, 지배인, 부지배인을 보좌한다. 중 · 소규모 레스토랑에서는 지배인급의 역할을 대행한다. 대규모 식당에서는 할당된 스테이션을 맡는 책임자이나, 중 · 소규모 레스토랑에서는 지배인 역할을 충분히 할 수 있다. 특급호텔에서는 그만큼 업무지식과 역량을 습득하기 때문이다. 실습생 교육과 웨이터, 웨이트리스를 감독한다.

❖ 주요 업무(The Principal Duty)

① 영업 시작 전에 해당구역의 서비스 준비사항과 웨이터, 웨이트리스를 점검한다.

② 리셉셔니스트의 부재 시 고객을 영접하여 테이블로 안내한다.

③ 판매하는 메뉴와 각 품목의 조리시간을 숙지하고 와인을 권유하기도 하므로 와인에 대한 깊은 지식을 가지고 있어야 한다.

④ 주요리가 제공된 후 고객이 즐겁게 음식을 드시는지 주의 깊게 살펴본다.

⑤ 종사원들의 불일치를 해소시키고 교육을 담당한다.

⑥ 업장서비스 매뉴얼, 호텔규정, 긴급 시 조치사항 등을 숙지해야 한다.

⑦ 각종 집기 및 리넨류를 관리하고 고객 퇴장 시에 전송하며 테이블을 재정비한다.

⑧ Captain의 직무는 영업 시작 전에 담당구역의 서비스 준비사항과 웨이터들을 점검하는 것이다.

⑨ 캡틴은 그 구역 내의 팀장으로서 고객을 영접하고, 주문을 받으며 판매하는 메뉴와 각 품목의 조리시간을 숙지하고 적당한 순서에 따라 서비스를 한다.

⑩ 타 업장에 대한 모든 상황과 연회행사의 스케줄에 관해서도 알고 있어야 한다.

⑪ 고객의 요구에 의해 계산서를 제공한다.

⑫ 고객에게 냅킨을 펼쳐 드리고, 칵테일 주문을 받으며 메뉴를 제공한다.

⑬ 업장서비스 매뉴얼, 호텔규정, 긴급 시 조치사항 등을 숙지해야 한다.

⑭ 항상 최선의 서비스를 할 수 있도록 만반의 태세를 갖추어야 하며, 다른 동료직원이 바쁠 때는 도와야 한다.

5) 웨이터(Waiter), 웨이트리스(Waitress)

캡틴 지시하에 근무조가 구성되며 테이블 서비스를 한다. 통상 5테이블에 15~20명 정도의 구성원이 서브하고 신속한 대고객서비스와 업장의 청결 및 정리정돈을 유지하는 업무를 담당한다.

❖ 주요 업무(The Principal Duty)

① 당일의 메뉴를 숙지하여 매상증가를 염두에 두고 주문을 받는다.

② 근무시간 전에 청결하고 단정한 제복차림을 하고 영업행위에 필요한 준비를 한다.

③ 캡틴을 보좌하며 공손하고 상냥한 어조로 고객을 맞이한다.

④ 주문받을 때는 규정된 전표(Bill)에 기재한 후 반드시 재확인한다.
⑤ 기재된 주문전표를 주방에 연결하고 조리된 음식을 즉시 서브한다.
⑥ 고객을 항상 주시하며 부름에 즉시 응한다.
⑦ 고객의 식사가 끝나면 빈 그릇을 치우고 디저트를 주문받는다.
⑧ 노련한 상품지식과 전문적인 기술을 겸비하고 상급자의 지시에 잘 따르고 동료와 협력하며, 하급자에 대한 보조도 아끼지 않는다.
⑨ 할당된 구역과 부수적인 업무와 테이블 번호를 숙지해야 한다.
⑩ 담당테이블의 접객, 식음료 주문, 그리고 올바른 순서에 따라 모든 식사코스를 능률적으로 제공하여야 한다.
⑪ 고객의 식사가 끝났을 때 고객의 요구에 따라 계산서를 제공하고 이상 유무를 확인한다.
⑫ 다음 고객을 접대하기 위해 식탁을 재정비한다.

6) 버스보이(Bus Boy), 버스걸(Bus Girl)

신입 종사원을 말하며 캡틴이나 웨이터, 웨이트리스의 지시에 따라 식사서비스를 보조하며 기물을 치우고 닦는 역할 및 모든 레스토랑 준비업무를 담당한다.

✥ 주요 업무(The Principal Duty)
① 웨이터 및 웨이트리스의 일을 보좌한다.
② 각종 웨어(Ware)와 비품의 청결을 유지한다.
③ 테이블, 의자의 정리정돈을 한다.
④ 버터, 잼, 얼음물 등을 제공한다.
⑤ 식탁으로 요리를 운반하는 데 웨이터를 돕는다.
⑥ 각종 리넨(Linen)의 반납, 수령을 담당하고 테이블 세팅(Table Setting)을 한다.
⑦ 언제나 최선의 서비스를 제공할 수 있도록 만반의 태세를 갖추며 동료들이 바쁠 때는 협동한다.
⑧ 버스보이는 웨이터와 웨이트리스의 일을 돕는다.
⑨ 사용이 끝난 접시들은 주방의 접시 닦는 곳으로 옮겨 치운다.
⑩ 식당에서 필요한 은기물이나 글라스류, 리넨류 등을 보급한다.

⑪ 고객에게 냉수와 버터, 빵을 서브한다.
⑫ 테이블을 정리정돈하며 사용된 리넨류를 치우고, 테이블 세팅을 한다.
⑬ 요리를 운반하는 웨이터를 돕는다.
⑭ 커피, 티 종류를 서브한다.
⑮ 서비스 카트, 플랑베 웨건, 서비스 쟁반을 청결하게 정리정돈한다. 식당 내 가구류를 청소하고 기타 기물 닦는 것을 돕는다.
⑯ 서비스 매뉴얼, 호텔규정, 긴급 시 유의사항을 숙지하여야 한다.
⑰ 언제나 최선의 서비스를 제공할 수 있도록 만반의 태세를 갖추어야 하며, 동료들이 바쁠 때는 협동하도록 한다.

7) 소믈리에(Sommelier : Chef de Vin; Wine Steward, 와인 스튜어드)

셰프 드 뱅(Chef de Vin, Sommelier)은 와인을 전문적으로 관리하고 고객에게 와인을 서비스하는 사람으로 음식을 서비스하는 셰프 드 랑의 업무에 협조한다.

✤ 주요 업무(The Principal Duty)

① Wine Steward는 와인의 진열과 음료재고를 점검관리하며 필요 시 음료창고로부터 보급 수령한다.
② 아페리티프(Aperitif : 식전술), 테이블와인, 디저트와인, 디제스티프(Digestif) 등을 권유하고 주문을 받는다.
③ 주문받은 와인을 규칙대로 정중하게 서브한다.
④ 시간이 있을 경우 아이리시 커피(Irish Coffee : 위스키를 타고 생크림을 띄운 커피)와 다른 리큐어 플랑베(Liqueur Flambee)를 준비한다.
⑤ 업장서비스 매뉴얼과 호텔규정에 대하여 숙지하고 있어야 한다.
⑥ 와인관리에 만전을 기해야 하며, 다른 동료들이 바쁠 때 돕는다.

8) 바텐더(Bartender)

음료에 대한 전문적인 지식을 갖추고 있어 고객이 어려운 칵테일을 주문해도 응할 수 있는 조주기술이 있어야 한다.

❖ **주요 업무**(The Principal Duty)

① 고객을 기억하여 고정고객을 관리한다.

② 바 카운터 내의 청결유지 및 정리정돈을 수시로 점검한다.

③ 각종 기기류의 작동상태를 점검하고 칵테일 부재료 등을 점검한다.

④ 주문에 따라 주류를 혼합하고 고객의 음료를 조주하여 바 웨이터 및 바 웨이트리스에게 인계한다.

⑤ 칵테일은 반드시 일정량에 의하여 제공되고 지정된 양, 지정된 글라스(Glass)를 사용한다.

⑥ 바에 필요한 기물을 잘 보관, 유지한다.

⑦ 어떠한 경우에도 판매목적 이외에 주류 및 부재료를 사용하면 안 된다.

⑧ 음료에 대한 전문지식을 갖추어야 한다.

⑨ 고객을 기억하고 기호를 파악해야 한다.

⑩ 품절음료의 유무를 확인 신청해야 한다.

⑪ 전반적인 음료를 관리한다.

⑫ 음료에 대한 교육을 한다.

⑬ 예약된 테이블 또는 행사장에 음료를 준비한다.

⑭ 음료 Inventory를 한다.

9) 그리트리스 또는 리셉셔니스트(Greetress, Receptionist)

전형적인 복장으로 레스토랑 입구에 서서 웃는 얼굴로 고객을 맞이한다. 이때 기술적인 요령이 필요하다. 즉 고객을 맞이할 때 재빠른 동작으로 예약고객과 예약되지 않은 고객을 구별하여 안내하고 이때 차별을 두어서는 안 된다.

❖ **주요 업무**(The Principal Duty)

① 근무시간 전에 청결한 복장으로 용모를 단정하게 하고 나와 일할 준비를 한다.

② 각 스테이션(Station)에 배치된 캡틴들을 기억하고 식탁번호를 숙지한다.

③ 밝은 미소로써 고객을 맞이한다.

④ 예약된 고객에게 2일 전 그리고 당일 미리 예약사항의 확인전화를 한다.

⑤ 예약업무, 좌석안내 절차 등에 대하여 숙달해야 하며 지배인의 지휘에 따라 일해야 한다.

⑥ 고객의 기호를 파악하여 고객관리를 위한 특기사항을 기록하며 차후 서비스를 위한 자료로 이용한다.

⑦ 예약을 받을 때는 정확한 성명(Full Name), 인원수, 도착시간, 특별요구사항, 전화번호(연락장소) 등을 순서에 입각해서 기재한다.

⑧ 영업시간에는 영업장에서 예약을 받으며 그날의 예약은 행사 전에 충분한 시간을 두어 예약을 받도록 하고, 영업시간이 아닐 경우 식당사무실이나 24시간 근무하는 Room Service Order Taker에 의해 예약을 받도록 한다.

10) 수납원(Cashier, 캐셔)

(1) 업무요약

식당의 고객이나 종사원으로부터 고객의 식음료비를 계산하여 요금을 수수하고 금전등록기를 다루며 그날의 영업실적을 지배인에게 보고한다.

(2) 직무요약

❖ 주요 업무(The Principal Duty)

① Head Cashier로부터 영업개시 현금을 받아 별도로 보관한다.

② 영업시작 전 금전등록기가 깨끗이 정리되어 있는지를 확인한다.

③ 고객의 요금을 현금이나 수표로 받을 때 수납원은 금전등록기의 Paid키를 작동시켜 기록하고 고객에게 영수증을 발행한다.

④ 접객원이 고객으로부터 받은 주문에 대해 주문서(Order Pad)를 보관한다. Order Pad는 수납원용, 조리용, 자기보관용으로 이루어진다.

⑤ Bill은 일련번호 순으로 기입되고 회계기에 맞게 규격화된 복사인쇄지로 사전에 세무당국의 검열을 받아 세금계산서로 이용되는 것이므로 발행에 착오가 있어서는 안 된다.

⑥ 좌석회전이 빠르고 메뉴가 단순한 영업장에서는 3매 1세트의 Bill을 사용하여 조리용, 수납원용, 고객테이블 비치용으로 대체하기도 한다.

⑦ 근무 마감 시에는 금전등록기에 지급된 금액을 확인하고 입금된 현금과 수표를 비교하여 이 명세를 기록하고 봉투에 넣고 봉합하여 확인한 후 금고에 보관한다.

⑧ 수납원은 고객영접의 최종적 단계에 결정적 역할을 하므로 단정한 용모와 밝은 미소로 업무에 임하여야 한다.

⑨ 수납과정 중에 발생하는 고객의 불평은 식당 내에서 발생될 수 있는 가장 큰 문제로, 흔히 부과요금의 부당성은 전 영업장의 이미지에도 나쁜 영향을 미친다. 부당성이 발생되었을 경우 고객의 입장에서 불평처리가 이루어져야 하며, 회사를 대표하여 정중히 사과하며 즉각적으로 영업장 Manager에게 보고하고 시정한다.

11) 오더 테이커(Order Taker)

객실에서 걸려오는 전화로 식음료 주문을 받는 업무를 담당한다. 메뉴와 음료리스트, 도어놉 메뉴(Door Knob Menu) 취급절차, VIP 등을 숙지해야 한다. 영어, 일어, 중국어 등의 유창한 어학능력이 요구되며 전화 주문받은 사항들은 반드시 전화를 마치기 전에 복창 확인해야 한다.

2. 식음료부 영업 지원부서

호텔 식음료부의 영업을 지원해 주는 각 부서와 기능은 다음과 같다.

지원부서	지원내용
인사(PERSONNEL)과	영업에 필요한 인력의 충당과 노무관리, 교육 등을 담당
구매(PURCHASING)과	판매하는 상품의 원, 부자재 및 영업용 소모품 등을 구매
창고(STOREROOM)과	식료, 음료, 건자재 등으로 구분하여 구매한 물품을 보관, 저장
검수(RECEIVING)과	구매한 물품의 입고 시에 품목별 수량, 사양, 품질 등을 검수
조리(KITCHEN)과	판매할 상품(요리)을 조리
기물관리(STEWARD)과	조리 및 영업에 필요한 접시류, 글라스류, 실버웨어류 등을 보관, 배치, 세척, 관리
심사분석(COST CONTROL)과	영업의 손익 및 원가계산
회계(ACCOUNTING)과	호텔의 수입과 지출, 재산관리
세탁(LAUNDRY)과	직원 유니폼, 테이블 클로스, 냅킨 등을 세탁하고 객실에서 사용한 침구류와 고객의 옷을 세탁
객실정비(HOUSEKEEPING)과	호텔 내부(영업장 및 객실정비)와 외부를 청소
시설, 영선(ENGINEERING, MAINTENANCE)과	냉난방기계, 전기 등 각종 기계 및 시설을 운영하고 점검, 정비, 보수하고 건물을 관리
경비(SECURITY)과	호텔 내외부의 경비 및 안전을 담당
당직(DUTY ASSISTANT MANAGER)과	호텔 경영진을 대신하여 당직 근무를 하면서 호텔의 운영에 관여하고, 상부에 보고

제 4 장

각 영업장 서비스 실무

커피숍(Coffee Shop)

스위스 그랜드 호텔 서울 Coffee Shop '알파인 카페'

1. 커피숍의 이해

호텔의 커피숍(Coffee Shop)은 식음료 영업장 중 가장 기본적인 곳으로 기능이 매우 다양하다. 아침 · 점심 · 저녁식사를 제공하는 경양식 레스토랑의 기능과 각 식사시간 사이에는

커피, 각종 음료수, 간단한 스낵류, 디저트류가 제공되는 티룸(Tea Room)의 기능을 복합적으로 갖고 있다. 업장에 따라 쉬는 시간 없이 24시간 계속하는 곳도 있다. 또한 호텔 내에 양식이나 한식 등의 전문식당이 따로 없을 경우 커피숍에서 간단한 양식과 한식의 일품요리(A La Carte)를 제공하여 그 기능을 대신하기도 한다. 휴게음식점으로 고객 출입이 많은 호텔의 로비(Lobby)에 위치하여 커피와 각종 음료 그리고 간단한 경양식을 판매하는 식당이라 정의할 수 있다.

1) 조식(Breakfast) 메뉴

아침식사 서비스에서는 이른 아침 관광이나 사업상의 이유로 시간적인 여유
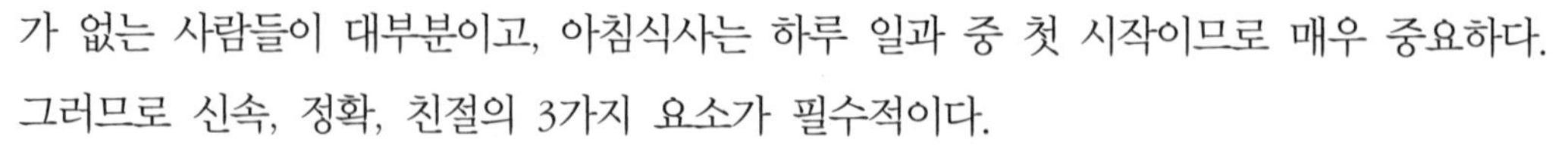
가 없는 사람들이 대부분이고, 아침식사는 하루 일과 중 첫 시작이므로 매우 중요하다. 그러므로 신속, 정확, 친절의 3가지 요소가 필수적이다.

'Breakfast'는 Break(깨다)와 Fast(단식)의 의미가 합쳐져 긴 밤 동안의 단식을 깬다는 뜻이다. 따라서 아침식사는 장시간 공복상태이기 때문에 위에 부담을 주지 않는 부드러운 음식이 바람직하고 하루를 시작하는 식사이므로 열량 면에서는 고열량의 요리가 좋다. 전날 저녁식사 후 12시간 정도의 공복상태이므로 위에 부담을 주지 않는 부드러운 음식으로 열량이 높은 요리가 적당하다. 커피숍의 조식메뉴로 주스류, 빵, 달걀요리, 곡물류, 과일, 우유, 커피 등이 제공되는데, 일식조식이나 한식조식을 제공하는 경우도 있다. 커피숍의 메뉴는 다음과 같다.

(1) 주스류

주스류는 신선한 주스(Fresh Juice)와 가공한 캔주스(Canned Juice) 등으로 구분할 수 있다.

(1.1) 갓 짜낸 주스(Freshly Squeezed Juice)

- Freshly Squeezed Orange Juice 갓 짜낸 오렌지주스
- Freshly Squeezed Grapefruit Juice 갓 짜낸 자몽주스
- Freshly Squeezed Apple Juice 갓 짜낸 사과주스
- Freshly Squeezed Carrot Juice 갓 짜낸 당근주스

(1.2) 가공한 캔주스(Canned Juice)

- Orange Juice 오렌지주스
- Grapefruit Juice 자몽주스
- Tomato Juice 토마토주스
- Pineapple Juice 파인애플주스
- Apple Juice 사과주스
- Grape Juice 포도주스
- Vegetable Juice 채소주스
- Guava Juice 구아바주스

(2) 빵의 종류

아침식사에 빵을 제공할 때에는 항상 버터(Butter), 잼(Jam), 마멀레이드(Marmalade : 감귤류의 과일로 만든 씁쓸한 잼) 등과 함께 제공하여야 한다.

(2.1) 무게에 의한 분류

① Bread류 : 빵의 무게 225g 이상(Plain Bread(식빵), Rye Bread, French Bread 등)
② Bun류 : 빵의 무게 60~225g(Hamburg, Sandwich용 Hamburg Buns, Hot Dog Buns 등)
③ Roll류 : 빵의 무게 60g(German Hard Roll, Soft Roll, Breakfast Roll 등)

German Hard Roll

Soft Roll

(2.2) 커피숍에서 사용하는 빵의 분류

① 토스트용 식빵(Toast Bread) : 밀가루, 이스트, 설탕, 소금, 버터, 쇼트닝, 우유, 달걀, 물이 재료이다.

② 호밀빵(Rye Bread) : 밀가루, 호밀가루, 이스트, 소금, 설탕이 재료이며, 북유럽에서 유명한 거무스름한 색깔의 빵이다.

③ 프렌치 브레드(French Bread) : 밀가루, 호밀가루, 이스트, 소금, 설탕이 재료이며 북유럽에서 유명한 빵이다.

④ 크루아상(Croissant) : 밀가루, 설탕, 소금, 버터, 이스트, 우유, 달걀이 재료이고, 초승달 모양이며 오스트리아에서 17C 말에 처음 만들어졌다.

프렌치 브레드

크루아상

⑤ 데니시 패스트리(Danish Pastry) : 반죽에 설탕, 유지, 달걀이 많이 들어간 덴마크식 빵이다. 모양과 맛, 속감 등이 다양한 것이 특징이며 설탕에 절인 오렌지, 체리 등을 위에 올린다.

⑥ 도넛(Doughnut/Donut) : 과자나 빵의 반죽을 튜브모양으로 만들어 튀겨낸 것으로 고대의 올리브기름에 튀긴 과자나 빵에서 유래되었다고 한다. 도넛은 사용하는 충전물, 글레이즈, 토핑을 응용하여 만든 것으로 Sugar Donut, Snow Donut, Chocolate Donut 등이 있다.

데니시 패스트리

잉글리시 머핀

⑦ 잉글리시 머핀(English Muffin) : 호떡 모양의 빵으로 소맥분이나 옥수수가루를 사용하여 만든다. 토스트 대신 아침식사로 사용하고 Eggs Benediction 요리에 사용되기도 하며, 칵테일파티에서는 오픈 샌드위치로 제공된다. 모양이 둥글기 때문에 햄버거에도 사용된다.

⑧ 블루베리 머핀(Blueberry Muffin) : 밑부분을 은박지에 싸고 블루베리를 넣어 만든다.

⑨ 베이글(Bagel) : 물에 한 번 삶았다가 오븐에 구워내어 먹는 이스라엘의 대표적인 빵

으로 반으로 잘라 구워서 제공하며 훈제된 연어와 크림치즈를 곁들여 먹는다.

⑩ 브렉퍼스트 롤(Breakfast Roll) : 젖꼭지 모양의 빵

⑪ 저먼 하드롤(German Hard Roll) : 밀가루, 이스트, 소금, 물로 만든 딱딱한 빵이다.

⑫ 핫 비스킷(Hot Biscuit) : 여러 잼과 꿀, 버터와 함께 아침식사에 제공된다.

⑬ 소프트 롤 브레드(Soft Roll Bread) : 버터, 달걀, 우유로 만든 매우 부드러운 빵이다.

⑭ 하드 롤 브레드(Hard Roll Bread) : 밀가루, 이스트, 소금, 물로 만든 딱딱한 빵이다.

핫 비스킷

하드 롤 브레드

⑮ 브리오슈(Brioche) : 크루아상과 함께 프랑스의 대표적인 빵으로 달걀과 버터를 넣어 만든 피자와 같은 빵이다.

(3) 곡물류(Cereal)

쌀, 보리, 귀리, 밀, 옥수수 등의 곡류를 가공하여 만든 식사로 양이 작지만 미네랄이 풍부하다. 곡물류는 통상 아침과 점심에 먹는데 찬 곡물류와 더운 곡물류로 구분한다.

(3.1) 찬 곡물류(Cold Cereal)

각종 곡류를 가열조리하지 않고도 먹을 수 있도록 가공한(Ready to Serve) 시리얼을 말한다. 이 같은 곡물류는 찬 우유나 설탕과 함께 제공하는데, 그 종류는 다음과 같다.

- 콘 플레이크(Corn Flakes) : 옥수수알을 얇게 으깨서 먹기 좋게 만든 것
- 라이스 크리스피(Rice Crispy) : 쌀을 바삭바삭하게 튀긴 것
- 레이즌 브랜(Raisin Bran) : 건포도와 밀기울을 섞은 것
- 슈레디드 위트(Shredded Wheat) : 밀을 조각낸 것
- 비르헤르 뮤즐리(Bìrcher Müesli) : 스위스의 아침 곡물식사로 다양하고 신선한 과일과 벌꿀, 호두, 요구르트, 건포도 등을 넣어서 만든 건강식 오트밀이다.

레이즌 브랜

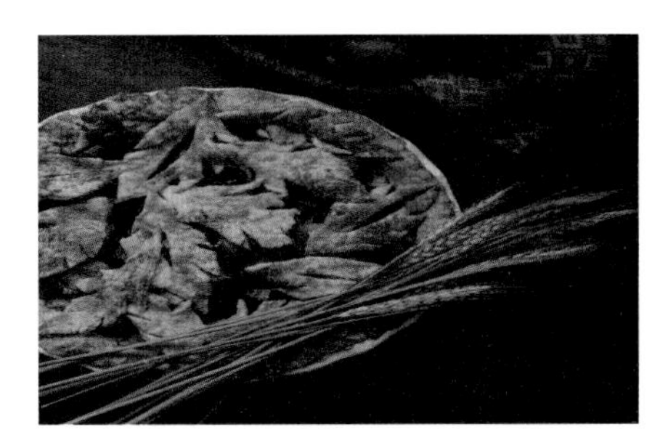

슈레디드 위트

(3.2) 더운 곡물류(Hot Cereal)

시리얼을 우유나 스톡으로 가열 조리한 것(Cooked Cereal)으로 끓여서 죽처럼 만든다. 보통 뜨거운 우유를 같이 제공하고 슬라이스한 과일을 곁들이기도 하는데, 종류는 다음과 같다.

- 오트밀(Oatmeal) : 귀리죽
- 크림 오브 위트(Cream of Wheat) : 밀죽
- 크림 오브 비프(Cream of Beef) : 소고기죽

크림 오브 위트

(4) 과일(Fruit)

과일을 제철에 수확한 것이 가장 신선하고 영양이 풍부하며 제맛이 난다. 이러한 생과일은 먹기 좋은 크기로 잘라 제공하거나 칵테일(Fruit Cocktail), 설탕조림(Compotes), 과일 요구르트(Fruit Yogurt) 등으로 만들어 조식으로 제공하고 있다.

(4.1) 생과일(Fresh Fruit)

- 자몽(Half Grapefruit) : 자몽을 반으로 잘라 속을 티스푼으로 떠먹기 좋게 칼로 손질한 후 얼음을 넣어 차게 한 용기에 제공한다.
- 계절과일(Fresh Fruit in Season) : 생과일의 종류에는 딸기, 수박, 포도, 감, 사과, 배, 오렌지, 밀감, 참외, 멜론, 바나나, 복숭아, 파인애플, 망고 등이 있다.

(4.2) 설탕에 조린 과일(Stewed Fruit)

- 서양자두(Stewed Prune) : 무화과(Figs), 복숭아(Peach), 파인애플(Pineapple)
- 과일조림(Fruit Compote) : 여러 가지 설탕에 절인 과일들을 섞은 것 등이 있다.

(5) 기타 아침식사

① 요구르트(Yogurt) : 아무것도 첨가하지 않은 플레인 요구르트(Plain Yogurt)와 첨가물에 따라 딸기 요구르트(Strawberry Yogurt), 살구 요구르트(Apricot Yogurt) 등이 있다.

② 브렉퍼스트 스테이크(Breakfast Steak) : 기름을 제거한 작은 등심스테이크(Sirloin Steak)에 프라이드 에그(Fried Egg)와 그릴드 토마토(Grilled Tomato)를 함께 제공한다.

③ 감자요리(Hashed Brown Potatoes) : 삶은 감자를 다져서 양파, 파슬리, 소금, 후추, 베이컨 등을 넣고 둥근 형태로 만들어 튀겨낸 요리이다.

④ 생선요리(Fish Dish) : 조식에 제공되는 생선요리는 대개 혀넙치요리(솔 뫼니에르 : Sole Meuniere)와 훈제연어(스모크드 새먼 : Smoked Salmon) 등이 있다.

(6) 아침 음료

아침에 제공되는 음료에는 커피(Coffee), 코코아(Cocoa), 차(Tea) 등이 있다.

① 커피(Coffee) : 식사 주문 전에 먼저 제공하여야 하며, 식사 도중에도 더 원하는지 물어보고 수시로 제공한다.
② 초콜릿(Chocolate) : 뜨거운 우유에 초콜릿 가루를 풀어 제공한다.
③ 홍차(Tea) : 작은 접시에 티백(Tea bag) 2개와 레몬 슬라이스를 칵테일 픽(Cocktail Pick)에 끼워 제공한다. 영국인들은 레몬 대신 우유를 넣어 마시며 뜨거운 물은 찻주전자(Tea pot)에 따로 제공한다.
④ 인삼차(Ginseng Tea) : 뜨거운 물이 든 찻주전자와 작은 접시에 인삼차 2개와 꿀을 담아 제공한다.

(7) 달걀요리

달걀요리는 아침식사의 주요리에 해당되는 것으로 보통 달걀 2~3개로 요리하여 햄(Ham), 소시지(Sausage), 베이컨(Bacon) 중 한 가지를 곁들여 제공한다. 달걀요리의 종류는 조리방법에 따라 다양하게 구분되는데 이는 다음과 같다.

(7.1) 프라이드 에그(Fried Egg)

① 서니 사이드업(Sunny Side Up) : 달걀의 한쪽 면만 살짝 익힌 것으로 뒤집지 않고 요리해서 제공한다. 해가 뜨는 모양 같아서 붙여진 이름이다.

서니 사이드업

② 턴오버(Turned Over)
- 오버 이지{Over Easy(Light)} : 달걀의 양면을 굽되 흰자만 약간 익힌 것
- 오버 미디엄(Over Medium) : 흰자는 완전히 익고 노른자는 약간 익힌 것
- 오버 하드(Over Hard : Well done) : 흰자와 노른자를 모두 익힌 것

(7.2) 스크램블드에그(Scrambled Egg)

두 개의 달걀에 한 스푼 정도의 우유 또는 생크림을 넣고 잘 휘저은 다음 프라이팬에 앤초비, 치즈, 감자, 버섯, 새우 등을 넣어 만들기도 한다.

(7.3) 보일드 에그(Boiled Egg)

93℃에서 통째로 삶은 달걀요리로 달걀을 세우기 위한 Egg Stand와 달걀 속을 떠먹기 위한 Tea Spoon이 필요하다.

- 소프트 보일드 에그(Soft Boiled Egg)(연숙 또는 미숙) : 3~4분
- 미디엄 보일드 에그(Medium Boiled Egg)(반숙) : 5~6분
- 하드 보일드 에그(Hard Boiled Egg)(완숙) : 10~12분

(7.4) 포치드 에그(Poached Egg)

소금, 식초를 넣어 약한 불(93℃)에 달걀껍질을 제거하고 삶은 요리

- 소프트 포치드 에그(Soft Poached Egg)(미숙) : 3~4분
- 미디엄 포치드 에그(Medium Poached Egg)(반숙) : 5~6분
- 하드 포치드 에그(Hard Poached Egg)(완숙) : 8~9분

(7.5) 오믈렛(Omelet)

보기 좋은 모양과 형태를 만들기 위해 3개의 달걀을 사용하며 첨가물 없이 달걀만 말아서 만든 것을 Plain Omelet이라 하고, 여기에 Ham, Cheese, Bacon, Mushroom, Onion 등을 넣어서 만들기도 한다.

(7.6) 콘 비프 해시 위드 투 에그(Corned Beef Hash with Two Eggs any Style)

소고기의 질긴 부위를 소금물에 절인 후 삶아서 작게 다져 양파, 샐러드를 첨가해

요리하거나 토마토 페이스트를 넣어 요리하는 형태도 있다. 이때 달걀요리와 함께 서브된다.

(7.7) 에그 베네딕틴(Tow Poached Eggs Benedictine)

베네딕토 수도원식 달걀요리이다. 일명 에그 베네딕트(Eggs Benedict)라고도 하는데 조식 또는 브런치용 달걀요리의 일종이다. 영국머핀을 반으로 잘라 구운 뒤 햄 슬라이스 또는 캐나다 베이컨, 수란 그리고 홀랜다이즈 소스를 얹어 샐러맨더에 구워내는 것이다.

tip Crispy Bacon

여러 종류의 달걀요리에 Bacon이나 Ham, Sausage를 곁들이는데, 기름이 빠지도록 바짝 구운 베이컨을 Crispy Bacon이라 한다.

(8) 팬케이크와 와플(Pancakes and Waffles)

(8.1) 팬케이크(Pancake)

밀가루, 달걀, 버터, 우유, 베이킹파우더를 반죽하여 철판에 구운 것이다(Blueberry, Pineapple을 첨가).

(8.2) 와플(Waffle)

Pancake 재료와 같고 Waffle 틀 속에 넣어 구운 케이크. 계핏가루를 뿌린다.

(8.3) 프렌치 토스트(French Toast)

토스트 브레드(Toast Bread)를 우유에 적신 후 달걀을 입혀서 철판에 구운 것이다.

* Maple Syrup(메이플 시럽 ; 캐나다, 미국 등지에서 사탕 단풍나무의 수액으로 만든 감미료. 단풍나무즙), Maple Butter를 같이 제공하고 와플과 프렌치 토스트에는 계핏가루를 뿌린다.

(9) 그 외의 아침식사

(9.1) Smoked Salmon with Cream Cheese and Toasted Bagel

크림치즈를 곁들인 훈제연어에 베이글 토스트를 함께 서브한다.

(9.2) Hashed Brown Potatoes

삶은 감자를 거칠게 다져서 양파, 파슬리, 소금, 후추, 베이컨을 첨가한 후 동그랗게 만들어 튀겨낸 것이다.

(9.3) Breakfast Steak

기름을 제거한 작은 Sirloin Steak에 Fried Egg, Grilled Tomato를 함께 제공한다.

(9.4) Yogurt

아무것도 첨가하지 않은 Plain Yogurt이다(첨가물에 따라 Strawberry, Apricot Yogurt로 나뉜다).

2) 조식메뉴의 종류(6:30~11:00am)

(1) 아메리칸식 조찬(American Breakfast)

주스, 빵, 달걀요리 그리고 커피나 홍차로 구성된 세트메뉴이다. 영국식 조식(English Breakfast)은 여기에 생선구이가 추가된다.

미국식 조찬(아메리칸식 조찬 : American Breakfast)의 예

- Choice of Chilled Fruit Juice 과일 주스 중 선택
- Two Fresh Country Eggs Any Style : Scrambled, Fried, Boiled, Poached or Omelette, Served with Ham, Bacon or Sausage and Hash Brown Potatoes
  달걀요리, 감자와 햄, 베이컨 또는 소시지 중 택 1
- Baker Master's Basket
  Croissants, Danish Pastries, Rolls, Doughnut and Toast 각종 빵과 토스트
- Marmalade, Jam, Honey and Butter 마멀레이드, 잼, 꿀, 버터

- Freshly Brewed Coffee or Tea 커피 또는 홍차 중 선택
- From the Menu 6:30~11:00am

(2) 유럽식 조찬(콘티넨탈식 조찬 : Continental Breakfast)

섬나라 영국식 조식과 구별하기 위해 대륙식 조식이라 하며 주스, 빵, 커피나 홍차로 구성되는 간단한 아침식사이다.

유럽식 조찬(콘티넨탈식 조찬 : Continental Breakfast)의 예

- Choice of Chilled Juice 과일주스 중 선택
- Freshly Baked Pastries 신선하게 구운 빵
- With Butter and Jam or Marmalade 버터와 잼 또는 마멀레이드
- Milk, Coffee or Tea 우유, 커피 또는 홍차 중 선택
- From the Menu 6:30~11:00am

(3) 건강식 아침식사(Healthy Breakfast)

사람들의 건강에 대한 욕구 때문에 특별히 만든 건강식 메뉴이다. 비만증과 각종 성인병을 염려하는 고객을 위해 각종 미네랄과 비타민이 풍부하고 고단백 저지방 식품으로 준비되며 생과일주스, 신선한 요구르트와 과일, 빵, 커피로 구성된다.

건강식 아침식사(Healthy Breakfast)의 예

- Freshly Squeezed Orange or Grapefruit Juice
  신선한 오렌지 생즙 주스 또는 자몽 생즙 주스
- Chilled Half Grapefruit or Yogurt 자몽 반 개 또는 요구르트
- Bircher Muesli(Swiss Oatmeal with Fresh Fruits) 스위스 건강식 뮤즐리
- Freshly Baked Pastries : Croissants, Danish Pastries, Rolls, Doughnuts and Toast
  신선하게 구운 빵
- Marmalade, Jam, Honey and Butter 마멀레이드, 잼, 꿀, 버터
- Freshly Brewed Coffee or Tea 커피 또는 홍차 중 선택

(4) 한식 조식(Korean Breakfast)

내국인을 위한 한식의 아침식사로 국, 생선구이, 나물과 김치, 밥, 계절과일, 인삼차 등으로 구성된다.

한식 조식(Korean Breakfast)

- Beef and Turnip Soup 소고기 뭇국
- Grilled octopus Tilefish with Steamed Rice and Seaweed 옥돔구이, 밥과 김
- Selection of Three Vegetables and Kimchi 세 가지 나물과 김치
- Fresh Fruit in Season 신선한 계절과일
- Ginseng Tea or Nokcha(Green Tea) 인삼차 또는 녹차 중 선택

(5) 일식 조식(Japanese Breakfast)

아침식사로 일식을 원하는 고객을 위해 만든 메뉴로 채소조림, 생선구이, 밥, 김, 절임류, 된장국, 계절과일, 녹차 등으로 구성된다.

- Braised Asparagus with Soy Green Onion Salad Dressing 일식 드레싱을 곁들인 채소조림
- Grilled Tunny Fish 다랑어구이
- Steamed Rice 밥
- Dried Seaweed 김
- Pickles 절임류
- Miso Soup 된장국
- Fresh Fruit in Season 신선한 계절과일
- Japanese Tea 일본식 녹차

(6) 조식뷔페(Breakfast Buffet)

조식뷔페는 이른 아침 조식모임이나 단체여행객 등을 위한 메뉴로 주스류, 곡물류, 달걀요리, 케이크류, 빵류, 샐러드류, 과일, 음료 등으로 구성된다.

(6.1) 조식뷔페의 예

- Cold Buffet 찬 요리

  Selection of Chilled Fruit or Vegetable Juices : Orange, Grapefruit, Pineapple, Apple, Tomato 과일 또는 채소주스 : 오렌지, 자몽, 파인애플, 사과, 토마토

  Fresh Fruit in Season 계절 과일

  Fruit Cocktail 과일 칵테일

  Fruit Compote 과일 설탕절임

  Assorted Yogurts 각종 요구르트

  Swiss Bircher Muesli(Swiss Oatmeal) 스위스 건강식 뮤즐리

- Home Made Cold Cuts 전채 모둠

  Smoked Salmon with Garnishes 훈제 연어

  Black Forest Ham 햄

  International Cheeseboard 치즈 모둠

  Choice of Cereals with Cold Milk 찬 우유를 곁들인 시리얼

- Hot Buffet 더운 요리

  Scrambled Eggs 스크램블드에그

  Boiled Eggs 삶은 달걀

  Spanish Omelette 스패니시 오믈렛

  Poached Egg Florentine 시금치 달걀요리

  Home made Ham 홈 메이드 햄

  Home made Bacon 홈 메이드 베이컨

  Home made Sausage 홈 메이드 소시지

  French Toast with Cinnamon Sugar 프랑스식 토스트

  Golden Pancakes with Maple Syrup 메이플 시럽을 곁들인 팬케이크

  Korean Rice Porridge with Garnishes 죽

  Beef and Turnip Soup Korean Style 한국식 소고기 뭇국

  Fish Meuniere with Lemon 생선요리

  Japanese Miso Soup 일본식 된장국

- From the Fresh Bakery 갓 구워낸 빵류

  French Croissants, Danish Pastries 크루아상, 데니시 패스트리

  Fruit Muffins, Soft and Hard Rolls 머핀, 롤빵

  Assorted Breads, Doughnut and Toast 각종 빵류, 도넛과 토스트

  Marmalade, Jam, Honey and Butter 마멀레이드, 잼, 꿀, 버터

- Beverage 음료

  Freshly Brewed Coffee or Tea 커피 또는 홍차

조식뷔페(Breakfast Buffet)

(7) 비엔나식 조찬(Vienna Breakfast)

달걀요리와 Pastries를 커피와 함께 제공한다.

- Croissant(크루아상)
- Soft Boiled Egg(2~3분)
- Café au Lait(coffee 1/2, hot milk 1/2, 커피에 뜨거운 우유를 탄 것)

(8) 영국식 조찬(English Breakfast)

아메리칸식 조찬과 같으나 생선요리가 추가된다.

- 과일이나 주스류(Fruits or Juices)
- 곡물류(Cereals)
- 생선요리(Fried Fillet of Sole or Grilled Herring)
- 달걀요리를 곁들인 Meat류
- 빵류(Roll, Toast)
- 음료류(Coffee, Tea, Cocoa, Hot-Chocolate, Milk)

2. 커피숍의 일반 메뉴

1) 샌드위치(Sandwich)

커피숍에서 통상 메뉴로 제공하는 것으로 클럽 샌드위치(Club Sandwich), 스테이크 샌드위치(Steak Sandwich), 햄버거 샌드위치(Hamburger Sandwich) 등이 있다.

샌드위치는 Main Course로 주문하는 요리 중에서 간단하게 먹을 수 있는 메뉴이다. 샌드위치는 주로 호텔의 커피숍에서 판매하며 가격도 대체로 저렴하다.

샌드위치라는 말은 18세기 후반 영국의 J.M. 샌드위치 백작이 항상 트럼프놀이에 열중하느라 식사할 시간이 아까워 고용인이게 육류와 채소류를 빵 사이에 끼운 것을 만들게 하여 옆에 놓고 먹으며 트럼프를 해서 유래되었다고 한다. 샌드위치와 비슷한 음식은 오래전부터 볼 수 있었는데, 로마시대에 벌써 검은 빵에 육류를 끼운 음식이 가벼운 식사대용으로 애용되었고, 러시아에서도 전채(前菜)의 한 종류인 오픈 샌드위치를 만들어 사용하였다고 한다. 샌드위치는 형태상으로 Closed Sandwich와 Open Sandwich로 구분한다. Closed Sandwich는 2쪽의 빵 사이에 속(Filling)을 끼우는 것으로 빵의 가장자리를 잘라내기도 하고 그냥 두기도 한다. Open Sandwich는 한쪽의 빵 위에 육류와 채소를 조화있게 놓아 먹는 것으로, 이것을 카나페(Canape)라 한다. 샌드위치는 용도에 따라 모양과 속을 다르게 만든다.

① Club Sandwich(클럽 샌드위치)

Toast Bread에 양상추, 삶은 달걀, 베이컨, 칠면조고기, 토마토를 넣어 3단이 되게 만든다.

Club Sandwich(클럽 샌드위치)

② B.L.T. Sandwich(비엘티 샌드위치)

Toast Bread에 베이컨(Bacon), 양상추(Lettuce), 토마토(Tomato)를 넣어 3단이 되게 만든다.

B.L.T. Sandwich(비엘티 샌드위치)

③ Tuna Sandwich(참치 샌드위치)

French Bread에 양상추를 깔고 통조림 다랑어(참치)와 다진 양파 등을 마요네즈와 혼합하여 얹어 만든다.

④ Vegetable Sandwich(채소 샌드위치)

Toast Bread에 양상추와 토마토, 오이를 넣어 3단으로 만든다. 육류를 싫어하는 사람들이 많이 주문한다.

⑤ Roast Beef Sandwich(로스트비프 샌드위치)

French Bread에 양상추를 깔고 Roasted Beef를 얇게 Slice한 것을 얹어 만든다.

⑥ Croissant Sandwich(크루아상 샌드위치)

크루아상 빵에 양상추를 깔고 크림치즈와 Slice한 훈제연어를 얹어 만든다.

⑦ Steak Sandwich(스테이크 샌드위치)

Hamburger Bun이나 Toast Bread에 양상추를 깔고 Beef Steak를 익혀 잘라 넣어 만든다.

⑧ Hot Dog Sandwich(핫도그 샌드위치)

끓는 물에 익힌 핫도그 소시지를 Hot Dog Bun이나 Mini French Bread에 넣고 그 위에 오이피클, 양파 등을 넣어 만든다.

⑨ Hamburger Sandwich(햄버거 샌드위치)

햄버거에 양상추, 고기(Patty), 양파를 올려 만든다. 햄버거 Patty 위에 치즈를 올리면

치즈버거(Cheese Burger)가 되고 달걀프라이를 올리면 에그버거(Egg Burger)가 된다.

⑩ Ham & Cheese Sandwich(**햄 앤 치즈 샌드위치**)

Toast Bread에 햄(Ham)과 치즈(Cheese)를 얹어 오븐에 넣고 치즈를 녹여 만든다.

⑪ Ham & Egg Sandwich(**햄 앤 에그 샌드위치**)

Toast Bread에 햄과 달걀프라이를 얹어 만든다.

샌드위치는 사용하는 재료에 따라 이름을 붙일 수 있고 다양한 재료로 만들 수 있다. 샌드위치를 손님에게 제공할 때는 같은 접시 위에 감자요리(주로 French Fried Potatoes)와 Garnish가 함께 나온다. 고객의 요구에 따라 각종 소스가 제공되어야 하므로 Tomato Ketchup, Mayonnaise, Mustard, Hot Sauce 등을 준비해 두어야 한다.

2) 소시지(Sausage)요리

가장 오랜 역사를 가진 가공식품이며 재료는 소고기와 돼지고기, 식감을 좋게 하기 위해 넣는 라드(Lard : 쇼트닝의 원료로 사용. 돼지기름)이다. 햄보다 단백질은 적고 지방질이 많아 칼로리가 높다. 천연케이싱(Casing)은 소, 돼지, 양의 내장을 이용하고 인체에 무해한 재생섬유소인 셀로판(Cellophane)으로 반죽을 담아 훈연가열처리를 한다.

① Bologna Sausage(**볼로냐 소시지**)

고기에 지방 따위를 첨가하여 훈제하거나 끓여서 만든 대형 소시지. 이탈리아의 볼로냐가 원산지이다. 런치 소시지라고도 하며 독일 소시지와 같다.

② Fresh Sausage(**프레시 소시지**)

돼지고기를 곱게 갈아 사슬모양이나 작은 파이 모양으로 만든다. 부패하기 쉬워서 보관상 주의를 요하며 조리 시에는 완전히 익혀야 한다.

③ Smoked & Cooked Sausage(**스모크드 앤 쿡드 소시지**)

소고기, 돼지고기, 송아지고기를 갈아서 내장 안을 채우고 섭씨 70도의 뜨거운 물에 익힌 후 연기에 장기간 훈제하여 만든다.

④ Air Dried Sausage{에어드라이드 소시지(Salamis 살라미)}

소고기, 돼지고기 또는 두 가지를 혼합한 것으로 만든다. 고기를 갈아서 진한 양념과 혼합하여 내장을 채워 장기간 건조시켜 만든다. Salami가 대표적이다.

⑤ Veal Sausage(빌 소시지)

송아지고기, 분말우유, 양파, 마늘을 기계로 곱게 갈아 돼지고기 내장에 채워 넣고 섭씨 70도의 뜨거운 물에 익혀 만든다.

⑥ Breakfast Sausage(브렉퍼스트 소시지)

송아지고기 또는 돼지고기를 갈아서 양의 내장에 채워 넣고 위와 같이 만든다.

⑦ Pork Sausage(포크 소시지)

돼지고기를 갈아서 Veal Sausage 만드는 방법으로 만든다.

⑧ Cold Cut Sausage(콜컷 소시지)

소고기와 돼지고기를 함께 갈아서 각종 양념을 하여 만든다.

⑨ Vienna Sausage(비엔나 소시지)

소고기와 돼지고기 지방(비곗살)을 각종 양념과 함께 갈아서 양의 내장에 채워 훈제한 후 뜨거운 물에 익혀 만든다.

⑩ Frankfurter Sausage(프랑크푸르터 소시지)

훈제하여 양념한 길쭉한 형태이다. 소고기와 돼지고기를 갈아서 합성물질인 셀로판 내장에 넣어 훈제한 것이다. Hot Dog Sandwich를 만드는 소시지이다.

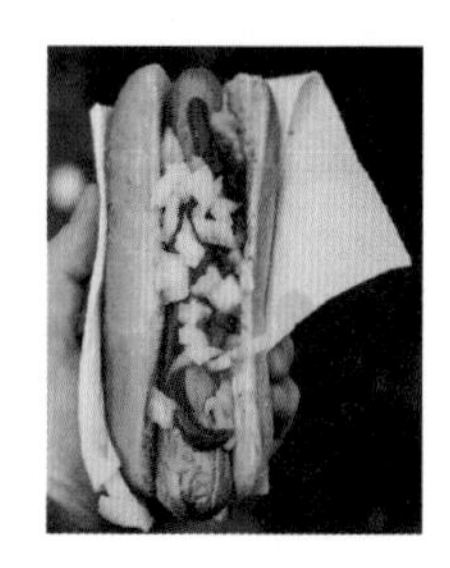

3) 쌀로 만드는 요리

밀가루 못지않게 인류의 식생활에 기여하는 기초식품이 바로 쌀이다. 근래에는 이 쌀의 중요성이 더욱 주목받고 있는데, 동양에서는 쌀이 주식이지만 서양에서는 그렇지 않다. 쌀로 만드는 요리는 다양하지 않으나 세계적으로 알려진 요리를 몇 가지 소개한다.

① Risotto(이탈리아식 볶음밥)
다진 양파 볶은 것과 쌀을 Stock에 넣어 지은 밥에 파마산 치즈를 섞어서 만든 이탈리아식 볶음밥이다. 새프런 향이나 양송이, 토마토 등을 넣어 만들며 사용하는 재료에 따라 이름이 붙여진다.

② Creole Rice{크리올식 볶음밥(서인도제도)}
소금물로 지은 밥을 버터에 볶아 만든다.

③ Pilaff Rice(필래프 : 쌀에 고기 · 양념을 섞어 만든 터키식 음식)
다진 양파와 버터로 볶은 서양식 볶음밥이다.

④ Oriental Rice(동양식 볶음밥)
각종 채소와 달걀을 넣어 만든 동양식 볶음밥이다.

⑤ Nasigoreng(나시고렝)
붉은 풋고추, 청피망, 배추, 고춧가루, 새우, 돼지고기, 마늘 등을 잘게 썰어 밥과 함께 볶은 것이다. 말레이시아, 인도네시아 등 더운 나라에서 만들어 먹는다.

4) 파스타류(Pastas)

파스타는 이탈리아식 밀가루 요리인데, 우리나라의 모든 호텔 커피숍에서는 스파게티(Spaghetti)와 라자냐(Lasagne) 2가지는 통상적으로 제공하고 있다.

5) 일품요리(À La Carte Menu)

전채(Appetizer), 수프(Soup), 생선(Fish), 소르베(Sorbet), 주요리(Entreé), 로스트(Roast), 샐러드(Salad), 후식(Dessert), 음료(Beverage) 중에서 고객이 선택

6) 각 나라별 간단한 식사 판매

서양인들이 맛볼 수 있는 우리나라의 불고기, 비빔밥, 설렁탕 등을 포함한 인도의 카레라이스, 일본의 데리야키(쇠고기요리) 등 대표적인 몇 개국의 간단한 식사도 판매한다.

7) 오늘의 특별요리(Daily Special Menu)도 판매

3. 커피숍의 음식 서빙하기

1) 테이블 세팅(Breakfast Table Setting) 및 서비스 요령

(1) 조식 세팅(Breakfast Table Setting)

A. Napkin
B. Luncheon Plate
C. Cereal Bowl
D. Bread and Butter Plate
E. Cup and Saucer with Teaspoon
F. Water Glass
G. Juice Glass
H. Fork
I. Knife
J. Soup Spoon

If you want to treat your loved ones with a perfect breakfast, follow these table setting suggestions.

(2) 점심 세팅(Lunch Table Setting)

Your lunch becomes a perfect experience for your guests with the right lunch table setting. Follow our lunch guide and enjoy.

A. Napkin
B. Luncheon Plate
C. Soup(or Other First Course Plate) on a Liner Plate
D. Bread and Butter Plate with Butter Knife
E. Water Glass
F. Wine Glass
G. Luncheon Fork
H. Knife
I. Tea Spoon
J. Soup Spoon

(3) 풀코스 저녁식사 세팅(Formal Dinner Table Setting)

If you want to prepare a dinner for a formal occasion, choose this table setting.

A. Napkin B. Service Plate
C. Soup Bowl on a Liner Plate
D. Bread and Butter Plate with Butter Knife
E. Water Glass F. Red Wine Glass
G. White Wine Glass H. Salad Fork
I. Dinner Fork J. Dessert Fork
K. Knife L. Tea Spoon
M. Soup Spoon

2) 조식(조찬) 음식 서빙하기

① 단체 관광객과 일반 비즈니스 고객 모두가 아침에 대부분 시간이 없다. 그러므로 고객에게 신속하고 정확하게 서브한다. 또한 하루의 기분을 좌우하므로 더욱 밝은 모습으로 고객에게 서비스한다.

② 고객이 앉자마자 커피와 홍차 중 선택하게 해서 미리 서브하고 식사 중에도 커피를 더 원하는지 물어보고 2~3차례 더 제공한다.

③ 주스, 과일과 요구르트, 시리얼, 빵과 달걀요리, 팬케이크 순으로 제공한다.

④ Fried Egg의 굽기, Boiled의 삶는 시간 등을 주문 시 여쭙고 이를 적어서 주방에 전달한다.

⑤ 스테이션에 Iced Water를 채운 Water Goblet을 Tray에 미리 많이 준비해서 고객이 몰리는 시간에 빠른 서비스를 유도한다.

⑥ American Breakfast에서 달걀요리를 Omelet으로 주문할 경우 보통 달걀요리는 달걀 2개로 만드나, Omelet은 3개로 만들고 가격의 차이가 있다.

⑦ 오믈렛요리는 Plain Omelet인지 달걀 속에 속재료를 넣는지 아니면 Plain Omelet에 Ham, Bacon, Sausage를 곁들여 만들 것인지 구분하여 정확한 주문을 유도한다.

출처 : 하얏트호텔 데판 '소월로'

새로운 레스토랑의 시작

제2절

양식당(Western Restaurant)

출처 : 저자

JW Marriott Hanoi Hotel Western Restaurant

1. 프랑스 식당(French Restaurant)

1) 프랑스 요리의 개요

(1) 프랑스 식당의 종류

프랑스에서도 파리의 레스토랑은 실로 다양하기 이를 데 없다. 가게의 등급과 요리의 종류, 음식값 등에서 무수히 세분되어 있으므로, 누구나 주머니 사정과 기분에 따라 마음에 맞는 레스토랑을 고를 수 있다. 현대적인 초일류 레스토랑에서 전통을 자랑하는 오래된 고급레스토랑, 서민적인 비스트로, 브라스리, 살롱 드 테에 이르기까지 다양하다.

(1.1) 비스트로

가장 서민적인 파리의 모습과 분위기에 파묻힐 수 있는 곳이다. 파리 사람들은 흔히 트로케라는 속어로 부른다. 가게는 자그마하고 평범하게 꾸며져 있는데, 안에는 긴 카운터가 있어서 그 안에서 포도주를 마신다.

가게마다 내놓는 포도주의 종류와 생산자가 다르다. 대개는 포도주만 마시지만 출출해지면 안주를 먹기도 한다. 안주는 우리가 생각하는 안주와는 좀 다르다. 출출할 때 먹는 가벼운 식사라고 할 수 있다. 이를 카스 크루트(Casse-Croute)라고 하는데, 삶은 달걀이나 소시지, 햄, 치즈 등이다. 값은 20~30프랑 정도이고 영업시간도 오후에 쉬는 시간이 없으므로 언제든지 와서 부담없이 먹을 수 있다. 비스트로에서 레스토랑으로 승격한 가게 중에서 정식을 파는 곳도 있다. 이런 집은 술보다 음식 위주이며, 50~150프랑 정도로 고기찜이나 고기구이에 채소를 곁들여 내놓는다.

(1.2) 브라스리

비스트로보다 더 대중적인 가게로 비어홀이라는 뜻이지만 한국의 대폿집에 더 가깝다. 비스트로보다는 규모가 크고 낮부터 밤 1시까지 영업한다. 주로 맥주를 취급하는데, 안주는 카스 크루트뿐만 아니라 간단한 요리도 내놓는다. 맥주를 마시면서 먹고 싶은 것을 한두 접시 주문하여 부담 없이 먹을 수 있다. 음식값은 30프랑 정도이다.

(1.3) 살롱 드 테

멋쟁이 여성들이 이야기를 주고받으며 한때를 즐기는 가게다. 다방과 제과점을 합친 일종의 찻집이다. 가게의 분위기도 카페보다 훨씬 우아하며 음식값은 25~40프랑 정도이다.

(1.4) 일류 프랑스 레스토랑 또는 특1급 호텔 프랑스 식당

특급호텔의 프랑스 식당이나 일류 레스토랑 등에서는 정장을 해야 한다. 파리의 이름 있는 레스토랑은 예약하지 않으면 안 된다. 예약은 1주일 전쯤, 늦어도 2~3일 전에 해야 한다. 예약은 직접 전화로 하거나 호텔의 프런트에 부탁한다. 이때 날짜, 사람 수, 이름 등을 확실하게 일러주어야 한다.

영업시간은 점심 12:00~15:00, 저녁 19:00~23:00가 표준이다. 시간이 지나면 문을 닫아버리므로 점심은 늦어도 12:30까지, 저녁은 21:00까지 도착해야 한다. 이 시간 외에는 극

장 근처의 레스토랑이나 카페, 비스트로, 브라스리 등을 이용할 수밖에 없다.

예약 취소는 설혹 30분 전이라도 반드시 알려주어야 한다. 일류 레스토랑에서는 정장을 해야 하나 브라스리나 비스트로에서는 옷차림에 신경쓸 필요 없다.

레스토랑에 들어서면 예약의 유무와는 상관없이 마음대로 자리에 앉으면 안 된다. 입구에 서 있으면 예약 여부를 묻고 나서 자리에 안내한다. 자리에 앉으면 가르송(웨이터)이 메뉴를 들고 온다(프랑스에서는 메뉴를 라 카르트(La Carte)라고 하고, Le Menu는 정식을 뜻한다). 식사 주문 전에 아페리티프(식전에 식욕을 돋우기 위해 마시는 술) 주문을 받기도 하는데, 아페리티프는 키르, 베르무트, 샴페인 등이 있으나 생략해도 된다.

식사 때의 예절에 대하여 너무 신경쓸 필요는 없다. 극히 상식적인 선에서 다른 손님에게 불쾌한 인상만 주지 않으면 된다. 일류 프랑스 레스토랑에서도 당황할 필요는 없다. 서양 사람도 극히 일부의 상류층을 제외하고는 우리와 마찬가지로 다 서투른 편이다. 잘 모를 때는 가르송(웨이터)에게 도움을 청하면 된다.

(2) 프랑스 요리의 역사

프랑스 요리의 역사를 이해하기 위해서는 역사적 배경과 함께 미식가와 요리의 발전에 대해 알아보아야 한다. 현재의 프랑스는 옛날 골족이 살던 곳이다. 골족의 입맛은 거칠었으며, 그 후 골에 이동해 온 프랑스족은 골인의 음식법을 그대로 이어받았다. 그러나 고대 로마요리의 영향은 피할 수 없는 것이어서, 그 땅의 산물로 고대 로마문화의 기술을 빌려 만들어낸 것이 프랑스 요리의 출발점이었다. 전쟁과 역경, 기근이 계속된 중세에는 프랑스 요리의 원형이라고 할 만한 것은 수도원이나 승원의 피난처에나 있었다. 그 암흑시대가 사라지자 요리는 승려의 손을 떠나 그 지방 특유의 요리로 발전하게 되었다.

1533년 이탈리아 카트린 드 메디치가문의 카트린(Catherine)이 앙리 2세와 결혼할 당시 미개의 나라 프랑스로 솜씨가 뛰어난 수석요리장을 데리고 간 후부터 이탈리아 요리가 전해져, 프랑스 요리사의 르네상스가 되었다. 그 이탈리아의 조리사에게서 프랑스 궁중의 요리사가 배웠고, 다시 파리에 요리학교가 생겨 많은 요리사가 양성되었다.

프랑스인의 미각이 발달되었다는 것과 항상 더운 지역과 비교적 광대하고 비옥한 토지에서 생산되는 풍부한 재료와 해산물, 그리고 요리에서 없어서는 안 될 좋은 술이 많은 것과 경제적인 여유 등의 요인들이 겹쳐서 프랑스 요리가 세계 2대 요리로 발달하는 계기가 되었다.

처음에는 이 요리도 궁중 귀족의 것으로서, 일반 서민은 감히 쳐다볼 수도 없었지만,

프랑스혁명 후 궁중과 귀족들을 위하여 요리하던 전문 요리사들이 먹고 살기 위해 시중에 나와 처음에는 우리나라 포장마차와 비슷한 집을, 그리고 그것으로 돈을 번 후 레스토랑을 차린 것이 발달의 계기가 되어 오늘에 이르렀다.

17세기는 전환점인데, 전반기에 앙리 4세의 요리장 라바렌이 출현하고, 후반기에 루이 14세가 탄생한 것이 프랑스 식습관의 형식, 내용 면에서 모두 큰 변화가 일어나게 한 원인이 되었다.

루이 14세는 섬세하고 맛있는 것보다 식욕을 만족시키는 요리를 좋아하여 섭정시대에 이르러서 프랑스 요리는 완성기에 도달하고, 루이 15세의 친정시대에도 미식을 좋아하여 왕이나 귀족들이 스스로 요리를 만들게 되자 요리에 귀족들의 이름이 붙여지기도 했다.

그다음 시대에 프랑스 요리의 진정한 창시자라고 할 수 있는 A. Carem이 나타났고, 에스코피에가 현대 프랑스 요리의 규범으로 알려진 『요리안내(Le Guide Culinaire)』를 출판하여 요리를 근대화시켰다. Carem 이후 프랑스 요리는 간소화되었고, P. 옥타비에 의해 현대화되었으며, F. 푸앙에 의해 완성되었다.

2) 프랑스 요리의 메뉴 구성

프랑스의 요리는 풀코스(Full Course)로 구성되는데, 각 코스는 오랜 역사적 경험을 통하여 맛과 소화를 고려해서 인체에 맞게 정착시킨 것으로 이는 다음과 같다.

① Hors d'oeuvre(오르되브르)-Appetizer-전채

② Potage(포타주)-Soup-수프

③ Poisson(푸아송)-Fish-생선

④ Sorbet(소르베)-Sherbet-셔벗

⑤ Entree(앙트레)-Main Dish-주요리(고기요리)

⑥ Rôti(로티)-Roast-가금류

⑦ Salade(살라드)-Salad-샐러드

⑧ Entremets(앙트르메)-Dessert-후식

- Entremet Froid 앙트르메 프루아(Cold Dessert)-차가운 후식
- Entremet Chaud 앙트르메 쇼(Hot Dessert)-더운 후식

⑨ Cafe(카페)-Coffee-커피

⑩ Boisson(부아송)-Beverage-음료

3) 프랑스 식당의 메뉴

(1) 그랜드 인터콘티넨탈호텔 프랑스 식당 코스요리

DEGUSTATION

('테이블 34' 레스토랑)

Pressé of Foie Gras, White Onion,
Smoked Eel And Green Apple, Toasted Brioche
국내산 훈제 장어와 푸아그라(프랑스산 오리간) 테린

***

Black Truffle And Vermicelli Soup
버미첼리를 곁들인 트러플 크림 수프

***

Marinated Pan Clam With King Crab Meat,
Citrus Fruits And Avocado, Sprouts Salad
키조개살, 게살, 아보카도를 곁들인 순 샐러드

***

Lemon-Thyme Sorbet With Limoncello
레몬 타임 소르베

***

Grilled U.S. Prime Beef Rib Eye,
Bone Marrow And Wild Herbs Mousseline, Péigueux Sauce
미국산 최상급 소고기 꽃등심(160G)과 본 메로우(호주산 소고기뼈), 페리고 소스
Or
Lamb Rack In Herbs "Crépinette",
Tian Of Mediterranean Vegetables, Thyme Sauce
허브 크레피네트 호주산 양갈비(200G)와 지중해식 채소, 타임 소스
Or
Olive Oil Poached Cod Fish, Tomato "Quenelles" And
Spinach Stuffed With Foie Gras, Dried Tomato Butter Sauce
올리브 오일로 익힌 대구와 푸아그라(프랑스산 오리간), 시금치, 토마토 버터 소스

***

Transparency Of Strawberry, Lemon-Ginger Custard, Basil Sorbet
레몬-진저 커스터드와 바질 소르베

***

Coffee And Mignardises
커피와 미냐르디제

\170,000

(2) 메뉴의 구성

(2.1) 고전 메뉴의 구성

메뉴의 순서	Classical French	American	Classical Italian
전채요리	Hors d'oeuvre(오르되브르)	Appetizer	Antipasti(안티파스티)
수 프	Potage(포타주) – Soup – 수프(Soupe)	Soup	Primo Piatto(프리모 피아토), Zuppa(주파), Pasta, Risotto, Gnocchi(뇨키)
생 선	Poisson(푸아송) – Fish – 생선	Fish	Pesce(페셰)
셔 벗	Sorbet(소르베) –Sherbet–셔벗	Sorbet(optional)	Sorbetto(소르베토)
주요리	Entrée(gala)(앙트레) – 주요리(고기요리), 비앙드(Viande)	Main Dish(Meat)	Carne(Entrée)(카르네)
가금류	Rôti(로티) – Roast – 가금류	Roast	Arrostiti(아로스티티)
샐러드	Salade(살라드) – Salad – 채소	Salad	Insalatá(인살라타)
치 즈	Fromage(프로마주)	Cheese	Fruttie Formaggio(포르마조)
후 식	Entremet(앙트르메) – 후식	Dessert	Dolce(돌체)
음 료	Boissons(부아송)	Beverage	Bevanda(베반다)
	Café(카페), Thé(테)	Coffee, Tea	Caffé Espresso(카페 에스프레소), Tè(테)
	Mignardise(미냐디즈)	Petit Four	Mignardise(미냐르디제)
식후주	Liqueurs(리큐어)	Cordial	Liquore(리쿼레)

(2.2) 현대메뉴의 구성

오늘날 요리는 과거의 고전 메뉴보다 점점 더 간편하게, 즉 자연적이며 가벼운 음식(비만 방지)을 향해 치닫고 있으며, 이 가볍고 자연적이란 말은 알랭 샤펠과 같은 유명한 요리사와 함께 누벨 퀴진이라는 말을 낳았다. 그러나 진정한 요리사는 어떤 경우에도 그들의 경험과 비법, 전통과 함께 지나간 옛 시대를 잊어서는 안 된다는 사실을 알고 있다.

메뉴의 순서	Modern American	Modern French
전채요리	Appetizer	Hors D'oeuvere(오르되브르)
수 프	Soup	Potage(포타주)
생 선	Fish	Poisson(푸아송)
육 류	Main Dish(Meat)	Entree(앙트레), Viande(비앙드)
샐러드	Salad	Salade(살라드)
치 즈	Cheese	Fromage(프로마주)
후 식	Dessert	• 차가운 후식(Entremet Froid 앙트르메 프루아) • 더운 후식(Entremet Chaud 앙트르메 쇼)
음 료	Beverage	Boission(부아송)

(2.3) 각국의 메뉴 구성방법

① 이탈리아 요리

- 전채 : 이탈리아어로 안티파스티(Antipasti)
- 제1요리 : 프리모 피아토(Primo Piatto)
  - ㉠ Zuppa(주파) : 국물이 거의 없는 수프
  - ㉡ Minestra(미네스트라) : 맑은 수프
  - ㉢ Minestrone(미네스트로네) : 찌개처럼 국물 적은 수프
  - ㉣ Pasta(파스타)
  - ㉤ Gnocchi(뇨키) : 수제비
  - ㉥ Risotto(리소토) : 쌀요리
  - ㉦ Pizza(피자)
  - ㉧ Calzone(칼초네) : 반달형 만두
- 제2요리 : 세콘도 피아토(Secondo Piatto), 생선요리(Pesce, 페셰), 고기요리(Carne, 카르네 : Meat, Entrée)
- 채소요리 : 인살라타(Insalata), 베르두라(Verdura), 곁들인 채소(Contorno : 콘토르노)
- 치즈 : 포르마조(Formaggio)
- 디저트 : 돌체(Dolce)
- 음료 : 카페(Caffè : Coffee)

② 프랑스 요리
- 전채 : 오르되브르(Hors d'oeuvre)
- 수프 : 포타쥐(Potage)
- 생선요리 : 푸아송(Poisson)
- 고기요리 : 비앙드(Viande)
- 채소요리 : 살라드(Salade)
- 치즈 : 프로마주(Fromage)
- 디저트 : - 찬 후식(Entremet Froid 앙트르메 프루아)
  - 더운 후식(Entremet Chaud 앙트르메 쇼)

③ 스페인 요리
- 전채 : 아페리티보(Aperitivo)
- 수프 : 소파(Sopa)
- 알요리 : 웨보(Huevo)
- 채소요리 : 베르두라(Verdura), 샐러드는 엔살라다(Ensalada)
- 생선요리 : 페스카도(Pescado)
- 고기요리 : 카르네(Carne)
- 쌀요리 : 아토스(Arroz), 파스타(Pasta) 포함
- 디저트 : 포스토르(Postre), 프루츠, 치즈 포함

2. 메뉴의 내용

1) 아페리티프(Apéritif), 디제스티프(Digestif)

서양요리의 정찬에서 식욕증진을 위하여 식전에 인사말을 나누면서 마시는 술을 '아페리티프'라고 한다. 일반적으로 버무스 · 셰리주 · 비터스 또는 마티니, 맨해튼, 캄파리 소다 등의 칵테일 등이다. 반면에 식사 후의 소화촉진용으로 내는 것이 식후주(디제스티프 : Digestif)인데, Digere(소화한다)에서 유래된 것이다. 술은 코냑 · 브랜디 · 위스키 · 진 · 칼바도스 등이다. 저녁 정찬에서 디저트 코스에 들어가서 커피 뒤에 식후주로 베네딕틴, 드람부이, 칼루

아 등의 리큐어(liqueur, 리큐르)가 나오는데, 식사가 끝난 후에 주문을 받는다. 간단한 저녁식사일 경우에는 보통 식후주가 생략될 수 있다.

2) 오르되브르(Hors d'oeuvre)

불어로는 오르되브르, 영어로는 애피타이저(Appetizer), 러시아어로는 자쿠스키(Zakuski), 중국어로는 렁봉(冷盆), 첸차이(前菜)라고 한다. 정식 프랑스 요리의 오찬(午餐 : 점심식사)에는 짠맛, 신맛의 차가운 전채를 다양하게 낸다.

① 한입에 들어갈 수 있는 크기의 작은 분량이어야 한다.
② 배가 부르지 않게 하는 소량의 것이어야 하며,
③ 짠맛, 신맛이 조금씩 가미되어 타액의 분비를 촉진시키는 것이어야 한다.
④ 계절감각을 필요로 한다.
⑤ 전채류는 주요리와 중복되지 않게 균형을 이루도록 한다.

(1) 요리온도에 따른 분류

(1.1) 찬 전채요리(Cold Appetizer : Hors d'oeuvre Froid, 오르되브르 프루아)

- 푸아그라(Foie Gras) : 거위의 간 요리
- 벨루가 또는 오세트라 캐비아(Beluga or Osetra Caviar) : 철갑상어알을 소금에 절인 것
- 스모크드 새먼(Smoked Salmon) : 훈제연어
- 특제 테린(Terrine) : 테린형이라 불리는 내열성 용기에 고기나 생선 등의 재료를 불에 익힌 후 차갑게 한 요리를 말한다. 전복(Abalone), 거위간(Foie Gras)

(1.2) 더운 전채요리(Hot Appetizer : Hors d'oeuvre Chaud, 오르되브르 쇼)

- 게살 리소토와 발사믹 에멀전의 전복구이(Marinated Abalone Slices with Crab Meat Risotto, Balsamic Emulsion) : 게살과 전복구이요리
- 에스카르고(Escargot) : 프랑스 부르고뉴 지방 특유의 식용 달팽이요리
- 프라이드 머시룸(Fried Mushroom) : 튀긴 양송이요리
- 프로그 레그(Frog Legs) : 식용 개구리다리요리

- 그릴드 랍스터(Lobster) : 석쇠구이 바닷가재요리
- 관자 타르타르(Sea Scallop Tartar) : 관자요리
- 오이스터 플로란틴(Oyster Florentine) : 굴요리
- 파테(Pate) : 고기나 간을 갈아 반죽하여 Double Boiling하여 만든 요리로 식욕촉진용으로 많이 사용. 파테라고도 함

(2) 가공형태에 따른 분류

(2.1) 가공되지 않은 전채요리(Plain Appetizer)

형태, 모양, 맛이 그대로 유지 제공되는 훈제연어, 생굴, 살라미(Salami) 등을 말한다.

(2.2) 가공된 전채요리(Dressed Appetizer)

카나페(Canape), 고기완자(Meat Ball), 달걀요리(Stuffed Egg), 게살요리(Crab Meat), 각종 무스 등 조리가공에 의해 형태, 모양, 맛이 변화된 전채음식을 말한다.

(3) 조리형태에 의한 분류

① 바르케트(Barguette) : 밀가루 반죽으로 작은 배 모양을 만들어 그 안에 생선 알이나 고기를 갈아 채워서 만든 것
② 칵테일(Cocktail) : 칵테일의 재료로는 일반적으로 새우(Shrimp), 바닷가재(Lobster), 게살요리(Crab Meat) 등을 들 수 있다. 주로 칵테일글라스를 사용한다.
③ 부쉐(Bouchee) : 얇은 밀가루반죽에 달걀 등을 넣어 예쁜 만두같이 만든 것
④ 카나페(Canape) : 빵을 한입에 들어갈 수 있도록 여러 가지 모양으로 작고 얇게 잘라 튀기거나 토스트하여 버터를 바른 다음 그 위에 여러 가지 재료 등을 얹어 만든 요리
⑤ 브로쉐(Broche) : 육류, 생선, 채소 등을 꼬치에 끼워 요리한 것
⑥ 렐리시(Relish) : 소형 유리볼이나 글라스에 분쇄한 얼음을 채우고 무, 셀러리, 당근, 오이 등을 꽂아 내놓는 전채요리

3) 포타주, 수프(Potage, Soup)

조수육류(鳥獸肉類) · 어패류 등의 고기나 뼈에 채소와 향료를 섞어서 끓인 국물{(Stock, Fond(퐁), 수프 스톡)}에 건더기를 넣고 끓여 양념한 서양요리의 국이다. 스톡(Stock, Fond)을 기초로 하여 만든 것을 말한다. 맑은 것은 콩소메(Consomme), 진한 것을 포타주(Potage)라 한다.

① 맑은 수프 : 콩소메(Consommé)가 대표적이며, 조수육류 · 어류의 스톡을 달걀 흰자로 누린내 또는 비린내를 없애고 정제하는 것이다. 띄우는 고명에 두부 · 당근 · 마카로니 등이 쓰이며 이러한 재료에 따라 수프 이름이 달라진다.

② 진한 수프 : 포타주(Potage)라 하며, 퓌레(Purée)수프 · 벨루테(Velouté)수프 · 크림(Cream)수프 등으로 분류된다. 퓌레는 호박, 콩 등 녹말이 많은 재료를 삶아 으깨어 걸쭉하게 만든 것이다. 벨루테는 밀가루를 버터에 볶은 루(Roux)를 수프 스톡으로 녹여 농도를 더한 것이며, 크림은 루를 우유로 녹여 주재료와 생크림을 넣고 만든 것이다. 크래커 · 크루통(Croûton : 빵조각) · 콘플레이크(Cornflakes) 등을 띄우는 고명으로 이용한다.

③ 가정용 수프 : 육류와 채소 등을 끓여 국물을 만든다. 러시아의 보르쉬(Borscht), 미국의 클램 차우더(Clam Chowder), 영국의 아이리시 스튜(Irish Stew) 등

<table>
<tr><th>만드는 방법</th><th>명칭</th><th>부용 : 다시 고아서 맑게 우려낸 육수</th><th>수프 생성</th><th>세분화</th></tr>
<tr><td rowspan="5">살코기, 뼈, 생선, 채소 등에 물을 붓고 끓여서 우려낸다.</td><td rowspan="5">스톡{Stock, Fond : Pot au Feu(포토푀) : 수프나 소스의 기본이 되는 것}</td><td rowspan="5">부용(Bouillon)은 프랑어로 스톡(Stock)을 말하는 것으로 물에 육류, 생선, 채소, 향신료 등을 함께 넣고 끓여서 풍미가 우러나면 걸러서 만든 맑고 향기로운 육수임</td><td rowspan="2">맑은 수프 Potage Clair (Clear Soup) 포타주 클레르</td><td>콩소메 쇼(핫) Consomme Chaud</td></tr>
<tr><td>콩소메 프루아(콜) Consomme Froid</td></tr>
<tr><td rowspan="3">진한 수프 Potage Lie (Thick Soup) 포타주 리에</td><td>Puree(퓌레)</td></tr>
<tr><td>Creme(크렘)</td></tr>
<tr><td>Veloute(벨루테)</td></tr>
</table>

tip 클램 차우더(Clam Chowder)

미국풍의 수프로 주로 점심에 먹으며, 대합조개를 사용한 차우더이다. 차우더는 어패류와 옥수수 등의 곡류를 주재료로 하여 만든 수프의 일종으로, 최근에는 건더기가 많아져 걸쭉한 간이식 일품요리로도 이용함

(1) 수프의 분류

수프의 기본이 되는 스톡(Stock, Fond)을 가리켜 포토푀(Pot au Feu)라고도 한다. 이것을 다시 고아낸 국물을 부용(Bouillon)이라 하고 고아낸 찌꺼기를 부이(Bouilli)라고 한다. 수프는 부용을 Base로 맑은 수프{Potage Clair(포타주 클레르), Clear Soup}와 진한 수프{Potage Lie(포타주 리에), Thick Soup}를 만든다.

(1.1) 스톡(Stock, Fond, 퐁)

① 스톡(Stock)

에스트라곤(Estragon), 타임(Thyme), 파슬리(Parsley), 트뤼프(Truffe), 월계수잎(Bay Leaf, Laurier)과 클로브(Clove) 등의 향신료를 넣어 끓인다. 살코기, 뼈, 생선, 채소 등에 물을 붓고 끓여서 우려낸 국물로 수프나 소스의 기본이 되는 것이다. 즉 일종의 '육수'인데, 불어로는 'Fond' 혹은 'Bouillon'이다. 부용은 Fond를 절반 정도 더 농축한 것이다.

주재료에 따라 피시스톡(Fish Stock), 비프스톡(Beef Stock), 치킨스톡(Chicken Stock), 게임스톡(Game Stock)으로 분류된다.

(1.2) Clear Soup 맑은 수프(Potage Clair, 포타주 클레르, Consomme Clair)

맑은 스톡이나 Broth를 사용하여 만든 수프

① 콩소메(Consomme) : 부용을 조린 것이 아니라 맑게 한 것이다. 지방분이 제거된 고기를 잘게 썰거나 기계에 갈아서 사용하며, 양파, 당근, 백리향, 파슬리 등과 함께 서서히 끓이면서 달걀 흰자를 넣어 빠른 속도로 젓는다.

이것이 Consomme Clair인데 종류는 400가지가 넘는다.

㉠ 콩소메 브뤼누아즈(Consommé Brunoise) : 당근, 무, 파, 셀러리를 작은 주사위 모양으로 잘라 버터로 약간 볶아서 소고기 콩소메에 띄운 것

ⓛ 콩소메 셀레스틴(Consommé Celestine) : 타피오카(Tapioka)를 약간 넣은 콩소메이다. 밀가루, 달걀, 우유, 소금 및 후추로 만든 크레이프(Crepe : 얇게 부친 팬케이크)를 살짝 구운 뒤 그것을 작게 잘라 콩소메에 띄움

ⓒ 콩소메 쥘리엔(Consommé Julienne) : 당근, 무, 양파, 셀러리, 양배추 등을 가늘게 썰어서 버터로 볶은 것을 콩소메에 띄움

ⓔ 콩소메 페이잔(Consommé Paysanne) : 채소를 은행잎 모양으로 잘라 커터로 볶은 것을 콩소메에 띄움

ⓜ 콩소메 프린타니에(Consommé Printanier) : 맑은 양고기 콩소메로서 신선한 채소 여섯 가지 이상을 주사위 모양으로 작게 만들어 띄운 것이다. 이것에 다시 살짝 익힌 달걀을 넣으면 콩소메 프랭타니에 콜베르트(Consommé Printanier Colbert)가 되고, 달걀과 두부를 넣으면 프랭타니에 루아얄(Consommé Printanier Royale)이 됨

② 부용(Bouillon) : 부용은 화이트 스톡을 기본으로 하여 뼈 대신 고깃덩어리를 크게 잘라 넣고 고아낸 국물

③ 채소 수프(Vegtable Soup)

ⓐ French Onion Soup : 양파와 마늘을 넣고 끓인 스톡에 Crouton과 치즈를 뿌려 샐러맨더(Salamander)에 넣어 갈색으로 구워 제공

ⓛ 미네스트로네 수프(Minestrone Soup) : 베이컨, 양파, 셀러리, 당근, 감자, Tomato Dice를 볶아 스톡에 넣은 후 향료를 첨가하여 끓인 수프

(1.3) Thick Soup 진한 수프(Potage Lie 포타주 리에)

채소, 쌀, 밀가루, 생선, 육류 등을 주재료로 해서 관련 재료와 양념을 가해 부용(Bouillon)을 가지고 만드는 탁하고 농도가 진한 수프이다.

① 크림 수프(Cream Soup) : 밀가루를 커터로 볶아 우유를 넣어 만드는 수프로서 흰색 스톡을 사용하거나 기타의 스톡으로 만듦. 치킨 크림수프, 생선 크림수프, 채소 크림수프 등이 있음

ⓐ 베샤멜(Bechamel) : Roux에 우유와 Cream을 첨가하여 만든 것

ⓛ 벨루테(Veloute) : Roux에 여러 종류의 스톡을 넣어 만드는 것으로 달걀과 각종 채소를 섞어 만든다. 헝가리안 굴라쉬 수프, 생선 벨루테 수프 등이 있음

② 퓌레 수프(Purée Soup : Potage Purée) : 채소를 잘게 분쇄한 것을 Purée라 하며, 이것을 Bouillon과 혼합하여 조리한 수프
③ 차우더 수프(Chowder Soup) : 조개, 새우, 게, 생선류, 감자와 채소로 만든 크림 형태의 수프로 조갯살 차우더 수프, 옥수수 차우더 수프 등이 있음
④ 비스크 수프(Bisque Soup) : 새우, 게, 가재 등으로 만든 어패류 수프, 새우 비스크 수프, 바닷가재 수프 등이 있는데, 빵 반죽을 수프 볼에 씌워 오븐에 조리함

4) 생선(Fish : Poisson 푸아송)

생선은 위의 부담을 줄이고 소화촉진을 도우며 육류보다 섬유질이 연하고 열량이 적으므로 건강을 추구하는 고객과 여성고객들이 주로 주요리(Main Dish)로 많이 먹는다. 단백질, 지방질, 칼슘, 비타민(A, B, C)이 함유되어 있어 건강과 소화에 좋다. White Wine을 곁들여 먹는다.

(1) 생선의 요리법

식품에 조미료를 첨가하여 가열하거나 여러 방법으로 음식을 만드는 과정이 조리이다. 목적은 식품의 성분 및 형태에 변화를 주어 시각적 효과를 높이며 체내의 소화를 돕고 위생적으로 안전하게 섭취하는 데 있다. 기본 조리법은 다음과 같이 구분된다.

① 액체를 이용한 조리법 : 데치기(Blanching), 삶기(Poaching), 끓이기(Boiling), 증기찌기(Steaming)
② 기름을 이용한 조리법 : 볶기(Sauteing), 튀기기(Deep Fat Frying)
③ 직접열을 이용한 조리법 : 굽기(Broiling), 그라탱(Gratinating), 로스팅(Roasting)
④ 간접열을 이용한 조리법 : 오븐굽기(Baking in the Oven), 브레이징(Braising), 조림(Glazing), 푸알레(Poêler), 스튜(Stewing)

생선 중에서 대구 · 광어 · 연어 · 다랑어처럼 기름기 많고 큰 생선은 내장을 빼고 토막쳐서 구운 것도 스테이크라고 한다.

(1.1) 생선조리법

① 메트로트(Metelote) : 생선의 포도주 조림으로 잘게 썬 양파를 버터로 조리고 생선을 넣어 소금, 후추, 마늘, 향초를 가하여 포도주를 생선이 잠길 정도로 붓고 중간불로 20분 정도 조림

② 포세(Pocher) : 팬에 버터를 바른 다음 생선을 넣고 백포도주(Win Blanc), 적포도주(Vin Rouge)를 첨가한 뒤 생선스톡(Fumet de Poisson)을 1/3 정도 부어 소금, 후추로 간을 맞추어 약한 불로 끓임

③ 그릴드(Grilled) 또는 그리예(Griller) : 수분을 제거한 생선에 소금, 후추를 뿌려 샐러드 오일을 바른 후 그릴(Grill)에 X형 무늬를 내어 굽는다. 석쇠나 팬에 굽는 방법으로 버터나 올리브유를 먼저 팬에 바른 후 뜨겁게 달구어 생선을 올려 조리함. 석쇠구이는 석쇠자국이 생선에 뚜렷이 남도록 모양을 내기도 하는데, 이는 주로 약간 굳은 생선에 적합한 조리방법으로 넙치, 연어, 고등어 등의 요리에 이용

④ 아 랑글레즈(A l'anglaise) : 생선의 수분을 제거한 후 소금, 후추를 뿌려 밀가루를 바른 후 달걀을 입힌다. 그다음 빵가루를 칠하고 칼등으로 무늬를 낸 뒤 버터에 소테한다.

⑤ 뫼니에(Meunier) : 다른 말로는 버터구이임. 생선 위에 레몬즙을 뿌리거나 레몬을 잘라서 얹어 굽는다. '밀가루집 여주인'이란 뜻이며 생선의 수분을 제거한 후 우유로 절여서 소금, 후추로 간을 맞춘 뒤 밀가루를 발라 Pan에 버터를 녹여 Saute한다.

⑥ 팬-프라이드(Pan-Fried : Friture, 프리튜르) : 부드러운 생선살에 적합하며 다음 3가지로 구분할 수 있다. 첫째, 생선에 우유를 바르고 밀가루에 버무려 기름이나 올리브유 등으로 황금색이 나도록 튀기는 프랑스식 방법 둘째, 생선을 달걀과 빵가루에 버무려서 프라이팬에 버터로 굽는 영국식 방법 셋째, 작은 생선을 튀김식으로 조리하는 방법 등이다. 주로 연어, 새우, 굴 등의 요리에 이용된다.

⑦ 밀라네제(Milanese) : 생선의 수분을 제거한 후 소금, 후추를 뿌리고 밀가루를 바른 후, 잘 저어진 달걀에 다진 파슬리, 가루치즈(Parmesan Cheese)를 섞은 후 생선에 입혀 Pan에 버터를 녹여 Saute한다.

⑧ 그라탱(Gratinated) : 생선 표면에 빵가루, 버터, 치즈 등을 뿌려 겉이 노랗게 착색될 때까지 오븐으로 굽는 방법이다. 일반적으로 그라탱 접시에 버터를 바르고 재료를 담아서 Bechamel 소스를 얹어 가루치즈를 뿌린 뒤 오븐에 굽는다.

⑨ 브레이즈(Braise, Braisage) : 큰 생선을 찌는 요리법이다. 연어나 큰 송어에 적합하며 버터를 발라 브레이징 팬에 얇게 자른 당근, 양파를 깔고 그 위에 올려 스톡이나 와인을 넣은 다음 뚜껑을 덮고 오븐에 쪄내는 것이다.

⑩ 스모크(Smoked) : 특수기술과 장시간을 요하는 훈제조리방법으로 연어, 장어, 송어 등에 많이 이용된다.

⑪ 스팀(Steamed) : 식품을 고압 수증기의 압력으로 조리하는 방법으로 짧은 시간에 다량의 조리가 가능하다. 물에 삶는 것보다 영양의 손실이 적어, 육류, 해물, 채소 등의 조리에 널리 이용된다.

⑫ 보일드(Boild, Bouillir) : 물이나 생선스톡에 식초, 소금, 향로, 화이트 와인 등을 넣고 약한 불로 삶아내는 방법으로 연어, 송어, 고등어, 새우 등의 요리에 이용한다.

⑬ 포치드(Poached) : 데치는 조리법이다. 블랑쉬르(Blanchir), 연어, 송어, 고등어, 새우 등을 조리할 때 이용되며, 물 또는 생선스톡에 식초, 소금 등을 넣고 삶아내는 조리법. 즉 생선을 소량의 스톡에 포도주를 가미해 조리는 방법으로 이때 조린 국물은 소스로 이용한다.

⑭ 푸알레(Poêler) : 프라이팬(Fry Pan)으로 볶거나 굽는다.

(2) 대표적인 생선류의 각국 언어 표기법

생 선	영 어	불 어
멸치	Anchovy(앤초비)	Anchois(앙수아)
뱀장어	Eel(일)	Anguille(앙기유)
넙치	Flatfish(플랫 피시)	Barbue(바르뷔)
농어	Sea bass(시배스)	Bar(바르)
대구	Cod(커드)	Cabillaud(까비요)
가자미	Floundar(플라운더)	Carrelet(까르레)
조갯살	Scallop(스캘럽)	Coguilles Saint Jaeque(꼬끼유 셍자끄)
새우(작은)	Shrimp(쉬림프)	Crevette(크레벳뜨)
게	Crab(크랩)	Crabe(크라브)
도미	Sea bream(시브림)	Daurade(도라드)
달팽이	Snail(스네일)	Escargot(에스카르고)
광어	Halibut(핼러벗)	Fletan(프레땅)
개구리	Flog's Leg(프로그 레그), Edible	Grenouille Jambes(그러뉘유장보)
굴	Oyster(오이스터)	Huitre(위뜨르)
대구의 일종	Haddock(해덕)	Haddock(아독)
청어	Herring(헤링)	Hareng(아랑)
바닷가재	Lobster(랍스터)	Langouste(랑구스트)
왕새우	Prawn(프론)	Macroure(마크루르)
고등어	Mackerel(매크럴)	Maquereau(마크로)
대합	Clam(클램)	Meretrice(메르뜨리스)
홍합	Mussel(머슬)	Rouget(루체)
정어리	Sardine(사르딘)	Sardine(사르딘)
연어	Salmon(새먼)	Saumon(소몽)
혀넙치	Sole(솔)	Sole(솔)
송어	Trout(트라우트)	Truit(트리위트)
다랑어	Tuna, Tunny(튜너, 터니)	Thon(동) 흰색 참치(Thon blanc : White Tuna), 노란색 참치(Thon Jeune : Yellow Tuna), 붉은색 참치(Thon Rouge : Red Tuna)

5) 앙트레(Entrée : Main Dish)

수조육류(獸鳥肉類)를 재료로 하여 예술적으로 조리한 정찬코스에서 식단의 중심(Main)이 되는 요리이다. 생선요리와 로스트 사이에 내놓는다. 앙트레는 영어의 Entrance에 해당하는 말로, 식사의 코스 중에서 가장 중심이 되고 육류로 제공되는 요리를 의미한다. 옛날 프랑스에서 조수를 통째로 구이해서 처음에 내놓았고, 이것을 '처음의 요리'라 하여 Entry라고 하였는데, 오늘날 Entrée로 쓰이게 되었다. 소고기, 송아지고기, 양고기, 돼지고기 등의 육류는 칼로리가 많고, 특히 단백질, 광물질, 비타민 등이 많이 함유되어 있다.

(1) 소고기 스테이크(Beef Steak)

일반적으로 스테이크라고 하면 소고기를 구운 비프스테이크(Beef Steak)를 말한다.

(1.1) 육류 부위의 분류방법

한국식과 서양식 분류방법은 다른데, 한국식 소고기의 부위를 보면 ① 혀(Tongue), ② 쇠머리, ③ 장정육, ④ 양지머리, ⑤ 등심, ⑥ 갈비, ⑦ 쐬악지, ⑧ 업진육, ⑨ 사태육, ⑩ 대접살, ⑪ 안심, ⑫ 채끝살, ⑬ 우둔육, ⑭ 홍두깨살, ⑮ 꼬리 등으로 구분된다.

(1.2) 서양의 소고기(Boeuf, Beef) 부위별 명칭

소고기에서 스테이크용으로 사용하는 부분은 소의 어깨부분부터 등쪽으로 가며 갈비 · 허리 · 허리끝까지를 사용한다. 어깨부분에서 잘라낸 것에 블레이드 스테이크(Blade Steak)가 있고, 갈비부분에서 잘라낸 것에 립 스테이크(Rib Steak)가 있으며, 허리부분에서 잘라낸 것에는 포터하우스 스테이크(Porterhouse Steak) · 티본 스테이크(T-Bone Steak) · 클럽 스테이크(Club Steak)가 있다. 허리끝에서 잘라낸 것에는 서로인 스테이크(Sirloin Steak)와 핀본 서로인 스테이크(Pinbone Sirloin Steak)가 있다. 이러한 연한 부분 외에 넓적다리 부분에서 떼어낸 라운드 스테이크(Round Steak)가 있다.

- 소고기의 부위(Cuts of Beef)

소고기는 먼저 주요 부위들로 나눠진다. 이 부위들은 기본적인 구분으로, 스테이크 또는 다른 세분화된 부위들을 일컫는다. 동물들의 다리와 목 근육들이 가장 많은 일을 하기 때문에, 그 부분이 가장 질기다 : 고기는 발이나 뿔 쪽에서 멀어질수록 부드러워진다. 각 나라마다 서로 다른 부위와 이름들이 있다. 더 많은 소고기 부위의 도표와 그림은 아래와 같다.

출처 : Beef_cuts.svg

① **미국식 주요 부위**(American Primal Cuts)

아래 목록은 미국식 주요 부위와 전면에서 후면, 상단에서 하단을 나타낸다. 쇼트로인과 서로인은 종종 한 부분으로 구분된다.

㉠ 상단(Upper Half)

- 척(Chuck) : 햄버거의 주원료가 되는 부위들 중 하나
- 립(Rib) : 쇼트 립, 립아이 스테이크
- 쇼트로인(Short Loin) : 스트립 스테이크에서 잘린 부위
- 서로인(Sirloin) : 쇼트로인보다 덜 부드럽지만, 좀더 맛있다.
  - 서로인 윗부분(Top Sirloin)
  - 서로인 아랫부분(Bottom Sirloin)
- 텐더로인(Tenderloin) : 가장 부드러운 부위, 필레미뇽으로 제공되는 부위이다.
- 라운드(Round) : 기름기가 적은 부위. 적당히 질기다. 지방이 적고 마블링이 빠르게 연해지도록 두지 않는다.

㉡ 하단(Lower Half)

- 브리스켓(Brisket) : 바비큐용 소고기로 자주 쓰인다.

- 섕크(Shank) : 스튜나 수프용으로 주로 이용된다. 가장 질긴 부위라서 다른 요리로는 잘 이용되지 않는다.
- 플레이트(Plate) : 로스팅이나 파히타와 행거 스테이크, 쇼트립으로 제작된다. 이 부위는 전형적으로 싸고 질기고 지방이 많은 부위이다.
- 플랭크(Flank) : 주로 갈아서 사용한다(플랭크 스테이크 제외). 런던 브로일에 사용된다고 잘 알려져 있다. 가격이 제일 알맞은 스테이크로 알려져 있고, 대체로 로인이나 립스테이크보다 질기다. 그래서 대부분의 플랭크 레시피는 마리네이드를 사용하거나 기름에 살짝 튀겨 약한 불에 끓이는 방법을 사용한다. 인기 있고 영양분이 많아서 가격이 인상되었다.

tip Tip Roast

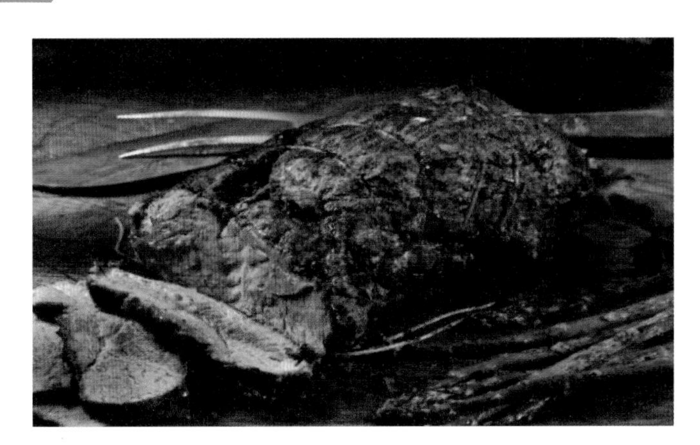

출처 : British_Beef_Cuts.svg

② British primal cuts(**영국식 주요 부위**)

- 목과 어깨살(British Cuts of Beef)
- 립(Rib)
- 실버로인(Silver Loin)
- 실버사이드(Silverside)
- 얇은 립(Thin Rib)
- 쉰(Shin)
- 두꺼운 플랭크(Thick Flank)
- 척 & 블레이드(Chuck & Blade)
- 두꺼운 립(Neck & Clod)
- 럼프(Rump)
- 톱사이드(Topside)
- 브리스켓(Brisket)
- 플랭크(Flank)
- 다리(Leg)

③ **특정 소고기 명칭**(Special Beef Designations)

Certified Angus Beef는 1978년에 가축 품종의 수요 증가를 위해 앵거스 가축생산자에 의해 발견되었다. 이는 앵거스(Angus) 가축이 양질의 맛을 가진 고품질의 소고기라는 것을 장려함에 따라 이루어졌다. 이 브랜드는 미국 앵거스 연합과 35,000명의 목장에서 일하는 사람들이 소유하고 있다. "앵거스 비프"나 "블랙 앵거스 비프"는 CAB를 오용하고 혼동했다. 이러한 일은 식품서비스산업에서는 특히 공통적으로 일어난다. CAB 브랜드 네임은 허가받지 않은 기관에서는 법적으로 사용할 수 없게 되었다. 그러나 블랙 시멘탈 비프는 CAB 프로그램에 포함되었다. Certified Hereford Beef는 헤리퍼드의 소를 증명하기 위해 생긴 프로그램이다. 풀을 먹인 소는 주로 사육장에서 기르는 것보다 방목하는 것이 나았다.

- 고베 소고기(Kobe Beef) : 와규(Wagyu) 소는 일본 고베 지방의 언덕에서 사육된다. 사육되는 동안 와규 소는 부드러운 육질과 불포화지방산의 함유를 높이기 위해 피부를 매일 브러시 받고 맥주로 마사지 받는다.
- 할랄(Halal) 소고기(외 기타 음식) : 이슬람 규정 법률에 따른 방법으로 가공되는 것으로 증명되었다.
- 코셔(Kosher) 소고기(외 기타 음식) : 유대교 규정 법률에 따른 방법으로 가공되는 것으로 증명되었다. 유기농 소고기는 유기농이라고 표시하기 위한 필요조건이 넓은 의미로 변화하더라도 호르몬제나 살충제 또는 다른 화학약품을 사용하지 않고 생산된다.

④ USDA Beef Grades(**미국 농무부 소고기 등급**)

미국에서는 검사받은 소고기에 미국 농무부의 표시를 받기 위하여 AMS(Agricultural Marketing Service)라는 소고기 등급을 매기는 프로그램을 운영한다. 소고기 가공업자는 숙련된 AMS 소고기 등급심사자에게 검사받을 수 있도록 도살장에서 대금을 지불한다. 사용자들은 FSIS(Food Safety and Inspection Service) 절차에 따르도록 요구된다. 컨테이너 마킹, 개별 봉지, 고기 자체에 나타나는 명료한 상표, 혹은 보호등급과 질을 합쳐놓은 USDA 보호스탬프에 의해 등급명칭이 나타난다.

대다수의 국가들은 미국의 소고기 등급제도를 반영하고 있다. 슈퍼마켓에 제공되는 대부분의 소고기는 미국 농무부에 의해 등급이 매겨져 있다. 그중에서도 최적의 소고기는 호텔과 유명한 레스토랑에서만 팔린다. 미국이 정한 기준에 미달하는 소고기는 절대 등급을 매기지 않는다.

고기의 질은 8등급으로 나누어지는데 마블링의 정도(근육지방), 숙성도(도살된 소의 나이를 판단) 등의 2가지 주요 기준을 기초로 한다.

- US Prime : 가장 좋은 품질과 근육지방을 가진 소고기. 한정적인 양만을 얻을 수 있다. 현재, 한 마리의 소에서 나오는 부위 중에 2%만이 prime으로 등급이 매겨진다.
- US Choice : 좋은 품질의 소고기로 외식산업과 소매상에 팔리고 있다.
- US Select(이전에는 US Good) : 일반적으로 소매상에 팔리는 낮은 등급의 소고기, 괜찮은 퀄리티를 갖추고는 있지만 육즙이 적고 질기다.
- US Standard : 낮은 등급의 소고기로 마블링이 적다.
- US Commercial : 늙은 소에게서 나온 고기로 질이 떨어지고 씹기가 불편하다.

Utility, Cutter, Canner 등급의 소고기는 외식산업 운영 시 보기 드물게 사용되며, 주로 가공업자나 통조림 제조업자에게 팔린다.

소고기 보호등급은 1~5까지 있는데, 이는 상품으로 팔기에 적합한 것만을 평가한 등급이다. 1등급이 최고등급, 5등급이 최하등급이다. 물론 소비자들이 보거나 인식하기는 하지만, 보호등급은 소매상인이나 업자들에게는 중요한 마케팅 수단이 된다. 본래 동물 도살 후 뼈를 들어내고 깎으면 중요도가 감소된다.

전통적으로 스테이크 하우스나 슈퍼마켓에서 팔리는 소고기는 USDA 등급에 따라 광고되었지만, 많은 레스토랑 업자들과 소매상인들이 최근 소고기를 블랙 앵거스와 같은 특정한 명성을 가진 브랜드네임을 사용하여 광고하기 시작했다.

⑤ **소고기 준비와 요리하기**(Cooking and Preparing Beef)

소고기를 요리하는 방법은 주로 요리될 고기를 자르는 것에 따라 정해진다. 예를 들어, 부드럽게 잘라낸 소고기는 빠르게 고온에서 조리하는 방법에 알맞고, 거칠게 잘라낸 소고기는 느리고 길게 조리하는 방법에 알맞다.

(1.3) 비프 스테이크(Beef Steak)

소고기는 등심과 어깨살이 최고품으로 쓰이고 다음에 안심 · 채끝살 등이 쓰이는데, 이것들을 다시 텐더로인 스테이크, 티본 스테이크, 클럽 스테이크, 포터하우스 스테이크, 서로인 스테이크, 립 스테이크 등으로 나눈다. 소고기 스테이크의 경우 몇 가지 종류로 나뉜다. 어깨부분은 블레이드(Blade) 스테이크, 갈빗살부분은 리브(Rib) 스테이크, 허리부분은 클럽(Club), 티본(T-Bone), 포터하우스(Porterhouse), 스테이크로 불린다.

고깃덩어리의 크기나 모양은 다양하나 보통 120~150g 정도가 적당하며, 작더라도 두께가 1.5cm는 되어야 맛이 좋다. 고기는 연한 부분은 그대로, 단단한 부분은 칼등으로 두드려서 소금과 후춧가루를 뿌려 모양을 다듬은 다음 샐러드유 · 버터를 녹여서 고기의 겉면(담았을 때 윗면)부터 강한 불에 굽는다. 가끔 뒤집어서 단시간에 좋은 빛깔이 나도록 굽는다.

식당에서 육류 요리로 가장 많이 쓰이는 것은 비프 스테이크이다. 좋은 소고기는 지방의 색이 우윳빛이고 근내지방이 골고루 자리 잡고 있으며 고기색은 선홍색이 짙을수록 좋고 고깃결은 단단하고 매끄러워야 한다. 비프 스테이크는 소고기를 두껍게 잘라 요리한 것으로 고기의 부위에 따라 명칭이 다른데, 그 종류는 다음과 같다.

① 안심(Tenderloin) 부분

소고기 중 가장 부드럽고 연하며 지방이 적고 담백하며 맛이 좋아 최고급으로 취급되는 부위이다. 등심 안쪽에 위치한 부분으로 소고기 중에서 결이 곱고 부드러우며 소 한 마리에서 겨우 2~3% 정도밖에 얻을 수 없는 최고급 부위이다. 안심을 우리나라 요리에서는 구이, 전골, 산적의 용도로 이용하며, 서양요리에서는 로스트, 고급 스테이크(안심 스테이크), 바비큐, 브로일에 이용한다.

㉠ 샤토브리앙 스테이크(Chateaubriand Steak) : 안심 중 가장 붉은 부위를 제비추리라고 하며, 샤토브리앙은 그릴에 구운 안심 스테이크로 샤토브리앙 소스(Chateaubriand Sauce) 또는 베어네이즈 소스(Bearnaise Sauce)와 함께 제공된다. 샤토브리앙은 19세기 프랑스의 귀족이자 작가인 샤토브리앙 남작 집의 요리사인 몽미레이유(Montmireil)가 개발한 안심 스테이크이다. 소 1마리에 4인분 정도밖에 나오지 않는 안심 중의 안심이다. 소고기 안심의 정중앙 부위를 두툼하고

넓적하게 썰어 굽는데, 육즙이 새지 않도록 겉을 빠르게 바짝 굽고 속은 부드러운 식감을 유지하도록 덜 익혀서 2명이 함께 주문하여 나누어 먹는 것이 보통이다. 가니쉬(Garnish)는 전통적으로 샤토(Chateau) 포테이토와 붉은색 채소, 녹색 채소 등을 곁들인다. 전통적으로는 약 12온스(약 330g) 정도 두껍게 썰어낸 것을 말하기도 한다. 소의 등뼈 양쪽 밑에 붙어 있는 가장 연한 안심부위를 4~5cm 두께로 잘라 굽는 것으로 중년 이상의 고객층이 즐겨 먹으며 연하고 맛있는 부위의 최고급 스테이크이다.

ⓛ 투르네도 스테이크(Tournedos Steak) : 투르네도는 텐더로인(Tenderloin, 안심)에서 잘라낸 2~2.5cm 두께, 지름이 5~6cm인 소고기 스테이크용 고기를 말한다. 작고 둥근 살코기 스테이크용 부위로 운동량이 적어 조직이 연하다. 투르네도는 지방함량이 매우 적으므로 굽기 전 돼지기름이나 베이컨 등으로 감아서 조리에 이용한다. 스테이크는 프라이한 동그란 빵 위에 놓여서 제공되며 버섯소스와 같은 소스를 위에 뿌려 먹는다. "눈 깜짝할 사이에 다 된다"라는 의미를 지니고 있다. 필레(Filet)의 앞쪽 맨 끝부분 Filet Mignon의 다음 부분이다. 1855년 파리에서 처음 생겨났다.

ⓒ 필레미뇽 스테이크(Filet Mignon) : 일반적으로 2.5~5.0cm의 두께이고 지름이 4~8cm이며, '아주 예쁜 소형의 스테이크'란 의미로 필레(Filet) 고기의 꼬리 쪽에 해당하는 세모꼴 부분을 잘라 베이컨(Bacon)으로 감아 구워낸다. 향이 약간 부족하다. 오븐 또는 석쇠에 살짝 굽거나 소량의 기름을 사용하여 프라이팬에 굽기도 한다.

호텔식당에서 가장 많이 사용되는 육류는 바로 소고기이다. 대표적인 것은 다음과 같다. 안심 스테이크는 소고기 중에서 가장 연한 것으로, 이것은 다음의 그림과 같이 미국식 안심분류법에 의해 구분된다. 앞에서부터 차례대로 헤드, 샤토브리앙, 필레, 투르네도, 필레미뇽, 필레 팁(Fillet Tips : Ends of the Tenderloin, 텐더로인의 끝부위)이다. 샤토브리앙은 소의 등뼈 양쪽에 붙어 있는 가장 연한 안심의 머릿부분으로 19세기 프랑스 귀족인 샤토브리앙 남작이 즐겨 먹었다고 하여 붙여진 이름으로 소의 안심 부위 중 가운데 부분을 두껍게 잘라 굽는 최고급 스테이크이다. 소 1마리에 4인분밖에 안 나오는 최고급 부위이다. 투르네도 스테이크는 안심부위의 중간 뒤쪽부분의 스테이크로 베이컨을 감아서 구워내는 요리이다. 투르네도는 눈 깜빡할 사이에 다 된다는 뜻이다. 필레미뇽 스테이크는 안심부위의 뒷부분으로 만든 소형의 아주 예쁜 스테이크라는 의미가 포함된 스테이크이다.

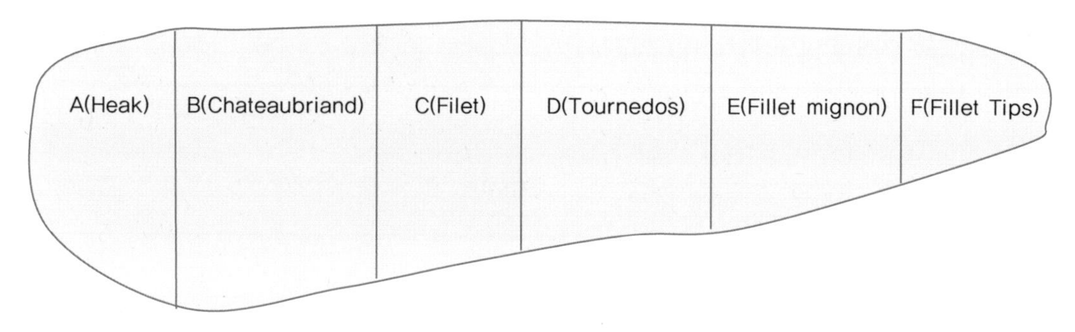

Tenderloin 부위별 명칭

② 어깨부분

어깨부분에서 잘라낸 것에 '블레이드 스테이크(Blade steak)'가 있다.

③ 갈비 중심부분 스테이크(Rib Steak)

- 갈비(Rib) : 갈비는 한국의 요리로 척추를 제외한, 지방이 적고 단백질(근육)이 많은 등뼈 부분, 또는 그 등뼈로 만든 요리를 말한다. 갈비를 구운 것을 갈비구이라고 부른다.

갈비 중심부분 스테이크(Rib Steak)

• 갈비 중심 스테이크는 동쪽에 있는 부위로서 두터우며 지방분이 많다. 이 스테이크에는 ① 립 아이 스테이크(Rib Eye Steak), ② 로스트 비프(Roast Beef) 등이 있다. 갈비부분에서 잘라낸 것에 립 스테이크(Rib Steak)가 있다.

④ 허리 중심 스테이크(Poterhouse Steak) 부분에서 잘라낸 것

㉠ 포터하우스 스테이크(Porterhouse Steak) : 큰 스테이크로 허리고기 윗부분 살에서 안심과 뼈를 같이 잘라낸 것을 말한다.

㉡ 티본 스테이크(T-Bone Steak) : 포터하우스 스테이크를 잘라낸 다음 조금 작은 부분을 자른 큰 스테이크로 허리고기 윗부분 살에서 안심과 뼈를 같이 잘라낸 것을 말한다. 소의 안심과 등심 사이의 T자형 뼈 부분에 있는 스테이크라서 이러한 이름이 붙게 되었으며 안심과 등심을 동시에 맛볼 수 있는 별미의 스테이크 요리이다. 티본 스테이크는 포터하우스 스테이크보다 안심부분이 작다.

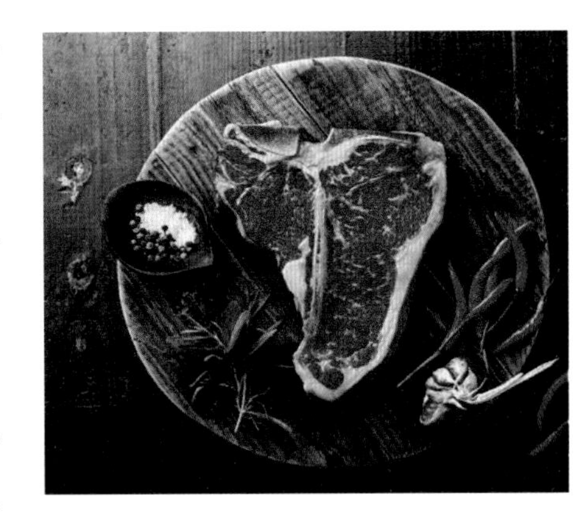

㉢ 클럽 스테이크(Club Steak)가 있다.

⑤ 허리 끝(갈빗대 사이)에서 잘라낸 것

허리 끝에서 잘라낸 것에는 서로인 스테이크(Sirloin Steak, 등심 스테이크 부위)와 핀본 서로인 스테이크(Pinbone Sirloin Steak)가 있다. 이러한 연한 부분 외에, 넓적다리 부분에서 떼어낸 라운드 스테이크(Round Steak)가 있다. 이외에, 허벅지 부분(Round Steak), 배 부분(Flank Steak), 엉덩이 부분(Rump Steak) 등이 있다.

㉠ 앙트르코트 스테이크(Entrecote Steak) : 이것은 등심 스테이크(Sirlon Steak)를 말한다. 앙트르코트(Entrecote)는 서로인 스테이크(Sirloin Steak)를 나타내는 프랑스 조리용어이다. 문자상으로는 '갈빗대 사이'를 의미하며, 소고기의 9번째와 11번째 갈비뼈 사이에서 떼어낸 스테이크를 가리킨다. 매우 부드러우며 일반적으로 살짝 굽거나 튀기는 요리에 이용한다. 영국의 왕이었던 찰스 2세가 이 스테이크에 '남작'

의 작위를 수여할 정도로 가장 즐겨 먹었고 그래서 'Loin'에 'Sir'라는 경어를 붙여 'Sirloin'이라고 한다.

㉡ 핀본 서로인 스테이크(Pinbone Sirloin Steak)

㉢ 등심 스테이크의 기타 종류

앙트르코트 스테이크(Entrecote Steak)

- 뉴욕 컷 스테이크(New York Cut Steak) : 등심 중에서도 기름기가 적은 중앙부분으로서 소의 이 부분을 자른 모양이 미국의 뉴욕주하고 비슷하다 하여 이름이 붙여졌으며, 300g 정도의 크기로 요리되어 스테이크를 좋아하는 미식가들이 즐겨 먹는 요리이다.
- 미니트 스테이크(Minute Steak) : 바쁜 현대인들을 위해 요리가 빨리 되는 스테이크를 개발하여 만든 것으로 1분 이내에 구울 수 있다 하여 미니트(Minute)라는 이름이 붙여졌으며 간장과 미림을 섞어서 만든 소스로 요리되는 일본풍의 스테이크요리이다.

Pin Bone Sirloin Steak, Flat Bone Sirloin Steak, Wedge Bone Sirloin Steak, Boneless Sirloin Steak

⑥ Sirloin(등심) 부분

등심은 갈비뼈의 바깥쪽으로 붙어 있는 것이고 갈비의 안쪽에 붙어 있는 것은 안심이다. 등심은 안심보다 길고 크다. 이 부위의 외부에서 볼 수 있는 특징은 갈비가 붙어 있던 부분에 가로로 지방이 끼어 있어 희끗희끗한 줄무늬가 보이는 것이다. 등심을 얇게 썰었을 때의 특징은 반달모양의 황색 인대가 있는 것이다. 소의 등골뼈에 붙은 살코기이다.

한국에서는 등심으로 불고기를 한다. 고기를 질적으로 평가하면 등심은 가장 연하며 등심 주위에 있는 지방은 맛이 좋으므로 고기 전체의 맛을 돋운다. 좋은 조건에서 사육한 소의 등심일수록 지방이 살 사이에 많이 축적되어 있는데, 그런 고기를 서양에서는 대리석 같다는 뜻에서 마블드 미트(Marbled Meat)라 하여 고가(高價)로 판매한다.

서양에서는 등심을 갈비뼈가 붙은 채로 갈비뼈 두께로 잘라 판매한다. 목에 가까운 등심을 립(Rib)이라 하고 허리 부분을 로인(Loin)이라 한다. 갈비뼈 몇 개를 함께 큰 덩어리로 자른 것은 큰 덩어리째로 오븐에 로스트로 굽고, 갈비 하나씩 두께로 자른 것은 스테이크용이다.

⑦ 넓적다리 부분

넓적다리 부분에서 떼어낸 라운드 스테이크(Round Steak)가 있다.

⑧ 엉덩이 부분

㉠ 런던브로일(London Broil) : 소의 옆구리살 또는 우둔을 커다란 조각으로 잘라서 마리네이드(Marinade)로 연하게 만든 다음에 브로일(Broil)하거나 그릴에 구워서 고깃결과 반대방향으로 얇게 슬라이스한 플랭크 스테이크(Flank Steak)이다. 입 안에서 녹아버릴 듯한 부드러운 질감이 특징이다. 런던브로일 또는 서로인(Sirloin : 갈비 위쪽에 붙은 살)과 우둔살(Top Round)을 포함하는 여러 가지 두꺼운 고깃덩어리를 가리키는 용어이다.

㉡ 럼프 스테이크(Rump Steak) : 이 스테이크는 소고기 윗다리 살로서 근육을 많이 사용하는 부분에서 잘라낸 고기이므로 질기고 요리시간도 오래 걸린다.

⑨ 허벅지 부분

라운드 스테이크(Round Steak)

⑩ 배 부분

플랭크 스테이크(Flank Steak)

(1.4) Steak 굽는 정도(Temperature)

① Rare{Blue; 레어(브르)}

색깔만 살짝 내고 속은 따뜻하게 한 것으로 자르면 속에서 피가 난다.

조리시간 : 약 2~3분 정도, 고기 내부온도 46~52℃ 정도

② Medium Rare{Saignant, 미디엄 레어(세냥)}

Rare보다 조금 더 익힌 것으로 자르면 피가 보이도록 한다.

조리시간 : 약 3~4분 정도, 고기 내부온도 54~60℃ 정도

③ Medium{A point, 미디엄(아 뽀앙)}
절반 정도 익힌 것으로 자르면 붉은색이 난다.
조리시간 : 약 5~6분 정도, 고기 내부온도 60~66℃ 정도

④ Medium Well-done{Cuit, 미디엄 웰던(퀴이)}
거의 다 익힌 것으로 자르면 가운데 부분에 약간 붉은색이 난다.
조리시간 : 약 8~9분 정도, 고기 내부온도 66~71℃ 정도

⑤ Well done{Bien Cuit, 웰던(비앵 퀴이)}
속까지 완전히 익힌 것
조리시간 : 약 10~12분 정도, 고기 내부온도 71℃ 정도

(1.5) 고기 내부온도(Internal Temperature)

Cooked	Temperature	Description
Very Rare	115~125°F(46~52°C)	Blood-Red Meat, Soft, Very Juicy
Rare	125~130°F(52~54°C)	Red Center, Gray Surface, Soft, Juicy
Medium Rare	130~140°F(54~60°C)	Pink Throughout, Gray-Brown Surface, Often Remains Juicy
Medium	140~150°F(60~66°C)	Pink Center, Becomes Gray-Brown Towards Surface
Medium Well	150~160°F(66~71°C)	Thin Line Of Pink, Firm Texture
Well done	>160°F(>71°C)	Gray-Brown Throughout, Tough Texture

(2) 송아지(Veau 보, Veal 빌)

송아지고기는 생후 12주 미만의 어미소 젖으로만 기른 송아지로, 조직이 무척 연하고 부드러우며 밝은 회색의 핑크빛을 띤다. 송아지고기는 우윳빛이 짙을수록 좋은 고기이다. 송아지고기는 아주 적은 지방층과 많은 양의 수분을 가지고 있어 매우 연한 맛이 있다. 송아지고기 요리에는 스캘로핀, 빌 커틀릿(비너 슈니첼), 스위트브레드가 있다.

① **스캘로핀**(Scaloppine, Veal Chop **빌찹**)

송아지고기를 얇게 썰어 조미해서 밀가루를 뿌려 튀기는 것, 얇은 조개고기를 뜻하는 이탈리아 요리이다. 스캘로핀은 이탈리아 조리용어로 첫 번째 송아지 다리부분에서 잘라낸 작고 얇은 고기를 소금과 후추로 양념하여 밀가루를 입혀 와인으로 맛을 내고 소테하여 토마토 소스와 함께 제공된다.

② **빌 커틀릿**(Veal Cutlet, Wiener Schnitzel **비너 슈니첼**)

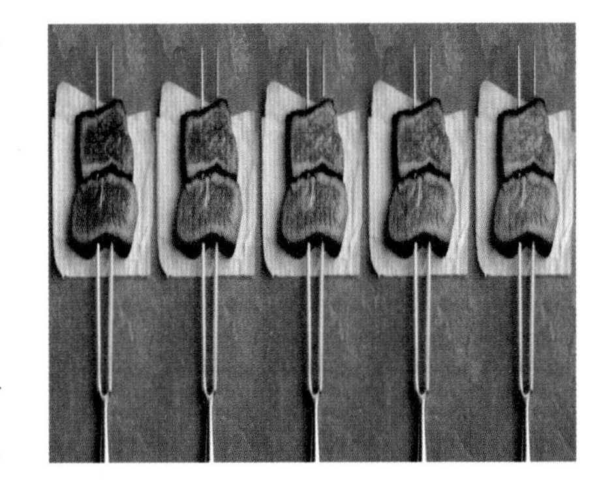

뼈를 제거한 송아지고기를 얇게 저며 소금, 후추를 뿌리고 밀가루를 칠한 후 달걀을 풀어 고기에 골고루 바른 다음 빵가루를 입혀 버터로 소테(Saute)한다. Fond de Veau sauce가 곁들여지기도 한다. 비후가스, 돈가스는 일본식 발음인데 '커틀릿'은 일본식 발음으로 가쓰레쓰(カシレシ)가 되었고 가쓰레쓰를 부르기 쉽도록 줄여 가스(かつ)로 부르게 되었다.

③ **스위트브레드**(Sweetbread)

스위트브레드는 송아지의 췌장 또는 흉선을 말하는 것으로, 전 세계 미식가들에게 인기있는 식재료 중 하나이다. 심장과 가까운 쪽에 있는 흉선이 섬세하고 단단하며 크림처럼 부드러운 질감 때문에 더 맛있고 비싸다. 젖을 먹여 키운 송아지나 어린 소의 흉선이 가장 맛있다. 어린 양의 흉선도 맛이 좋으나 소의 흉선은 질기고, 돼지 흉선은 강한 맛을 가지고 있다. 스위트브레드는 송아지의 목젖살로 만든 요리로, 송아지가 성장하면서 없어진다.

(3) 양고기(Agneau 아뇨, Lamb 램)

양고기요리는 호주, 중동지역인이나 유대인들이 즐겨 찾는 요리이며 양고기를 고객에게 제공할 때는 반드시 민트소스(Mint Sauce)를 함께 서비스해야 한다. 양고기는 섬유조직이 가늘고 약하기 때문에 소화가 잘되고 특유한 향이 있어 레몬주스나 식초, 박하, 로즈메리 등을 많이 사용한다. 양은 생후 1년 이내의 어린 양을 램이라 하고 1년 이상의 양을 무통이라 하는데, 가장 좋은 양고기는 생후 8~15주 된 어린 양이며, 그 다음은 3~5개월 된 양이다. 일반적으로 사용하는 양고기는 생후 1~2년 미만의 것으로 검붉은색이고, 그 이후의 고기는 3~4년생의 것이 좋다. 양고기요리의 종류로는 랙 오브 램, 램찹, 램 커리, 케밥, 새들 오브 램이 있다.

① 랙 오브 램(Rack of Lamb)은 양의 허리부분 중에서 뼈가 달린 부분을 잘라서 양념을 뿌려 소테한 다음 다시 양념하여 샐러맨더로 요리한 것이다.

② 램찹(Lamb Chop)은 1년 이하 양고기의 갈비를 뼈가 붙어 있는 채로 잘라서 절인 후 조리하는 것이다.

③ 램 커리(Lamb Curry)는 양고기를 잘게 잘라서 카레에 넣고 조리한 요리이다. 케밥은 양고기를 작게 잘라 양념에 절인 다음 긴 꼬챙이에 채소와 함께 끼워서 요리하여 밥과 같이 제공한다.

④ 새들 오브 스프링 램(Saddle of Spring Lamb)은 어린 양을 통째로 구이한 요리이다.

(4) 돼지고기(Porc 뽀-흐, Pork 포크)

돼지고기의 한국식 부위는 ① 머리, ② 항정살, ③ 다리살, ④ 등심, ⑤ 안심, ⑥ 삼겹살, ⑦ 채끝살, ⑧ 볼기살, ⑨ 족 등으로 구분되고, 돼지고기는 호텔에서 소고기 다음으로 많이 소비되는 것으로, 햄, 베이컨, 소시지 등의 가공식품뿐만 아니라 중국식당, 뷔페식당에서 많이 제공된다. 돼지고기는 연분홍색이 짙고 방향이 있는 것이 우량품이다. 돼지고기는 잡은 지 3~4일 지난 것이 가장 맛있다고 하며, 오래되면 고기가 누렇게 되고 단면이 휘어진다. 돼지고기의 등심은 한국에서는 제육용으로 사용하고, 서양에서는 역시 갈비뼈째 잘라 판매하는데, 갈비 하나 두께로 자른 것은 포크 촙(pork chop)용이고 갈비 몇 개를 함께 자른 것은 로스트용이다. 열량을 많이 얻을 수 있는 식품이므로 폭넓게 이용된다. 다만, 갈고리촌충 등의 기생충이 있을 염려가 많아 날로 먹는 것은 피하고 반드시 충분히 익혀서 먹어야 한다.

① 바비큐 폭촙(Babecued Pork Chop) : 돼지고기의 갈비 부위를 뼈가 붙어 있는 채로 칼집을 낸 후 소금, 후추를 뿌리고 밀가루를 묻혀 조리한 것이다.

② 포크커틀릿(Pork Cutlet) : 돼지고기를 얇게 저민 다음 소금, 후추를 뿌린 후 밀가루, 달걀, 빵가루를 묻혀 기름에 튀긴 것이다.

③ 햄 스테이크(Ham Steak) : 뜨거운 팬(Pan)에 버터를 녹인 후 햄을 썰어 살짝 익히고 백포도주를 뿌린다. 이때 파인애플도 함께 곁들인다.

(4.1) 돼지고기 부위(Cuts of Pork)

미국, 영국, 프랑스에서는 각 부위에 따른 명칭이 다르다.

- 미국식 돼지고기 부위, 머리고기(American Cuts of Pork, Head) : 삶아서 소금에 절인 돼지고기나 삶은 육수나 수프를 만드는 데 쓰이는 부위이다. 끓인 후에 귀는 튀기거나 구워서 따로 먹는다.
- 구운 갈비, 뼈가 있는 갈비, 어깨뼈, 엉덩잇살(Spare Rib Roast, Spare Rib Joint, Blade Shoulder, Shoulder Butt) : 이 부위는 어깨살과 어깨뼈 쪽을 포함하고 있다. 뼈를 제거하고 말아서 갈비를 만들 수도 있다. 엉덩잇살은 그 이름에도 불구하고 어깨의 위쪽 부위를 말한다. 보스턴 엉덩잇살, 혹은 보스턴 어깨살 부위는 이 부위에서 나온다. 어깨뼈를 조금 함유할 수도 있다.
- 손, 팔, 어깨(Hand, Arm Shoulder, Arm Picnic) : 이 부위는 햄이나 소시지를 만드는 데 사용된다.
- 로인(Loin) : 이 부위는 베이컨이나 캐나다 스타일의 베이컨을 만드는 데 사용된다. 로인과 복부는 동시에 베이컨의 재료가 될 수 있다. 로인은 로스트 고기(어깨쪽 로인 로스트, 중심부 로인 로스트, 허리쪽 로스트, 중심부위, 로인의 뒤쪽 부위), 갈비(베이비 백 립이나 리블렛으로도 불린다), 포크커틀릿, 그리고 포크 촙스 등으로 나누어질 수 있다.
- 밸리, 사이드(Belly, Side, Side Pork) : 지방이 많은 이 부위는 스테이크나 볶음요리 등에 많이 사용된다. 베이컨이나 구이요리를 위해 사용되기도 한다.
- 다리, 넓적다리(Legs, Hams) : 돼지고기의 어느 부위든 사용할 수 있지만, 오직 뒷다리만 햄으로 불린다. 다리와 어깨 부위는 구이용이나 스테이크용으로 사용된다. 다리쪽의 3가지 공통적인 부위는 럼프(윗다리), 중간부위 그리고 섕크(아랫다리)로 나눠진다.
- 발(Trotters) : 앞발과 뒷발은 꼬리가 사용되듯이 조리되고 식용으로도 쓰인다. 스페어립은 돼지의 갈비부위와 뼈를 둘러싼 살코기로 이루어져 있다. 생루이스 스타일의 스페어립은 가슴쪽, 연골, 그리고 치맛살 부위로 만들어진다.

■ British Cuts of Pork

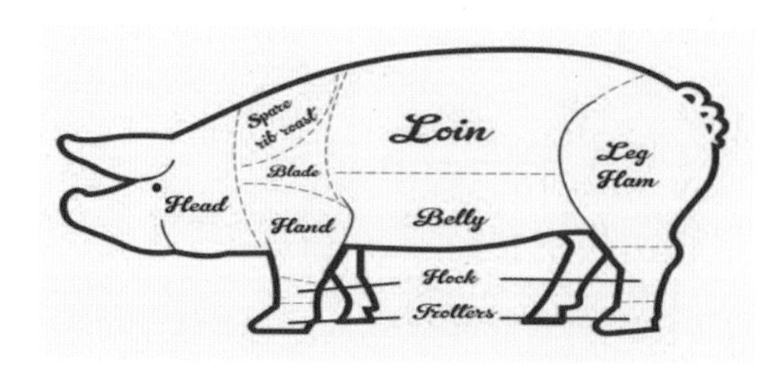

■ American Cuts of Pork

(5) 가금류요리(Rôti 로티, Roast 로스트)

가금류는 닭, 오리, 칠면조, 비둘기, 거위 등 집에서 사육하는 날짐승을 말한다.

가금류는 흰색 살코기와 검은색 살코기로 분류할 수 있다. 첫째, 흰색 살코기로는 생후 6주일째를 일컫는 새끼병아리, 병아리, 그리고 10주 정도 성장된 닭인 스프링 치킨, 닭, 난소를 제거한 식용 암탉 프라드, 거세된 8개월 정도의 성숙한 수탉을 일컫는 케이펀, 10개월 된 암탉인 헨, 어린 칠면조, 칠면조가 있다. 둘째, 검은색 살코기로는 새끼거위, 거위, 새끼 비둘기, 오리, 뿔닭이 있다.

이 밖에 엽수류 및 엽조류도 앙트레로 제공될 수 있는데, 야수(野獸)이다. 즉 이것은 사냥을 통해 얻은 들짐승으로 육질은 사육동물과 비슷하나 사육고기에 비해 연하고 지방 성분도 매우 적고 영양가가 높다. 사슴, 멧돼지, 산토끼, 메추리, 꿩, 비둘기 등이 있다. 이들 중에 사슴요리는 로스팅과 레어로 익히는 것이 좋고, 멧돼지는 로스팅과 스테이크로 많이 사용한다. 조류에는 철분과 인, 지방이 많을 뿐만 아니라 다른 육류와 마찬가지로 많은 영양을 함유하고 있어 앙트레로 제공한다. 조류를 요리할 때는 단백질이 유실되지 않도록 적당한 온도에서 Broiling, Frying, Roasting 등의 방법으로 하며 Roast 요리는

Roast할 때 생긴 즙을 그 요리의 기본소스로 그대로 사용한다. 콜드미트(cold meat) 같은 Roast는 신선한 채소와 함께 제공된다.

① 오리구이(Roast Duck) : 16주 이하의 연한 오리구이를 사용하고, 향신료 Sage와 양파를 곁들여 요리하며 Apple Sauce와 함께 제공된다.

② 거위구이(Roast Goose) : 거위는 많은 지방질을 함유하고 있으며 영양가가 좋다. 향신료로 Thyme, Parsley, Lemons, Limes, Sage, Apple Sauce를 곁들인다.

③ 칠면조구이(Roast Turkey) : 추수감사절과 크리스마스 등 전통적인 축제에 사용된다. 꼬챙이로 꽂아 기름종이를 깔아 서브되고 Savoury향, 밤(Chestnuts), Cranberry Sauce를 곁들인다.

④ 닭구이(Roast Chicken) : 생후 2개월의 영계를 푸생(poussin), 생후 3~5개월은 풀레(Poulet)라 하며 고기로 쓰기 위해 키운 닭은 풀라르드(Poularde)라 한다.

(6) 육류 및 가금류 조리방법

① 소테(Sauté) : Sautéed(소티드). 팬(Pan)에 버터나 기름을 넣고 높은 열로 볶아 익힌다. 이러한 볶음요리는 중국이나 아시안의 조리방법이다. 오일을 넣고 향을 내기 위해 마늘, 생강, 양파 등을 팬에 넣어 조리한 후 고기 슬라이스 등을 넣고 나머지 재료를 넣어서 빠르게 조리한다. 소테잉(Sautéing)은 재빨리 볶는 것을 뜻한다.

② 로티(Rôti) : Roast(로스트). 주로 큰 덩어리를 익히는 방법으로 기름과 즙을 끼얹으면서 오븐에서 굽는다.

③ 그리예(Griller), 그릴(Gril) : Grill(그릴). Broiled(브로일드), Pan-Broiled Steak(팬-브로일드 스테이크). 석쇠구이는 고기가 쇠에 닿는 부분이 적기 때문에 연하고, 고기에서 나오는 지방이 불에 떨어져 연기가 나면서 고기 표면에 붙으므로 풍미가 좋으며, 표면에 석쇠 자국이 나는 것이 보통이다. 석쇠를 이용하여 불로 직접 굽는다(직화구이). 영국에서는 '바비큐(Barbecue)'라고 함. Grilled(그릴드)

④ 브레제(Braisés) : Braised(브레이즈드). 질긴 육류를 익히는 방법으로 팬(Pan)에 Mirepoix(당근, 셀러리, 양파)를 넣고 소스나 즙을 이용하여 오랜 시간 오븐에서 천천히 익힌다.

⑤ 에튀베(Etuver) : Steaming(스티밍). 색이 변하지 않게 천천히 찌거나 굽는다.

⑥ 그라티네(Gratiner) : Gratiné(그라탱). 표면에 치즈, 버터, 빵가루 등을 뿌린 후 오븐이나 샐러맨더(Salamander)에 구워 표면을 완전히 막으로 덮이게 한다. 고온의 열선을 쪼여 대개 650°F(343°C) 정도의 온도로 요리한다. Grätinated(그라티네이티드)

⑦ 푸알레(Poêler) : Fry(프라이). 프라이팬(Fry Pan)으로 볶거나 굽는다. Pan-fried(팬-프라이드)

⑧ 글라세(Glacer) : Glaze(글레이즈). 요리에 소스를 쳐서 뜨거운 오븐이나 샐러맨더(Salamander)에 넣어 표면을 구운 색깔로 만든다.

⑨ 브랑시르(Blanchir) : Blanch(블랜치). 재료를 끓는 물에 넣어 살짝 익힌 후 건져놓거나 찬물에 식히는 방법으로 채소의 쓴맛, 떫은맛을 빼거나 장기간 보존하기 위해 살짝 데친다.

⑩ 바푀르(Vapeur) : Steamer(스티머). 수증기로 찐다. Steamed(스팀드)

⑪ 포셰(Pocher) : Poach(포치). 육즙이나 생선즙, 포도주로 천천히 끓여 익힌다. Paoched(포치드)

⑫ 프리르(Frire) : Fry(프라이). 기름에 튀겨낸다. Fried(프라이드)

⑬ 부이르(Bouillir) : Boiled(보일드). 끓이는 방법이다.

(7) 앙트레 서비스의 주의사항

- 식사를 서브할 때 발의 자세는 양 발의 간격을 25~30cm 정도 벌리고, 오른쪽 발을 반보 정도 앞으로 디디고 무릎을 구부려 높낮이를 조절하여 서브한다.
- 요리를 서브하기 전에 고객의 주문 내용에 따라 요리에 맞는 기물로 테이블 세팅을 고친다.
- 접시를 쥘 때는 절대로 엄지손가락이 접시의 테(Plate Rim) 안쪽으로 들어가지 않도록 쥔다.
- 요리를 서브할 때와 치워드릴 때는 트레이 또는 접시가 절대로 고객의 머리 위를 지나가서는 안 되고, 특별한 경우에 머리 위로 서브할 때는 사전에 반드시 양해를 구한다.
- 요리를 서브할 때는 고객이 주문한 요리를 확인시키고 서비스 시 주의를 환기시키기 위해 반드시 "실례하겠습니다. 주문하신 ○○요리 올려 드리겠습니다. 맛있게 드십시오"라고 정중히 말씀드린다. 다음에 나올 음식이 남아 있는 경우 다음

코스의 음식을 말씀드리면 더욱 좋다.

- 요리를 서브할 때는 고객의 우측에서 오른손으로 제공하며 빵, 샐러드, 요리에 따른 소스, 샐러드 드레싱, 플래터서비스 시는 좌측에서 보여준 뒤에 서비스를 한다.
- 무늬나 마크가 들어 있는 접시 또는 그릇은 무늬나 마크가 고객의 정면으로 오도록 하고, 접시를 놓을 때는 테이블 끝에서 약 2cm 정도 안쪽으로 살며시 놓는다.
- 종사원이 고객의 테이블 앞에서 직접 조리해야 하는 요리일 때는 고객의 취향을 여쭈어본 후 고객의 기호에 맞게 조리한다.
- 기물을 다룰 때는 절대 소음이 나지 않도록 취급해야 한다.

(8) 사이드 디시(Side Dish)

앙트레를 제공할 때 요리에 곁들여 장식, 맛, 영양, 조화를 위하여 채소를 비롯하여 메인 디시와 같이 서브해야 하는 사이드 디시는 브레드 플레이트 위측에 놓아주고 적당한 시기에 치운다. 더운 채소는 주요리가 생선이나 고기일 때 식품의 성질이 산성이므로 알칼리성인 채소를 곁들여서 영양의 균형을 조절할 수 있다.

사이드 디시에 제공되는 감자는 주성분이 알칼리성인 식품으로 산성인 고기와 함께 먹으면 좋다. 감자요리는 맛이 담백하고 생선이나 육류에 거의 빠짐없이 제공된다. 그중 대표적인 조리방법을 살펴보면 다음과 같다.

① 프렌치 프라이드 포테이토(French Fried Potatoes) : 가늘고 일정하게 썰어 기름에 튀겨 소금을 친 감자요리이다.

② 포테이토 그라탱(Potato Gratin) : 1~2mm 정도 두께의 반달모양으로 잘라 용기의 바닥에 버터를 바르고 크림, 우유를 붓고 소금 등으로 양념한 후 위에 치즈를 넣어 샐러맨더나 오븐에서 요리한 것이다.

③ 베이크트 포테이토(Baked Potatoes): 쿠킹호일에 감자를 감싸 구운 요리인데, 윗부분을 열십자로 크게 홈을 내어 사워크림이나 파 등과 같이 제공한다.

④ 해시드 브라운 포테이토(Hashed Brown Potato) : 주로 조식으로 많이 제공되는 요리로 감자를 삶아 으깬 다음 일정량과 모양으로 빚어서 팬에 구운 감자요리이다.

⑤ 베르니 감자(Berny Potato) : 크로켓 감자 반죽을 지름 3cm 정도로 둥글게 만들어 달걀과 아몬드를 입혀 기름에 튀긴 감자를 말한다.

⑥ 윌리엄 포테이토(Williams Potatoes) : 약 40g 크기의 꼭지모양으로 크로켓 감자를 만든다. 꼭지 끝에 버미셀리 국수를 5cm 길이로 꽂아 냉장고에서 30분 이상 굳힌 후 200℃의 기름에서 갈색으로 튀긴다.

⑦ 크로켓 포테이토(Croquette Potato) : 감자를 통째로 삶아 껍질을 제거한 후 소금 · 후추 · 달걀 노른자, 너트맥 등을 넣고 지름 1.5~2cm, 길이 4~5cm의 크기로 만들어 밀가루, 달걀, 빵가루를 묻혀 튀겨낸다.

⑧ 폼므 안나(Pomme Anna) : 감자를 망돌린을 이용해서 2mm 정도 두께로 아주 얇게 슬라이스한다. 지름 15cm, 높이 3cm 정도의 둥근 틀에 감자를 겹쳐가며 차곡차곡 쌓아 소금, 후추로 간한 다음 버터를 바르고 오븐에 20분 정도 구워낸다.

⑨ 샤토 포테이토(Chateau Potato) : 감자를 길이 약 5cm, 굵기 1.5~2cm 정도 크기의 럭비볼 모양으로 만들어 삶아 튀기거나 정제버터에 볶아서 사용한다. 육류요리에 주로 사용한다.

(9) 향신료 및 조미료

(9.1) 향신료

향신료(香辛料)는 음식에 풍미를 주어 식욕을 촉진시키는 식물성 물질이며 영어로 스파이스(Spice)라고 하는데, 스파이스의 어원은 후기 라틴어로 '약품'이라는 뜻이다.

① 새프런(Saffron) : 독특한 향기와 약간의 쓴맛을 지니고 있으며 프랑스식의 부야베스(Bouillabaisse)와 스페인식의 빠에야(Paella) 등에 많이 사용된다.

② 에스트라곤(Estragon) : 서양요리에 광범위하게 사용되는데, 특히 Pickles Marinade나 Bearnaise Sauce와 Chasseur Sauce 등에 많이 사용된다.

③ 타임(Thyme) : 소스(Sauce)에 많이 사용되며 오랜 시간이 걸리는 요리에 적합하다.

④ 파슬리(Parsley) : 요리의 장식이나 샐러드 등에 많이 사용되며 곱게 다져 음식에 뿌려 색을 내는 데 많이 사용된다.

⑤ 월계수잎(Laurier) : 상쾌한 향기와 약간의 쓴맛을 갖고 있으며 수프나 소스요리 등에 사용된다.

⑥ 트뤼프(Truffe) : 독특한 향으로 프랑스 요리에 없으면 안 될 만큼 중요한 향신료의 하나로 각종 Paté나, Sauce, Salad 등의 요리에 사용한다.

⑦ 세이지(Sage) : 생선류의 요리에 많이 사용되는 향신료로서 송아지고기 요리와 소스 등에 많이 사용한다. 샐비어(Salbei 약용 · 향료용 허브)

⑧ 크레송(Cresson) : 날것으로 먹는 경우가 많으며 얼얼한 매운맛의 향기는 식욕을 촉진시켜 주며 철분이 풍부하다. 육류의 곁들임으로 내놓으며 샐러드에도 사용한다.

(9.2) 조미료

조미료는 요리의 맛을 좌우하는 가장 큰 역할을 하므로 정확한 Recipe(레시피)의 양을 지킨다.

① 아히(Ail, garlic, 마늘) : 많이 사용하는 조미료로서 각종 소스 및 Marine 등에 사용한다.

② 오뇽(Oignon, onion, 양파) : 각종 육류를 만들 때나 소스를 만들 때 많이 사용하며 갈색으로 소테(Sauté)하여 Oignon Gratiné을 만들기도 한다. 거의 모든 요리에 사용된다고 할 수 있다.

③ 뿌와로(Poireau, Leek, 리크) : 한국의 대파와 흡사하며 소스, 수프류에 많이 사용된다. 부추, 잎마늘과 비슷

④ 무따르드(Moutarde, Mustard, 머스터드) : 마요네즈를 만들 때와 샌드위치 빵에 바르기도 하며 육류요리에도 제공한다.

⑤ 레호르(Raifort, Horseradish, 호스래디시) : 서양고추냉이라고 하여 소고기 요리에 곁들여주며 Raifort Créme을 만들어 훈제한 연어에도 사용된다. 칵테일소스에 많이 사용한다. 겨자무

⑥ 시부레뜨(Ciboulette, Chive, 차이브) : 가는 실파로서 프랑스 요리에 여러 가지 용도로 사용된다. Vichyssois에 넣어 두며 향미초로도 많이 사용한다. 골파

⑦ 에샬로뜨(Échalote) : 양파와 마늘의 중간 정도의 맛이 난다. 우리나라에서는 양파로 대체하여 사용하고 있다.

⑧ 까뻐르(Câpres, Capers, 케이퍼) : 식초에 담가 양념으로 사용한다. 특유의 향과 쓴맛, 신맛이 있으며 훈제연어에는 반드시 곁들여 나간다.

6) 소스(Sauce)

서양요리에서 맛이나 빛깔을 내기 위하여 식품에 넣거나 위에 끼얹는 액체 또는 음식을 조리

할 때 넣거나 먹을 때 곁들이는 유동식 또는 반유동식 혼합물을 말한다. 어원은 라틴어의 Salt(소금)에서 나온 것으로, 원래는 소금을 기본으로 한 조미용 액체란 뜻이다. 소스가 곁들여져 생선, 고기, 달걀, 채소 등의 각종 요리와의 조화, 맛에 영향을 끼친다. 프랑스의 요리가 세계적으로 유명한 것은 곁들이는 소스만 약 700여 종에 이르기 때문이다.

식탁용 소스

① 우스터 소스(Worcester Shine Sauce) : 채소 · 향신료(고추 · 육계 · 후추 · 육두구 · 샐비어)를 삶은 국물에 소금 · 설탕 · 빙초산, 기타 조미료를 첨가하는 식탁용 소스이다.(1850년경부터 영국의 우스터시(市)에서 판매)

② 포크커틀릿 소스(우스터 소스와 비슷하나 삶은 사과, 토마토 퓌레를 많이 사용한다)

③ 칠리소스(Chili Sauce) : 멕시코의 대표적인 고추를 넣은 매운 소스

④ 타바스코 소스(Tabasco Sauce) : 붉은 고추를 오크통에 숙성시킨 매운 소스

⑤ 토마토케첩 · 마요네즈 소스 · 드레싱

⑥ 에이원 스테이크 소스(A1 Steak Sauce) : 1931년 잉글랜드 조지 4세의 요리사가 스톡에 향신료를 첨가해서 만든 소스

조리용 소스

요리에 임할 때마다 조리사가 만드는 것인데 재료와 만드는 방법에 따라 기본 소스, 응용된 소스, 기타 소스로 크게 나뉜다.

육류 요리를 위한 소스는 색에 따라 화이트 소스와 브라운 소스, 유화된 버터소스(Emulsified Butter Sauce)의 일종인 홀랜다이즈(Hollandaise), 베어네이즈(Béarnaise) 그리고 차가운 Emulsified Butter Sauce의 일종인 마요네즈 소스 등이 있는데, 이들을 소위 Mother Sauce라고 하여 모든 소스의 기초가 된다.

(1) 스톡(Stock), 퐁(Fond)

수프와 소스, 스튜의 기초가 되는 국물로서 소고기, 닭고기, 생선 또는 이들의 뼈를 방향채소나 에스트라곤(Estragon), 타임(Thyme), 파슬리(Parsley), 트뤼프(Truffe), 월계수잎(Bay Leaf, Laurier)과 클로브(Clove) 등의 향신료와 함께 장시간 푹 끓여서 만든 것이다. 이를 가리켜 '포토푀(Pot-au-Feu)'라고도 한다. 스톡은 수프와 소스의 기본이며 요리의 맛을 결정한다.

(2) 브로스(Broth)

불어로 부용(Bouillion)이라고 하며, 육류나 가금류, 채소 등을 비등점 이하의 온도에서 조리할 때 얻어지는 국물을 말한다. '부용'은 퐁(Fond)보다 농도가 진한 농축된 스톡이다.

(3) 수프

위의 부용을 기초로 하여 맑은 수프(Potage Clair, Clear Soup)와 진한 수프(Potage Lie, Thick Soup)를 만들어낸다.

(4) 스톡(Stock, Fond 퐁)의 분류

수프와 소스, 스튜의 기초가 되는 국물로서 소고기, 닭고기, 생선 또는 이들의 뼈를 방향채소나 장시간 푹 끓여서 만든 것이다. 포토푀(Pot-au-Feu), 육수, 퐁(Fond)이라고도 한다.

(4.1) 비프스톡(Beef Stock, Fond de Boeuf, 퐁 드 뵈프)

① 화이트 스톡(White Stock) : 뼈 또는 채소의 색을 내지 않고 끓여 우려낸 스톡, 즉 소나 송아지의 기름 없는 뼈에 채소와 향료, 소금, 후추를 가미하여 3시간 이상 끓인 뒤 걸러낸 국물

② 브라운 스톡(Brown Stock) : 200℃의 오븐에서 갈색이 되도록 구운 소나 송아지 뼈를 잘게 썰어 다갈색이 되도록 함께 충분히 볶은 채소(Mirepoix)를 물에 넣고 서서히 끓여 후추, 소금을 가미하여 걸러낸 국물

(4.2) 피시 스톡(Fish Stock, Fumet de Poisson, 퓌메 드 푸아송)

생선뼈로 만든 국물로 생선요리의 국물이나 소스에 사용된다. 넙치, 가자미 등 넓적한 생선의 살이 붙은 생선뼈, 화이트 와인, 부케가르니, 버터, 향미채소, 양파, 셀러리, 리크(파, Leek), 양파, 양송이버섯 등이 주재료이다.

- 부케가르니(Bouquet Garni) : 수프 · 스튜 · 소스 및 끓는 물 등에 향기를 주기 위해 파슬리, 어린 가지, 타임, 월계수잎 등을 넣어 묶은 무명천으로 만든 향료식물의 망

(4.3) 가금조류스톡(Poultry Stock, Fond de Volaille, 퐁 드 볼라이유)

폴트리 스톡은 닭 · 칠면조 · 오리 등의 가금류나 엽조류의 뼈나 날개, 목, 다리에 채소다발과 향료를 넣고 2~3시간 끓인 후 백포도주와 후추 · 소금으로 간한 후 걸러낸 것이다.

(5) 화이트 소스(White Sauce)

화이트 소스는 우유 또는 화이트 스톡처럼 엷은 색깔의 액체를 사용한 것으로 농축제로는 화이트 루를 사용하며, 크림과 달걀 노른자 또는 버터를 첨가하여 마무리한다. 전통적으로 갈색화시키지 않고 포치하거나 브레이즈한 육류요리와 함께 제공한다.

- 화이트 루(White Roux) : 밀가루와 버터를 넣어 볶다가 방울이 올라오고 밝은 색을 띠면 조리를 중지한다. 색을 필요로 하지 않는 소스나 수프에 사용된다. 즉 루(Roux)는 서양요리에서 소스나 수프를 걸쭉하게 하기 위해 밀가루를 버터로 볶은 것을 말한다. 밀가루와 버터의 비율은 무게로 1 : 1 또는 2 : 1이 표준이며, 루는 백색 루, 담황색 루, 다갈색 루 등의 3종류로 나눌 수 있는데, 만드는 소스나 수프의 종류에 따라 볶는 정도를 달리하여 만든다. 대표적인 예는 베샤멜 소스다. 그 밖에도 화이트 스톡을 사용한 벨루테(Veloute) 소스와 크림의 양을 더 늘려 만든 수프림(Supreme) 소스가 있다.

화이트 소스는 우유를 기초로 하는 베샤멜 소스와 스톡을 기초로 하는 벨루테 소스(Veloute Sauce)로 나누어진다.

(5.1) 베샤멜 소스(Béchamel Sauce)

명칭은 창시자의 이름을 딴 것으로 모든 백색 소스의 기본이 된다. 소스의 기본이 되는 것으로는, 백색 루(밀가루와 버터를 살짝 하얗게 볶은 것)를 데운 우유에 넣고 걸쭉하게 반복하여 끓인 것이다. 채소 · 생선 · 수조육류의 요리에 사용되며 농도에 따라 크로켓 · 그라탱에도 사용된다.

① 크림 소스(Cream Sauce) : 베샤멜 소스에 반 또는 같은 양의 생크림을 추가해 넣어 만든 소스로 희고 걸쭉하며 맛이 진하다. 닭고기 · 생선 · 달걀 · 채소(아스파라거스 · 콜리플라워 · 그린피스 · 당근 등) 등을 찌거나 삶아서 곁들이는 소스이다.

② 모르네이 소스(Mornay Sauce) : 베샤멜 소스와 그뤼에르 치즈로 만든 소스이다. 모르네이 소스(Mornay Sauce)는 베샤멜 소스(Bechamel Sauce)와 그뤼에르 치즈(Gruyere Cheese)로 만든 소스로 베샤멜 소스의 파생소스이다. 모르네이 소스는 생선, 갑각류, 닭고기, 채소, 달걀 등의 요리에 곁들여 낸다.

(5.2) 벨루테 소스(Veloute Sauce)

① 알망드 소스(Allemande Sauce) : 독일식 소스로 Veloute Sauce(벨루테 소스)에 달걀 노른자와 크림으로 만든 화이트 소스(White Sauce)
② 수프림(Supreme) 소스 : 벨루테(Veloute) 소스에 크림의 양을 더 늘려 만든 소스

(6) 브라운 소스(Brown Sauce)

밀가루와 버터를 진한 갈색이 나도록 볶은 브라운 루(Brown Roux)에 브라운 스톡(Brown Stock)을 넣어서 만든 소스이다.

- 브라운 스톡(Brown Stock) : 약 200℃의 오븐에서 갈색이 되도록 고르게 구운 소뼈 또는 송아지 뼈와 연한 갈색이 되도록 충분히 볶은 채소(Mirepoix)를 물에 함께 넣어 장시간 저온에서 끓여낸 갈색의 육수이다.
- 루(Roux) : 서양요리에서 소스나 수프를 걸쭉하게 하기 위해 밀가루를 버터로 볶은 것을 말한다. 밀가루와 버터의 비율은 무게로 1 : 1 또는 2 : 1이 표준이며, 루는 백색 루, 담황색 루, 다갈색 루 등의 3종류로 나눌 수 있는데, 만드는 소스나 수프의 종류에 따라 볶는 정도를 달리하여 만든다. 다시 설명하면, 브라운 소스(Brown Sauce)는 프랑스에서는 Espagnol Sauce로 알려진 소스로 다른 소스의 기본이 된다. 그것은 전통적으로 갈색으로 만든 채소, 갈색 루, 허브, 그리고 때때로 토마토 페이스트의 Mirepoix와 풍부한 고기재료로 만들어진다.

(6.1) 에스파뇰 소스(Espagnol Sauce)

갈색 소스로 주로 육류에 많이 사용되는데 브라운 스톡에 양파, 버섯, 셀러리, 당근을 볶아서 넣고 Brown Roux를 넣고 토마토 퓌레(Tomato Puree)를 가미하여 2~3시간 끓여서 만든다.

(6.2) 브라운 그레이비 소스(Brown Gravy Sauce)

소고기나 닭고기의 로스트에 곁들이는 소스이다. 육류를 철판에 구울 때 생겨난 국물을 이용하는 것으로 수프 스톡을 적당히 넣고 가열한다. 이때 후춧가루, 소금, 캐러멜을 넣고 잘 저으면서 끓여 헝겊으로 거르고, 떠 있는 지방을 스푼으로 걷어낸다.

(7) 유화된 버터 소스(Emulsified Butter Sauce)

홀랜다이즈(Hollandaise), 베어네이즈(Béarnaise) 그리고 차가운 Emulsified Butter Sauce의 일종인 마요네이즈 소스 등이 있는데, 이들을 소위 Mother Sauce라고 하여 모든 소스의 기초가 된다.

(7.1) 홀랜다이즈(Hollandaise) 소스

생선찜이나 조림에 사용되는 소스로 달걀 노른자를 거품기로 휘저으며 크림상태가 될 때까지 열을 가한 다음 버터, 소금, 후추를 넣고 사용 전에는 레몬즙을 첨가한다.

(7.2) 베어네이즈(Béarnaise) 소스

스테이크나 생선에 사용되는 소스로 양파, 타라곤(Tarragon), 샬롯(Shallot), 파슬리 줄기, 통후추, 화이트 와인, 식초 등을 넣고 조려낸 소스이다. 여기에 달걀 노른자를 넣고 중탕시켜 진한 크림을 만든 후 버터 녹인 것을 천천히 혼합하고 소금, 후춧가루, 레몬주스로 맛을 낸 다음 고운체나 소창으로 거른 뒤 다진 타라곤잎과 파슬리잎을 넣어준다.

(7.3) 토마토 소스(Tomate Sauce)

버터를 녹인 후 당근, 양파, 고기조각에 밀가루를 뿌린 다음 오븐에 익혀 토마토케첩, 마늘, 소금, 후추, 설탕을 넣고 끓여 만든다.
스튜(Stew)를 만들 때 토마토를 넣으면 고기를 연하게 하고 냄새도 제거할 뿐 아니라 스튜 색감을 아름답게 해준다. 토마토 소스는 돼지고기에도 많이 사용된다.

(7.4) 기타, 차가운 유화된 버터소스(Emulsified Butter Sauce)

차갑게 유화된 버터소스는 다음의 2가지가 대표적이다.

- 마요네즈(Mayonnaise) 소스

  샐러드, 샌드위치에 사용되는 소스로서 달걀 노른자에 겨자, 소금, 후추, 식초를 섞은 다음 식용유를 넣어 사용하며 냉장고에 넣지 않고 서늘한 곳에 보관한다.

- 비네그레트(Vinaigrette) 소스

  샐러드, 양념의 기초가 되는 소스로서 소금, 흰 후추, 식초를 섞은 후 식용유를 넣고 거품기로 뒤섞은 후에 사용한다.

서로 녹지 않은 두 가지 액체의 한쪽이 다른 쪽에 작은 입자상태로 분산된 상태를 에멀전(Emulsion)이라 총칭한다. Emulsion에 의한 Sauce의 분류는 다음 표와 같다.

Emulsion에 의한 Sauce의 분류

구 분	Basic Elements	Keeping	Accessory Elements	Utilization
Cold Mayon-naise	* Salt * White Pepper * Mustard * Vinegar * Oil	뚜껑을 덮어 찬 곳에 보관한다.	+ Tomatoes Fondue Crushed Pepper	Andalouse
			+ Whipped Cream	Chantilly
			+ Caper, Pickles, Onions, Herbs, Boiled Egg(all chop)	Tartare
			+ Parsley, Chervil, Tarragon, Spinach, Water Cress(all chop)	Verte
			+ Caper, Peppercorn, Onion Chop	House Dressing
Hot Hollan-daise	Reduce ─ Water ─ Vinegar ─ Pepper ─ Shallot ─ Bay Leaves ─ White Wine * Egg * Water * Clear Butter	얇은 천을 덮어 따뜻한 곳에 보관한다. Bain Maris	+ Cream of Whipped	Mousseline
			+ Orange Juice, Orange Zest Blanch	Maltaise Mikado
			+ Mustard Seed Blanch	Moutarde
			+ Tomatoes concasser Saute Anchovy	Arlesienne
			+ Tarragon, Tomato Puree	Choron
			+ Glace de Viande	Foyot
			+ Butter + Oil + Tomato puree	Tyrolienne
			+ Parsley Chop, Tarragon Chop	Bearnaise

출처 : ㈜한화63시티(대생기업) 매뉴얼

7) 채소요리(Salad : Vegetable)

채소는 계절적으로 많은 종류가 있고 저장방법에 따라 생채소(Fresh Vegetable), 냉채소(Frozen Vegetable), 통조림채소(Canned Vegetable), 건채소(Dried Vegetable)가 있으며 원래 라틴어의 'Salt(소금)'에서 비롯된 것으로 주재료인 채소에 소금을 가미해서 만든 것이다. 채소에는 비타민 A와 비타민 C의 함유량이 많아 육류를 먹을 때 채소를 곁들이면 육류의 산성과 채소의 알칼리성이 중화작용을 하여 소화를 촉진시킨다.

(1) 샐러드의 유형(Types of Salad)

Salads that include ingredients other than fresh vegetables are

- 콩(Bean) 샐러드
- 숍스카(Shopska) 샐러드
- 그리스(Greek) 샐러드
- 셰프(Chef) 샐러드
- 솜 탐(Som Tam) 샐러드
- 치킨(Chicken) 샐러드
- 베트남(Vietnamese) 샐러드
- 콜슬로(Coleslaw) 샐러드
- 타부리(Tabouli) 샐러드
- 얼린(Congealed) 샐러드
- 쿠키(Cookie) 샐러드
- 게(Crab) 샐러드
- 월도프(Waldorf) 샐러드
- 러시안(Russian) 샐러드
- 가지(Eggplant) 샐러드
- 패투쉬(Fattoush) 샐러드
- 과일(Fruit) 샐러드
- 카프레제(Caprese) 샐러드
- 소멘(Somen) 샐러드
- 햄(Ham) 샐러드
- 참치(Tuna) 샐러드
- 라브(Larb)
- 중국식 치킨(Chinese Chicken) 샐러드
- 니코즈(Nicoise) 샐러드
- 타코(Taco) 샐러드
- 판자넬라(Panzanella) 샐러드
- 파스타(Pasta) 샐러드
- 감자(Potato) 샐러드
- 달걀(Egg) 샐러드
- 워터게이트(Watergate) 샐러드
- 살마건디(Salmagundi) 샐러드
- 7겹(Seven-Layer) 샐러드

이 중에서 몇 가지 재료를 소개하면 다음과 같다.

① **콩 샐러드**(Bean Salad)

3개 콩 샐러드라고도 불리는 콩 샐러드는 주로 완두콩, 가르본조 콩, 강낭콩과 슬라이스된 신선한 비트뿌리로 만들어진다. 콩들은 오일이나 식초에 절여지며 가끔 설탕을 넣어 달게 만들기도 한다. 이 종류의 샐러드는 약간의 냉동상태를 필요로 하기 때문에 소풍이나 산책용으로 자주 만들어진다.

② **셰프 샐러드**(Chef Salad)

셰프 샐러드는 삶은 달걀과 햄조각, 구운 소고기, 칠면조, 닭, 크루통, 토마토, 오이, 치즈 그리고 모든 종류의 샐러드 채소들로 이루어져 있다. 이 샐러드는 전통적으로 사우전드 아일랜드 드레싱을 사용해 왔지만, 오늘날에는 고객의 선택에 따라 제공된다.

③ 콜슬로 샐러드(Coleslaw Salad)

콜슬로는 양배추 조각들로 주로 만들어진다. 당근 조각을 넣을 수도 있다. 적채, 간 치즈, 파인애플 또는 사과와 같은 재료들을 넣을 수 있는 다양한 레시피가 있다. 이 샐러드는 전통적으로 오일이나 식초, 비네그레트 소스로 만들어진 드레싱을 섞어서 만든다. 미국에서는 콜슬로에 마요네즈를 넣기도 한다. 지방에 따라 다양한 레시피가 존재하지만, 겨자를 넣는 것이 공통적이다.

④ **월도프 샐러드**(Waldorf Salad)

월도프 샐러드는 잘게 썬 사과와 셀러리, 다진 호두, 포도, 마요네즈로 이루어져 있다. 이 샐러드는 1893년 즈음 뉴욕시에 있는 월도프 호텔에서 처음 만들어졌다.

⑤ **시저 샐러드**(Caesar Salad)

전형적인 시저 샐러드는 로메인 양상추와 크루통을 함유하며, 파마산 치즈, 레몬주스, 올리브 오일, 달걀, 우스터 소스 그리고 후추를 이용한 드레싱 소스를 사용한다.

구운 닭고기를 올린 시저 샐러드(A Caesar Salad Variation Topped with Grilled Chicken)

- 요리정보(Dish information) : Hors d'oeuvre로 제공되며, 실온이나 차가운 상태에서 제공한다.
- 주재료 : 로메인 양상추, 크루통, 레몬주스, 올리브 오일, 달걀, 우스터 소스, 후추

시저 샐러드는 그 밖에도 다양한 종류로 만들 수 있다. 시저 카디니(이탈리아 태생의 멕시칸)는 이 샐러드를 만들어냄으로써 명성을 얻었다.

(2) 샐러드 드레싱(Salad Dressing)

샐러드 드레싱에는 많은 종류가 있으나 대체로 크게 마요네즈와 같이 기름이 항상 유화된 종류와 프렌치 드레싱과 같이 식초와 기름이 분리된 종류의 2가지로 구분된다. 샐러드에서 중요한 것은 드레싱인데, 그 이유는 드레싱에 따라 샐러드의 맛이 수없이 변하기 때문이다. 여성의 'Dress'에서 유래한 것으로 샐러드 위에 드레싱을 얹었을 때 흘러내리는 모양이 여성이 드레스를 벗는 모습과 흡사해서 붙여지게 되었다고 한다.

① 프렌치 드레싱(French Dressing) : 소금, 후추, 식초, 식용유, 프렌치 머스터드, 레몬즙, 달걀 노른자, 다진 양파 등으로 만든 비니거(Vinegar)성 드레싱

② 잉글리시 드레싱(English Dressing) : 소금, 후추, 식초, 식용유, 잉글리시 머스터드, 설탕

③ 아메리칸 드레싱(American Dressing) : 후추, 식초, 식용유, 설탕, 겨자, 달걀 노른자로 만드는 것으로 English Dressing과 비슷

④ 이탈리안 드레싱(Italian Dressing) : 주로 채소샐러드에 사용하는 드레싱이다. 식초 1, 올리브유 2의 비율로 섞는다. 올리브유 대신 다른 식물성 기름을 사용해도 된다. 여기에 다진 토마토를 약간 넣는다. 소금 · 후추 · 양파즙 · 레몬즙 등으로 간을 맞춘다. 바질, 로즈메리 등의 허브나 다진 오이, 피클 등을 첨가하기도 한다. 기호에 따라 설탕을 넣을 수도 있다.

⑤ 파프리카 드레싱(Paprika Dressing) : Italian Dressing에 소금, 후추, 파프리카, 토마토케첩, 타바스코를 넣어 만든 것

⑥ 사우전드 아일랜드 드레싱(Thousand Island Dressing) : 마요네즈에 칠리소스나 토마토케첩을 넣고 피클 등을 다져 넣은 드레싱의 일종이다. 고소한 맛, 신맛, 단맛이 어우러지고 씹히는 맛이 있어 상추샐러드 등 채소를 주재료로 만든 샐러드와 잘 어울린다. 마요네즈, 토마토케첩, 올리브유, 토마토 페이스트, 다진 양파, 다진 피클, 다진 셀러리, 올리브유, 검은 올리브, 초록 올리브, 백포도주, 파프리카, 삶은 달걀, 피클, 양파, 피망, 레몬주스, 식초, 흰 후추와 소금, 후추 등의 재료를 전부 넣고 잘 섞어서 만든다. 상추샐러드에 얹으면 피클 · 양파 등이 섬처럼 보인다 하여 1,000개의 섬이 있는 소스라고도 한다.

⑦ 오일 앤 비니거 드레싱(Oil & Vinegar Dressing) : 올리브 오일, 식용유, 식초, 소금, 후추, 적포도주를 넣어 만든다.

⑧ 로크포르 치즈 드레싱(Roquefort & Cheese Dressing) : French Dressing에 로크포르 치즈를 추가해서 만든다.

(3) 대표적인 채소이름

불 어	한국어	영 어
Potit Pois(쁘띠뿌아)	완두콩	Green Pea(그린피)
Haricot Vert(아리꼬트베르)	강낭콩	String Bean(스트링 빈)
Epinard(에피나르드)	시금치	Spinach(스피니치)
chou(슈)	양배추	Cabbage(캐비지)
Laitue(에리튀)	상추	Lettuce(레티스)
Ail(에일)	마늘	Garlic(갈릭)
Persil(페르실)	파슬리	Parsley(파슬리)
Celeri(셀러리)	셀러리	Celery(셀러리)
Asperges(아스파라거스)	아스파라거스	Asparagus(아스파라거스)
Pomme de Terre(뽐디떼르)	감자	Potato(포테이토)
Oignon(오-농)	둥근 파	Onion(어니언)
Betterave(비트레브)	사탕무	Beetroot(비트루트)
Navet(나베)	무	Turnip(터닙)
Carotte(케로띠)	당근	Carrot(캐럿)
Chou Fleur(슈프뤼)	꽃양배추	Cauliflower(콜리플라워)
Artichaut(아티슈)	뚱딴지	Artichoke(아티초크)
Brocoil(브로코리)	모란	Broccoli(브로콜리)
Cresson(크레송)	미나리	Watercress(워터크레스)
Raifort(레이포르트)	양겨자	Horseradish(호스래디시)
Concombre(콘콤브르)	오이	Cucumber(큐컴버)
Potiron(포트론)	호박	Pumpkin(펌프킨)
Aubergine(오베르긴)	가지	Eggplant(에그플랜트)
Tomate(토마트)	토마토	Tomato(토마토)
Piment(피멘트)	둥근 고추	Pimento(피멘토)
Champignon(샴피뇽)	버섯	Mushroom(머시룸)
Truffe(트뤼페)	송로버섯	Truffle(트러플)
Maist(매즈)	옥수수	Corn(콘)

출처 : 신형섭, 호텔식음료서비스실무론, 기문사, p.140, 저자 재구성

8) 치즈(Cheese)

전유, 탈지유, 크림, 버터밀크 등의 원료 우유를 유산균에 의해 발효시키고 응유효소를 가하여 응고시킨 후 유청을 제거한 다음 가열 또는 가압 등 처리에 의해 만들어진 신선한 응고물 또는 숙성시킨 식품을 말한다. 가공치즈는 이렇게 만들어진 자연치즈에 유제품을 혼합하고 첨가물을 가하여 유화한 것을 말한다.

(1) 제조상태에 따른 분류

(1.1) 천연치즈(Natural Cheese)

우유의 단백질을 효소와 젖산균으로 굳혀서 숙성시켜 만든 치즈이다. 치즈를 숙성시킨 미생물이 온도와 습도의 영향으로 숙성을 계속하게 되므로 같은 종류의 치즈라도 먹는 시기에 따라 독특한 맛이나 향취가 달라진다. 체더치즈, 고다(Gouda)치즈 등이 있다. 유통되는 대부분의 치즈는 천연치즈(Natural Cheese)이다.

(1.2) 프로세스 치즈(Process Cheese, 가공치즈)

두 가지 이상의 천연치즈를 녹여서 향신료 따위를 넣고 다시 제조한 가공치즈이다. 가공치즈는 천연치즈를 우리의 기호에 맞게 가공한 것으로 강하게 느껴지는 치즈 특유의 향취를 약하게 유화시킨 것이다. 가공치즈는 품질이 안정되어 있기 때문에 보존성이 높다.

(2) 강도에 따른 분류

(2.1) 연질치즈(軟質—, Soft Cheese)

치즈를 굳기에 따라 분류할 때 연한 편에 속하는 치즈의 총칭이다. 연질치즈에는 숙성시킨 것과 숙성시키지 않은 것이 있는데, 숙성시킨 것에는 카망베르 치즈 · 브리 치즈와 같이 곰팡이를 이용한 것과, 림버거 치즈 · 벨페 치즈와 같이 세균을 이용한 것이 있다. 숙성기간은 짧아서 몇 주일이면 된다. 숙성시키지 않은 것에는 코티지 치즈 · 크림 치즈 · 뉴샤텔 치즈가 있다. 일반적으로 수분함량이 높아 40~60%나 되고, 보존성이 좋지 않으므로 제조 후 빠른 기일 내에 식용해야 하며, 저온에서 보존해야 한다. 연질치즈의 종류에는 모차렐라(Mozzarella), 카망베르(Camembert), 브리(Brie), 코티지(Cottage), 크림치즈(Cream Cheese), 림버거(Limburger) 등이 있다. 제품의 저장성이 낮다.

(2.2) 반경질치즈(Semi Hard Cheese)

반경질치즈는 수분함량 40~60% 내외로 수분의 함량이 적으며 응유를 익히지 않고 압착하여 만든다. 경질치즈나 블루치즈보다 숙성기간이 길며 오래 저장할 수 있다. 반경질치즈의 종류에는 던롭(Dunlop), 그뤼에르(Gruyere), 로크포르(Roquefort), 체더치즈(Cheddar

Cheese), 블루치즈(Blue Cheese), 브릭치즈(Brick Cheese) 등이 있다.

(2.3) 경질치즈(Hard Cheese)

산악지역에서 생산되며 세균에 의한 숙성치즈로 수분함량이 30~40% 내외이다. 단단하며 운반과 저장이 용이하다. 에담치즈(Edam Cheese), 에멘탈 치즈(Emmental Cheese), 아메리칸 치즈(American Cheese), 체더치즈(Cheddar Cheese) 등이 있다.

생산국명	품 명	분 류
벨기에	Limburger 림버거	연질치즈(Soft Cheese)
프랑스	Cammembert Cheese 카망베르 치즈 Brie Cheese 브리치즈 Blue Cheese 블루치즈 Roquefort Cheese 로크포르 치즈 Le Saint-Marcellin 생 마르셀렝 Reblochon 르블로숑	연질치즈(Soft Cheese) 연질치즈(Soft Cheese) 반경질치즈(Semi Hard Cheese) 반경질치즈(Semi Hard Cheese) 연질치즈(Soft Cheese) 경질치즈(Hard Cheese)
네덜란드	Edam Cheese 에담 치즈	경질치즈(Hard Cheese)
스위스	Emmental Cheese 에멘탈 치즈	경질치즈(Hard Cheese)
미 국	Brick Cheese 브릭치즈 Cream Cheese 크림치즈 American Cheese 아메리칸 치즈	반경질치즈(Semi Hard Cheese) 연질치즈(Soft Cheese) 경질치즈(Hard Cheese)
영 국	Cheddar Cheese 체더치즈	경질치즈(Hard Cheese)
이탈리아	Mozzarella Cheese 모차렐라 치즈	연질치즈(Soft Cheese)

(3) 치즈의 서비스 방법

치즈(Cheese)는 나무판이나 대리석으로 된 판에 제공하며, 신선한 나뭇잎으로 장식하면 생동감을 주는 데 효과적이다. 채소나 신선한 과일 그리고 견과류, 크래커 등을 함께 제공하며, 치즈의 맛을 돋우기 위해서는 빵이나 레드 와인을 곁들인다. 준비된 치즈는 냉장고에 보관해야 하며 서빙하기 2시간 전 실온에 꺼내 놓도록 한다. 그러면 치즈의 온도가 실내온도와 비슷하게 되어 먹을 때 풍미를 더 느낄 수 있다.

(4) 치즈의 보관법

① 온도가 높은 곳에 두면 곰팡이가 발생하여 풍미가 떨어지므로 필히 냉장고에 보관

한다. 그러나 치즈의 수분이 얼어버릴 정도로 찬 곳에 두면 흐늘흐늘 문드러진다.

② 건조하게 두면 치즈의 끝부분이 말라버려 딱딱해지므로 폴리에틸렌 필름(Polyethylene Film)으로 감싸거나 유리용기에 보관하여 공기에 닿지 않게 보관한다.

③ 냉장고에 그대로 두면 물방울이 생겨 곰팡이가 발생하므로 필히 폴리에틸렌 필름(Polyethylene Film)으로 감싸서 물방울이 생기지 않도록 한다.

④ 플라스틱통에 넣거나 다른 재료와 섞지 않는다.

⑤ 먹기 45분 전에 냉장고에서 실온에 꺼내 놓는다. 그러나 냉장고에 넣고 꺼내기를 반복하여 온도가 변동하면 맛이 손상되므로 치즈에는 치명적이다.

⑥ 나무 위에 놓아두면 맛이 좋아진다. 직사광선에 절대 노출되면 안 된다.

⑦ 보온의 이상적인 온도는 섭씨 5도에서 8도 사이이다.

⑧ 주위 공기의 습도는 일정해야 하며 세찬 통풍은 좋지 않다.

⑨ 외피에 곰팡이가 발생한 부분은 충분히 제거해 깎아버려야 한다.

⑩ 두 개의 치즈를 딱 붙여두면 안 되며 치즈와 치즈 사이에 공기가 잘 통하도록 해 둔다.

⑪ 잘린 부분은 알루미늄 호일 또는 폴리에틸렌 필름(Polyethylene Film)으로 잘 감싸 둔다.

(5) 치즈의 성분과 영양

치즈가 많은 사람들에게 사랑받는 이유는 맛뿐만 아니라 풍부한 영양에도 있다. 치즈는 약 10배 용량의 밀크가 농축된 것으로, 단백질 · 지방 · 미네랄 · 비타민 등 사람에게 필요한 영양소들이 소화 흡수되기 쉬운 형태로 풍부하게 녹아 있고 영양가가 높아 몸에도 좋다.

보통 치즈의 10~30%는 단백질이 차지한다. 경질치즈들은 단백질이 30%에 이르는데 이는 20% 정도인 육류를 능가하는 수준이다. 이 때문에 치즈는 성인에 비해 아미노산을 더 필요로 하는 성장기 어린이들의 영양 공급원으로 유용하다. 치즈는 또한 지방을 함유하고 있다. 많은 경우에 고형분 중 지방함량이 45~55%에 이른다. 이들 치즈들은 에너지가 필요한 사람들에게 좋은 지방공급원이 된다. 주로 탈지유로 만드는 프레시 치즈 등의 저지방 치즈들은 칼로리를 조절하려는 사람들에게 적합하다. 치즈는 칼슘의 뛰어난 원천이기도 하다. 풍부한 칼슘으로 골다공증의 예방에 좋은 식품이다. 칼슘은 식품에 녹아 있는 상태에서 섭취하는 것이 안전하다. 치즈는 칼슘 외에도 철과 인 등의 다른 광물질도 많이 함유하고 있고, 비타민 A, D와 E의 공급원으로서도 한 몫을 한다. 다만, 비타민 C는 대부분 훼이로 빠져나가 많지 않다. 완성된 치즈 속에는 당이 거의 없으므로 치즈는 또한 당분을 멀리해야 하는 사람이 즐길 수 있는 식품이다. 치즈의 에너지 가치는 100g당 100~350칼로리로서 상당히 높다. 치즈는 풍부한 영양소와 높은 열량을 지녀 그 자체로 하나의 농축 종합식품이다. 고단백 고열량 식품으로서, 이것 하나만 먹어도 한 끼 식사로 충분하다(두산백과).

9) 후식(Dessert, Entremet, 앙트르메)

서양요리 식단에서 샐러드 다음에 나오는 감미로운 것, 즉 과일 같은 감미로운 후식류이다. 앙트르메(Entremet)는 프랑스어로 '식사를 끝마치다' 또는 '식탁 위를 치우다'의 뜻이다. 식후 입안에 남아 있는 기름기를 없애주며 소화를 돕는다. 뜨거운 디저트를 앙트르메 쇼(Entremets Chaud)라고 하는데, 프랑스 식당에서는 고객 테이블 앞에서 직접 이를 쇼잉해 가면서 플랑베하여 서비스하는 Crêpe Suzette(크레페수제트), 체리주블레 등이 있다. 주방에서 제공되는 뜨거운 디저트로는 푸딩(Pudding), 수플레(Soufflé), 케이크, 과일튀김 등이 있다. 찬 것은 앙트르메 프루아(Entremets Froid)라고 하여 냉과(冷菓)와 아이스크림이 있고 두 개의 혼합형인 '케이크에 아이스크림을 얹고 머랭으로 싸서 살짝 구운 디저트'인 베이크드 알래스카(Baked Alaska)도 있다.

더운 것과 찬 것을 모두 낼 때는 더운 것을 먼저 내고 찬 것을 후에 내는 것이 순서이다.

디저트 코스로 들어가면 나라에 따라 금연식당이 아닌 경우 흡연이 가능하고, 테이블 스피치(Table Speech)도 이때 한다.

(1) 후식의 유형(Dessert Recipes)

- Apple and Prune Cobbler with Buttermilk Biscuit Crust
- Apple Fantasy Dessert
- Apricot Balls
- Baked Custard
- Berry Pudding with Cream
- Blueberry Cobbler
- Bread Pudding : Collection
- Brischtner Nytlae(Dried Pears Poached in Spice Wine)
- Cakes
- Cheesecakes
- Cherry Almond Pizza
- Cherry Blossom Dessert
- Cherry Crisp
- Chocolate Mousse
- Chocolate Oblivion Torte
- Christmas Pudding
- Cobbler Dough
- Cookie Bowls
- Dirt Dessert
- Es Cendol'-Indonesian Cold Dessert
- Fresh Peach Recipes : Collection
- Fruit Cobbler
- Ginger Pumpkin Mousse
- Grandma's Plum Pudding
- Ice creams
- Knnedle(Dumplings with Plums)
- Kutia(Christmas Pudding)
- Mousse : Collection
- Orange and Lime Terrine
- Oriental Oranges
- Pancakes
- Peach Cobbler
- Persimmon Pudding
- Pretzel Salad
- Pudding Recipes : Collection
- Queen of Puddings
- Rice Pudding
- Rice Pudding-Mary Jane's
- Steamed Cranberry Pudding
- Stewed Plums in Honey with Cinnamon Ice-Cream
- Sweet Pies
- Sweet Souffles
- Tiramisu
- Trifle
- Weight Watchers Snickers Dessert
- Zabaglione

(2) Crêpe Suzette(크레페 수제트)

바로 만들어낸 크레페 위에 그랑 마르니에를 따르고 설탕을 뿌려준다.

오렌지 10개를 짜서 만든 오렌지즙 또는 오렌지주스 500cc와 키르슈 5cc를 섞어서 오렌지 소스를 만든다. (키르슈는 체리로 만든 리큐어이고, 그랑 마르니에와 쿠앵트로는 오렌지로 만든 리큐어로 쿠앵트로가 좀더 부드럽다)

프라이팬에 하드 버터를 넣고 크레페를 끓이면서 그랑 마르니에를 넣어 불을 붙인다. 여기에 오렌지 소스 또는 오렌지주스를 넣어 끓이면서 구워 놓은 크레페를 넣는다. 소스가 고르게 묻게 하면서 삼각으로 접는다. 오렌지는 포크를 꽂아 고정시킨 뒤 껍질을 길게 깎아 팬 위로 늘어뜨린다. 국자에 쿠앵트로를 따른 뒤 불을 붙인다. 화력을 높이기 위해 럼을 추가해도 된다. 오렌지에 끼얹으면 크레페 수제트가 완성된다.

(3) 베이크드 알래스카(Baked Alaska)

케이크에 아이스크림을 얹고 머랭으로 싸서 살짝 구운 디저트가 있는데, 이는 스펀지 케이크를 여러 겹 쌓은 후 아이스크림을 얹고 머랭(Meringue)으로 싸서 살짝 구운 것이다.

(4) 과일(Fruit)

사과(Apple), 배(Pear), 감(Persimmon), 오렌지(Orange), 레몬(Lemon), 바나나(Banana), 자몽(Grapefruit) 등이 있다. 과일에는 비타민 C가 함유되어 있어 주요리를 먹은 후 섭취하여 입안에 남아 있는 기름기를 없애주는 데 적당하다. 통째로 제공할 경우 서브할 때는 과일 나이프 & 포크(Fruit Knife & Fork) 외에 핑거 볼(Finger Bowl)을 함께 제공한다.

10) 음료(Beverage)

모든 식사의 마지막 코스로 흡연을 허락하는 나라의 식당에서는 고객이 담배를 피울 경우 재떨이를 제공하고 원하는 음료의 주문을 받는다. 이 음료 코스는 충분히 쉬면서 대화를 나눌 수 있는 기회를 주기 위함이다.

이때 모든 글라스류, 커피잔류, 냅킨, 재떨이는 고객이 떠날 때까지 절대로 치우지 않는 것이 원칙이다. 이것들을 치우면 고객에게 떠나기를 재촉하는 인상을 주기 때문이다.

커피는 식후 음료로 일반적이며 보통은 1/2 크기의 컵에 블랙커피로 제공된다. 이때 고객의 기호에 따라 설탕, 크림 등을 함께 제공하고 그 밖에 홍차, 녹차 등의 기호음료를 제공하기도 한다. 차 종류는 추가 시 무료로 리필(Refill)서비스를 제공한다.

식사가 끝나면 알코올 도수가 강한 술을 마시게 되는데, 코냑(Cognac)이나 리큐어(Liqueur)가 적합하다. 이러한 술이 위벽을 자극하여 위액을 활발히 나오게 하여 음식의 소화를 촉진시키는 역할을 하기 때문이다. 리큐어는 지나치게 많이 마시면 구역질, 중압감 등의 위하수 증상이 올 수 있다.

3. 이탈리아 요리(Italian Food)

1) 이탈리아 요리의 특징

대표적인 이탈리아 요리는 면류(麵類)이며, 기타의 요리는 프랑스 요리와 유사하다.

이탈리아 요리는 수프 대신 면류를 내는 것이 특징이며, 스파게티 나폴리탄을 많이 먹는다. 스파게티, 피자, 토마토, 올리브 오일, 에스프레소 커피, 카푸치노 등이 유명하다. 그러나 이 음식들이 정말 이탈리아 전통음식은 아니다.

다른 대륙에서 유래된 음식들이 이탈리아인들만이 아는 독특한 방법을 만나 이렇게 세계적으로 유명한 요리로 재탄생한 것이다. 이탈리아는 현대적인 농업시스템이 고유의 향과 영양을 그대로 지켜주고 있다. 영양과 신선함은 이탈리아 음식의 필수 요소이다.

2) 이탈리아인들의 식생활

이탈리아에는 전통적으로 다섯 번의 식사가 있다.

(1) 아침식사 - 콜라치오네(Colazione)

대부분 진한 에스프레소 커피 한 잔 정도로 때운다. 먹는다고 해도 곁들임으로 크루아상이나 브리오슈 같은 빵 한 조각 정도이다.

(2) 스푼티노(Spuntino)

오전 11시를 전후해서 아이들은 학교에서 간식으로 가져간 빵을 먹고 직장인들도 바에 나가 간단하게 빵과 커피를 마신다.

(3) 점심식사 - 프란초(Pranzo)

시에스타(Siesta, 낮잠)가 있어서 대부분의 상점은 오후 1시 무렵부터 4시경까지 문을 닫는다. 이 때문에 집에 가서 느긋하게 정찬으로 점심을 즐기는 경우가 많은데, 요즘 직장인들은 회사 근처에서 간단히 때우기도 한다.

(4) 메렌다(Merenda)

오후 4시경에 다시 오후 업무가 시작되고 5시 무렵 거리의 pizzeria에서 조각피자를 먹거나 집에서 구운 케이크와 커피를 마신다.

(5) 저녁식사 - 체나(Cena)

오후 일과는 대개 7시 반경에 끝나게 되므로 저녁식사는 보통 8시 반 전후로 갖게 된다. 이탈리아인들은 온 가족이 다 함께 식사하는 것을 매우 중요하게 생각한다. 주로 저녁식사 때 온 가족이 모여 정찬을 즐기는 경우가 많다.

3) 이탈리아의 정찬코스

- 전채 : 이탈리아어로 안티파스티(Antipasti)
- 제1요리 : 프리모 피아토(Primo Piatto)
  - ㉠ Zuppa(주파) : 국물이 거의 없는 수프
  - ㉡ Minestra(미네스트라) : 맑은 수프
  - ㉢ Minestrone(미네스트로네) : 찌개처럼 국물이 적은 수프
  - ㉣ Pasta(파스타)
  - ㉤ Gnocchi(뇨키) : 수제비
  - ㉥ Risotto(리소토) : 쌀요리
  - ㉦ Pizza(피자)
  - ㉧ Calzone(칼초네) : 반달형 만두
- 제2요리 : 세콘도 피아토(Secondo Piatto), 생선요리(Pesce, 페셰), 고기요리(Carne, 카르네, Entrée, Meat)

- 채소요리 : 인살라타(Insalatá), 베르두라(Verdura), 곁들임 채소(Contorno, 콘토르노)
- 치즈 : 포르마조(Formaggio)
- 디저트 : 돌체(Dolce)
- 음료 : 카페(Caffè ; Coffee)

이와 같은 이탈리아 요리의 정찬코스를 구체적으로 살펴보면 다음과 같다.

(1) 식전음식 & 식전주 - 아페리티보(Aperitivo), 아페르티비(Apertivi)

식사가 시작되기 전 스탠딩 형식으로 전채요리 전에 주로 먹는 카나페같이 아주 간단히 먹을 수 있는 브루스케타(Bruschetta), 올리베 알 아스콜라나(Olive al Ascolana), 포카치아 빵(Focaccia) 등의 음식과 와인이다.

(2) 식전음식 - 스투치키니(Stuzzichini)

간식의 의미보다는 식사하기 전에 먹는 음식으로서 호박꽃을 튀겨먹거나 방울토마토를 몇 개 먹기도 한다.

(3) 전채요리 - 안티파스티(Antipasti)

식사 전 입맛을 돋우기 위한 요리들. 간단한 채소나 마리네이드한 어패류와 같이 새콤하고 짭짤하면서도 산뜻한 맛을 강조해서 식전에 입맛 돋우는 역할을 한다. 그 외에 대표적인 것으로 꼽을 수 있는 것이 햄과 과일, 소고기 카르파초(소고기를 날것으로 얇게 저며 썰어 올리브 오일, 식초, 마요네즈에 잰 것), 토마토, 카나페 등이 있다. 주로 올리브 오일을 사용한 차가운 메뉴가 많은 것이 특징이다.(안티파스토 프레도(Antipasto Freddo : 냉전채), 안티파스토 칼도{Antipasto Caldo : 온전채)}

(4) 첫 번째 접시 - 프리모 피아토(Primo Piatto)

첫 번째 요리를 말하며, 전채요리 다음에 먹는 요리로 곡류를 이용한 요리를 주로 먹는다. 수프는 저녁에 먹는데 Zuppa, Minestra, Mine Strone 등의 형태로 구분된다. 다양한 면 요리인 파스타(Pasta)는 낮에 주로 먹는다. 수제비 형태의 뇨키(Gnocchi), 버섯·고기·생선을 이용한 쌀요리인 리소토(Risotto), 반달형태의 만두형으로 구워내는 칼초네(Calzone), 피자(Pizza) 등이 있다.

(5) 두 번째 접시 - 세콘도 피아토(Secondo Piatto)

생선이나 고기(송아지), 양고기, 야생고기(멧돼지, 꿩, 산비둘기, 토끼), 조류 등을 두 번째 요리로 먹는다. 돼지고기와 닭고기는 주로 집에서 해 먹으며 익힌 채소나 생채소를 이들 고기에 곁들여 제공하는 메인 디시(주요리)에 해당되는 요리이다. 송아지고기를 이용한 밀라노식 커틀릿, 티본을 이용한 피렌체식 스테이크, 생햄을 싸서 구운 송아지고기, 힘줄이 있는 송아지고기를 조린 것 등이 유명하다. 조리법은 주로 간단해서 찜이나 조림, 소테, 팬프라이, 구이가 중심이 된다.

(6) 곁들임 채소 - 콘토르노(Contorno)

메인요리에 곁들이는 채소요리로서 샐러드(Insalata)나 더운 채소가 가니쉬의 형태로 제공된다.

(7) 치즈 - 포르마조(Formaggio)

여러 가지 치즈를 다양하게 먹는 이탈리아인들은 각자의 기호나 취양에 맞게 치즈를 즐긴다.

(8) 후식 - 돌체(Dolce)

식사 후 치즈 다음으로 먹는 케이크이나 과일 디저트 등의 달콤한 음식. 산뜻한 맛의 아이스크림이나 달콤한 티라미수, 바바루아에 캐러멜 소스를 뿌린 판나코타 멜렝게와 생크림을 이용한 카사타, 딱딱하고 달콤한 비스코티를 술에 담가 먹는 것도 이탈리아만의 독특한 디저트이다.

(9) 단과자 - 피꼴라 파스티체리아(Piccola Pasticceria)

그대로 해석하면 '작은 과자'라는 뜻이다.

(10) 차와 커피 - 카페(Caffe)

식후주뿐만 아니라 커피도 진하게 먹는 편이다. 에스프레소(Espresso) 커피를 즐기는 것도 이 때문이다. 특히 북부 피에몬테(Piemonte)의 퐁뒤부터 남부 시칠리아(Sicilia)의 카포나타(Caponata)에 이르기까지, 밀라노(Milano)의 리소토(Risotto)부터 캄파니아(Campania)의 모차렐라 치즈에 이르기까지, 베네토(Veneto)의 리지 에 비지(Risi e Bisi : 밥과 콩으로 만든 요리)부터 로마(Roma)의 포르케타(Porchetta)에 이르기까지, 리구리아(Liguria)의 트레네테 알 페스토(Trenette al Pesto)부터 피렌체(Firenze)의 스테이크까지, 에밀리아 로마냐(Emilia Romagna)의 라자냐(Lasagna)부터 아브루초(Abruzzo)의 스파게티 알라 키타라(Spaghetti Alla Chitarra)까지 가지각색의 음식에 영양과 신선함이 가득하다.

4) 파스타(Pasta)

물과 밀가루를 사용하여 만드는 이탈리아 국수요리로 피자와 함께 이탈리아를 대표하는 음식이자 이탈리아 사람들의 주식이다. 기원전 3000년경 중국에서 처음 만들어졌고, 1295년경 마르코 폴로가 이탈리아로 들여왔다고 전해진다.

파스타 종류는 재료에 따라 150여 가지, 면의 형태상으로 600가지가 넘을 정도로 다양한데, 면이 젖은 상태인 생(生)파스타와 마른 상태인 건조 파스타로 나뉜다. 가정에서는 편의상 건조 파스타 면을 사서 이용하지만, 우리의 수제비처럼 가족이 직접 반죽해 생파스타 면을 만들기도 한다.

파스타의 맛을 전달하려면 소스명과 파스타의 종류를 조합해서 말해야 한다. 면의 형태로는 크게 롱(long) 파스타, 쇼트(short) 파스타로 나눌 수 있는데, 롱 파스타에는 링귀니(linguine), 스파게티(spaghetti), 스파게토니(spaghettoni/2mm 조금 넘음), 스파게티니(spaghettini/1.6mm 전후), 베르미첼리(vermicelli, (영)버미첼리(vermicelli) 스파게티보다 가늘고 길고 질김. 1.2mm 미만), 페델리니(fedelini/1.3~1.5mm 정도), 카펠리니(capellini/1.2mm 미만), 탈리아텔레(Tagliatelle), 라자냐(lasagna) 등이 있다. 쇼트 파스타에는 마카로니(macaroni), 지티(ziti), 리가토니(rigatoni), 펜네(penne), 로텔레(rotelle), 파르팔레(farfalle) 등이 속한다. 파스타의 주재료는 듀럼이라는 밀을 빻은 세몰리나인데, 입자가 거칠고 딱딱하다. 이 밖에 푸실리(Fusilli)는 길고 굵은 파스타의 일종으로 타래송곳처럼 생겼다. 단어 fusilli는 나선형으로 돌아가는 총신을 뜻하는 오래된 단어 또는 사투리 단어 fusile(현대 이탈리아어로는 fucile)에서 유래하였다.

소스는 생선 등의 해산물, 육류, 달걀, 채소, 올리브유, 치즈, 버터, 생크림 등 어떤 재료로도 만들 수 있으며, 이탈리아에서는 다양한 파스타에 특정 소스를 써서 특유의 맛을 내는 전통이 이어져 온다. 볼로녜제(Bolognese), 카르보나라, 봉골레(모시조개), 알리오 에 올리오, 아라비아타, 나폴리타나, 프루티 디 마레, 시칠리아나, 페스토 등이 있다.

Pastas and Their Commonly Used Names :

1. Campanelle
2. Mini Bow Ties
3. Gnocchi
4. Spaghetti
5. Manicotti
6. Penne
7. Ravioli
8. Linguine
9. Fine Egg Noodles
10. Mafalda
11. Orzo(rosamarina)
12. Fusilli
13. Couscous
14. Small Shell Macaroni
15. Rotini
16. Capellini
17. Wide Egg Noodles
18. lumache
19. Long Ziti
20. Capellini(angel Hair)
21. Lasagne Noodles
22. Ziti
23. Ruote(Wagon Wheel Macaroni)
24. Cavatappi
25. Acini di Peppe
26. Mafalda
27. Gemelli
28. Tortellini(tortelloni is the same but larger)
29. Ditalini(tiney Thimbles)
30. Rigatoni
31. Vermicelli
32. Cavatelli
33. Fettuccine
34. Nested Vermicelli(Nested Spaghetti)

tip 이탈리아 요리의 메뉴 구성

이탈리아 요리는 특별히 코스가 정해져 있지 않으므로 세콘디 피아티를 중심으로 취향에 따라 메뉴를 선택할 수 있다. 전채와 제1요리 양쪽을 구분하는 경우가 많다. 채소요리는 메인요리에 곁들여지기 때문에 구태여 주문할 필요는 없다. 파스타와 리소토는 1인분의 양을 적게 하거나 둘이 한 접시를 나누어도 된다. 주요리 역시 같이 나눌 수도 있다.

① 안티파스토(Antipasto/전채요리)

식욕촉진제로서 해산물을 이용한 해물 절임, 다진 고기를 소스와 함께 버무린 육회, 햄, 살라미(Salami)를 주재료로 한 요리들이 많고 양념류 또한 다양하다. 대표적인 요리는 다음과 같다.

- 마늘참새우볶음 : 전채요리나 가벼운 간식 대용으로 인상적이고 고급스러운 요리이다.
- 브루스케타(Bruschetta) : 바게트에 치즈·과일·채소·소스 등을 얹은 요리
  이탈리아의 정식요리에서 안티파스토(Antipasto : 전채요리)로 사용된다.
- 카르파초(Carpaccio) : 얇게 썬 쇠고기, 송아지고기, 사슴고기 또는 참치 육회에 소금과 올리브유, 루콜라, 파마산 치즈, 레몬 등을 뿌려 먹는 요리이다.
- 파르마풍기(Parma Funghi) : 달콤한 머스크멜론 위에 돼지 엉덩이 살을 말린 파르마햄을 얹은 요리이다.

② 제1요리 : 프리미 피아티(Primi Piatti/첫 번째 요리접시 : 스파게티, 파스타요리, 리소토)

쌀을 주재료로 써서 만든 리소토(Risotto), 물과 밀가루로 만든 이탈리아 국수요리로 직사각형의 카넬로니(Canelloni), 그라탱 그릇에 소스를 깔고 구워내는 라자냐(Lasagne), 반달모양의 라비올리(Ravioli), 피자(Pizza) 등의 다양한 파스타(Pasta)

- 훈제연어 스파게티 : 단시간에 만들 수 있는 요리로, 즐겁고 깜짝 놀랄 만한 특별식이다. 특히 예상치도 않은 손님이 방문했을 때 그 진가를 발휘하는 스파게티라고 할 수 있다.
- 참치 파슬리 스파게티 : 파슬리 풍년이 들거나 파슬리 재배 철이 돌아왔을 때 먹는 특별한 음식이다.
- 시칠리안 소스 파스타 : 토마토소스에 잣과 앤초비, 건포도를 섞은 시칠리안 스타일의 요리는 할로우 파스타, 펜네 등 모든 타입의 파스타와 잘 어울린다.
- 비네그레트 바질 파스타 : 선 드라이 토마토와 올리브는 이 맛있는 파스타 샐러드의 풍미를 한층 끌어올리며 차갑게 먹어도 그 맛은 환상적이다.
- 바질 토마토 파스타 : 구운 토마토는 소스의 단맛과 부드러움을 더해준다. 토마토는 가급적 이탈리아 토마토를 구해서 요리하고, 여의치 않으면 색깔과 맛이 유사한 자두 토마토나 Flavia를 사용한다.
- 제노바 스타일 해물 리소토 : 제노바식 리소토는 일반 리소토와 다른 방법으로 조리된다. 우선 쌀을 조리하고 바로 소스를 준비한다. 그리고 위 두 가지를 함께 섞으면 훌륭한 리소토의 맛을 즐길 수 있다.
- 블루치즈 리소토(Blue Cheese Risotto) : 이탈리아의 유명한 치즈 중 하나인 Gorgonzola는 암소 젖을 2개월 이상 숙성시켜 만든 부드러운 치즈이다.
- 수프(Zuppa), 기타 요리 : 채소수프, 크림수프, 생선수프 등이 잘 알려져 있다. 특히 해산물을 이용한 새우나 조개, 흰살생선 등 제철을 맞은 해산물을 올리브유로 볶은 후 백포도주를 넣어 만든 생선수프가 유명하다.
- 큰 수프, 미네스트로네(Minestrone) : 미네스트로네(Minestrone)는 이탈리아말로 "큰 수프(Big Soup)"로 해석할 수 있다. 이탈리아 전역에서 만들어 먹는 음식이지만, 서해안 항구도시인 리보르노(Livorno) 식으로 만든다.
- 칼라브리안 머시룸 수프(Calabrian Mushroom Soup) : 남부 이탈리아의 칼라브리안산(Calabrian Mountains)에는 많은 야생버섯이 자라고 있다. 이 버섯들은 탐스러운 색깔과 풍미를 자랑하여 최고의 수프를 만드는 데 최상의 조건을 갖추고 있다.

- 오렌지 호박수프 : 크리미하면서도 걸쭉한 황금색을 띠며 환상적인 맛을 선사한다.
- 렌즈콩 파스타수프 : 베이컨, 마늘, 셀러리, 양파가 들어간 색다른 렌즈콩 요리이다.
- 로스트 시푸드 : 채소가 구워지면 달콤하고도 맛있는 먹거리가 된다. 그리고 이 채소들은 생선과 해산물에 더욱 멋진 조화를 이룬다. 이 요리는 프레스코 스타일의 여름 별미이다.

③ **제2요리 : 세콘디 피아티(Secondi Piatti/두 번째 요리접시 : 육류나 생선요리)**

- 이탈리안 소시지 에스칼로프 : 앤초비는 맛을 돋우는 재료로 고기요리에 자주 사용된다. 송아지고기나 칠면조고기 어느 것이나 좋은 요리가 될 수 있다.
- 올리브 양고기요리 : 준비하고 만들기에 무척 간편한 요리이다. 신선한 칠리는 이 맛있는 요리에 생명을 불어넣어 준다.
- 로마스타일 팬 프라이드 양고기요리 : 취향에 따라 매시드 포테이토를 곁들여 먹을 수 있는 양고기요리
- 로마식 치킨요리 : 로마 스타일은 차가워져도 맛있기 때문에 피크닉 요리로 적합하다.
- 나폴리식 돼지고기 스테이크 : 이탈리아식 그릴 돼지 스테이크로 만들기 쉽고 맛도 좋은 요리
- 로마식 살팀보카(Saltimbocca alla Romana) : 버터와 포도주로 마리네이드한 것으로 햄이나 프로슈토 고기를 말아서 내놓는 형태를 띤다. 생후 몇 개월 안 된 화이트 빌(White Veal)을 얇게 저민 뒤 소테(Saute)한 것이다.
- 오소부코(Osso Buco) : 송아지 뒷다리살과 골수에 당근, 셀러리, 양파를 다져 넣고 토마토와 함께 푹 삶아낸 요리이다. 이 요리에는 대개 밀라노풍 리소토(Risotto : 볶음밥)가 곁들여 나온다.
- 피카타(Piccata) : 송아지 에스칼로프(Escalope : 기름에 튀긴 얇게 썬 돼지고기 또는 소고기요리)를 가루로 만들어 양념한 뒤 소량의 기름에 얹은 다음 팬에 남은 기름과 레몬주스, 다진 파슬리로 만든 소스와 함께 낸다.

④ **채소요리 : 인살라타(Insalata/샐러드), 베르두라(Verdura), 곁들임 채소(Contorno: 콘토르노)와 샐러드 등**

- 시금치 샐러드: 신선한 어린 시금치 잎사귀는 부담 없는 풍부한 맛이 나서 환상적인 샐러드를 만들 수 있으며, 치킨과 크리미한 드레싱까지 곁들이면 완벽한 피크닉 샐러드도 가능해진다.
- 버섯 마늘 폴렌타: 어떤 버섯이건 이 요리에는 넣어도 무관하나, 야생버섯은 맛이 조금 강하다.

⑤ **치즈 : 포르마지오(Formaggio/Cheese)**

- 모차렐라 디 부팔라 캄파나(Mozzarella di Bufala Campagna)
  - 생산지역 : 캄파니아(Campania), 카제르타(Caserta), 잘레르노(Salerno) 전역과 베네벤토(Benevento) 지역의 마을과 나폴리(Napoli) 지역의 네 마을 즉 라치오(Lazio), 프로지노네(Frosinone), 라티나(Latina), 로마(Roma) 지역의 몇몇 마을
  - 맛 : 특이하며 섬세한 맛
  - 수분 함유율 : 최소 65%
  - 제조방법 : 모차렐라 디 부팔라 캄파나는 모두 버펄로 우유로만 생산하는 유일한 치즈이다. 버펄로 낙농장은 지역 풍습에 따라 우유를 생산하며 버펄로는 적절한 지역 규정에 등록되어야만 한다. 우유는 착유기에서 짜낸 후 16시간 이내에 낙농장으로 배달되며 최소 7%의 지방을 함유해야 한다. 낙농장에서 이 우유는 여과되고 33~36℃의 온도에서 가열된다. 응고된 우유는 호두 크기로 잘라, 5시간 동안 유장(치즈 만들 때 엉킨 젖을 거르고 난 물) 안에서 발효시킨다. 응고된 우유가 익은 후에 꺼내어 특별한 컨테이너 안에 옮긴 후 95℃의 물을 넣는다. 치즈를 적절한 모양과 크기의 틀 안에 넣기 위해 늘려서 자른다. 차가운 물에서 식힌 다음 소금물에 담가 소금간을 한 뒤 포장한다. 이 제품은 전통적인 방법으로 자연상태에서 김을 쏘인다.
- 기타 치즈류

- 몬테 베로네제(Monte Veronese)
- 몬타지오(Montasio)
- 리코타(Ricotta)
- 로비올라 디 로카베라노(Robiola di Roccaverano)

⑥ **디저트 : 돌체(Dolce), 후식**

- 피치 화이트 와인 : 매우 간단하지만 감탄스러운 디저트. 특히 더운 여름날 디너파티에 안성맞춤
- 이탈리아 브레드 푸딩 : 크림과 사과로 조리되어 맛이 매우 풍부한 이 푸딩은 오렌지로 우아하게 마무리된 맛이다.
- 배 · 생강 케이크 : 풍부한 버터의 맛이 밴 배와 생강으로 만든 이 케이크는 커피와 함께하면 이상적이다. 아니면 크림을 곁들여서 디저트로 먹어도 환상적이다.

⑦ **카페(Caffe/커피)**

- 카푸치노(Cappuccino) : 이탈리아식의 진한 커피로 아침에 뜨겁게 데운 우유와 커피를 혼합해서 계피향을 가미한 커피이다.
- 나폴리아노(Napoliano) : 이탈리아에서 주로 아침에 마시는 커피로 레몬 한 조각을 띄워서 제공하는 커피이다.
- 에스프레소(Espresso) : 지방분이 많은 요리를 먹은 후에 적합한 진한 커피이다. 에스프레소 커피기계를 이용하여 커피를 추출한 뒤 데미타세(Demi Tasse : 작은 커피잔)에 담아서 레몬껍질과 함께 제공한다.

⑧ **식후주(After Dinner drink)**

그라파(Grappa)와 삼부카(Sambuca)가 주종을 이룬다. 그라파는 와인을 만들고 난 찌꺼기를 재발효 증류한 것으로 아니스향이 나는 증류주 브랜디의 일종이다. 삼부카를 서브할 때는 커피 열매(Coffee Bean)를 3개 정도 띄운 다음 시각을 돋보이게 하기 위하여 불을 붙여 제공한다.

tip 조리용어

1) Antipasto 안티파스토 : 전채
2) Carne 카르네 : 고기(육류), 카르네
3) Secondi Piatto 세콘디 피아토 : 2번째 코스
4) Filetto 필레토 : 안심, 생선 등의 고깃살
5) Funghi 풍기 : 버섯
6) Pomodoro 포모도로 : 토마토
7) Piatto 피아토 : 접시, 식기, 한 그릇의 요리
8) Giardiniera 자르디니에라 : Cube Cut Mixed Vegetable
9) Zuppa 주파 : 수프
10) Frantoiana 프란토이아나 : 기름 짜기(또는 기계)
11) Stracciatella 스트라차텔라 : 수프
12) Cozze 코체 : 홍합
13) Brodo 브로도 : 고깃국물
14) Salvia 살비아 : 차조기과에 속하는 다년초(세이지)
15) Granceola 그란체올라 : 게, 꽃게
16) Salsa 살사 : 소스
17) Timo 티모 : 백리향, Thyme
18) Stagione 스타조네 : 계절, 철, 기후, 날씨
19) Branzino 브란치노 : 농어
20) Acciuga 아추가 : 앤초비, 멸치절임
21) Veraci 베라치 : 조개
22) Insalata 인살라타 : 샐러드
23) Crudo(Law) 크루도 : 싱싱한, 날것
24) Melanzane 멜란차네 : 가지
25) Fritta 프리타 : 튀김
26) Basilico 바질리코 : 바지락, 바질리코
27) Frutti di Mare 프루티 디마레 : 해산물
28) Nere 네레 : 검은
29) Verde 베르데 : 녹색
30) Limone 리모네 : 레몬
31) Casalinga 카살링가 : 가정 스타일, 홈메이드

32) Margo 마르고 : 고기 없이 요리하는 것, 기름기 없이 만드는 음식
33) Zucchine 주키네 : 호박
34) Aglio 알리오 : 마늘
35) Vongole 봉골레 : 조개
36) Primi Piatti(Starter) 프리미 피아티 : 첫 코스, 프리미 피아티
37) Prezzemolo 프레체몰로 : 파슬리
38) Uvo 우보 : 달걀
39) Aragosta(Lobster) 아라고스타 : 바닷가재
40) Verdure di Stagione 베루두레 디 스타조네 : 계절채소
41) Radicchio 라디키오 : 붉은 상추
42) Asparagi 아스파라기 : 아스파라거스
43) Peperoncino 페페론치노 : 고추
44) Amatriciana 아마트리차나 : 스파게티 소스
45) Carbonara 카르보나라 : 카르보나라식
(크림, 베이컨, 검은 후추, 파스타, 버터)
46) Animella 아니멜라 : 송아지 목살
47) Vitello 비텔로 : 송아지고기
48) Funghi Porcini 풍기 포르치니 : 버섯
49) Milanese 밀라네제 : 빵가루 묻힌 스타일
50) Portafoglio 포르타폴리오 : 채우다(Stuffed)
51) Estragone 에스트라고네 : 개사철쑥(tarragon, 타라곤)
52) Pollastrello 폴라스트렐로 : 영계(Young Chicken)
53) Pesce Persico 페셰 페르시코 : 농어
54) Grillia 그릴리아 : 그릴
55) Aglio 알리오 : 마늘
56) Mimosa 미모자 : 달걀(삶은 달걀)
57) Caprese 카프레제 : 카프리식의(Tomato, Buffalo Cheese, Basil, Oregano, Olive Oil)
58) Finocchi 피노키 : 회향풀속 열매
59) Spinaci 스피나치 : 시금치
60) Prosciutto 프로슈토 : 생햄
61) Mare : 해산물, 마레
62) Fagioli 파졸리 : 콩(Kidney Bean)
63) Pepe 페페 : 후추
64) Fegato 페가토 : 간
65) Calamari 칼라마리 : 오징어, 칼라마리
66) Tonno 톤노 : 참치(Tuna)
67) Tòrta 토르타 : (과일로 만든) 파이(Pie)
68) Prugna 프루냐 : 서양자두
69) Dolce 돌체 : 디저트류(과자류)
70) Melone 멜로네 : 멜론
71) Contorno : 모양, 경계, 콘토르노
72) Olio : 기름, 올리오
73) Tartufo 타르투포 : 딸기버섯
74) Uova ripiene 우오바 리피에네(꽉 채운 달걀). Ripiene 리피에네 : 고기를 얹은, 속을 채운 요리
75) Costoletta 코스톨레타 : 갈빗살, 갈비뼈
76) Manzo 만조 : 소고기
77) Agnello 아녤로 : 양고기
78) Pollo 폴로 : 닭
79) Pesce 페셰 : 생선
80) Piccolo 피콜로 : 작은 것, 조그마한
81) Gamberoni 감베로니 : 새우, 감베로니
82) Sogliola 솔리올라 : 박대, 도버해협에서 잡히는 참서대의 일종
83) Mista(Mixed) 미스타 : 혼합된
84) Arancia 아란차 : 오렌지, 귤
85) Burro 부로 : 버터
86) Erbe 에르베 : 향초
87) Lumache 루마케 : 달팽이
88) Frutta 프루타 : 과일, 프루타
89) Cipolla 치폴라 : 양파
90) Sale 살레 : 소금
91) Triglia 트릴리아 : 숭어
92) Mele 멜레 : 사과
93) Casa 카자 : 집, 가족
94) Spumante 스푸만테 : 샴페인
95) Classico 클라시코 : 고전적인
96) Bevande 베반데 : 음료
97) Assortiti 아소르티티 : 여러 가지의
98) Formaggio 포르마조 : 치즈 Radicchio alla Grillia 라디키오 알라 그릴리아 : 구운 빨간 배추요리
99) Osso Buco 오소부코 : 밀라노식 요리로 소의 정강이살에 포도주와 양파 등을 함께 끓여 조리하는 요리

100) Aceto balsamico 아세토 발사미코 : 발사믹 식초. 이탈리아의 전통식초로, 샐러드의 드레싱 등에 쓰임
101) Caponata 카포나타 : 이탈리아 남부의 시칠리아(Sicilia)식 곁들임 요리
102) Porchetta 포르케타 : 이탈리아 로마식 돼지 통바비큐
103) Chitarra 키타라(국수 모양의 파스타 ; 긴 파스타 가닥으로 spaghetti와 비슷함)
104) Pomodoro 포모도로 : 토마토를 사용한 파스타의 총칭. 소스를 만들어 사용해도 되고(로사), 잘라 넣어 볶아도(비앙카) 된다.
105) Bolognese 볼로녜제(미트소스) : 정통 볼로냐 지방식의 간 고기를 오랫동안 볶아 만드는 라구 알라 볼로녜제(ragu alla bolognese). 토마토를 베이스로 하고 간 고기를 넣는 볼로녜제 소스 등이 있으며 국내에서 정통 볼로냐식으로 간 고기를 위주로 토마토를 아주 약간 첨가하거나 하는 것은 라구소스라고 하는 경우가 많다.
106) Amatriciana 아마트리차나 : 페코리노 로마노 치즈가 들어간, 이탈리아 중부 아마트리체의 소스이다. 나중에 로마에서 토마토를 곁들임
107) Arrabbiata 아라비아타 : 페페론치노(고추)가 들어간 파스타
108) Puttanesca 푸타네스카 : 시간이 없어 재료를 긁어모아 재빠르게 만들어 먹던 것에서 유래
109) 나폴리탄 스파게티 : 토마토라기보다 케첩을 주재료로 사용하는 일본식 스파게티
110) Alfredo 알프레도 : 알프레도 디 렐리오라는 이탈리아 요리사가 만든 버터크림소스인 페투치니 알프레도(Fettuccine Alfredo). 현재 미국에서는 넓은 면(페투치니)을 넣은 미국식 크림소스가 유행
111) Rosé 로제 : 토마토소스에 크림을 섞어 만든 것. 색깔이 장밋빛이라 이런 이름이 되었다. 토마토소스에 생크림이나 우유를 넣으면 손쉽게 완성
112) Pesto 페스토 소스 : 허브 + 견과류(주로 잣) + 단단한 치즈 + 마늘 + 올리브유 + 소금 + 레몬즙 등을 갈아서 만든 소스. 초록색 소스에 버무려진 파스타. 바게트 등 빵에 발라 먹기에는 직접 만든 소스가 훨씬 잘 어울리고 맛있다.
113) Genovese 제노베제 : 보통 페스토 소스 하면 페스토 알라 제노베제(Pesto Alla Genovese), 즉 Basil Pesto를 가리킨다. 제노바에서 유래. 바질에 잣, 파르미지아노 레지아노 등의 경성치즈, 굵은소금을 갈아서 곁들임
114) Pistou 피스토 : 프로방스식. 바질 페스토에서 잣이 빠진다. 원래는 치즈와 기름을 메인으로 썼다고 한다.
115) Pesto Rosso 페스토 로소 : 시칠리아식. 잣 대신 아몬드를 쓰고 토마토를 더한다.
116) 올리브유 : 별다른 소스를 쓰지 않고 그냥 파스타와 재료만을 올리브유에 볶아서 먹는 형태. 대표적인 메뉴로는 봉골레(Vongole)와 알리오 에 올리오(Aglio e Olio)가 있다. 특히 그중 알리오 올리오는 이름 그대로 마늘과 기름만 사용한 가난한 자들의 파스타. 육수나 화이트 와인 등을 더하기도 하고, 치즈를 약간 뿌리기도 한다.
117) Carbonara 카르보나라 : 국내에서 크림 파스타로 통하나 원래는 크림 없이 베이컨과 치즈, 달걀만으로 맛을 내는 파스타다.
118) Pescatore 페스카토레 : 페스카토레는 어부라는 뜻으로, 해산물을 주재료로 쓰는 스파게티를 말한다. 보통 토마토소스를 많이 쓴다.
119) Frutti di Mare 프루티 디 마레 : 바다의 열매라는 뜻으로, 조개를 의미한다. 해산물 파스타 중에서도 조개가 메인인 것
120) Vongole 봉골레 : 봉골레는 우리말로 모시조개라는 뜻. 이름 그대로 모시조개가 대량 들어간다. 적어도 국내에서는 오일 파스타의 간판격이다. 나폴리와 베네치아에서 대충 만들어 먹던 어촌 음식이다. 그런데 이 둘 중 어디가 원조인지는 논란이 있으나, 아직까지는 나폴리가 우세하다.
121) Primavera 프리마베라 : 봄이라는 뜻을 가진 파스타로, 브로콜리나 완두콩, 당근 등의 채소를 주재료로

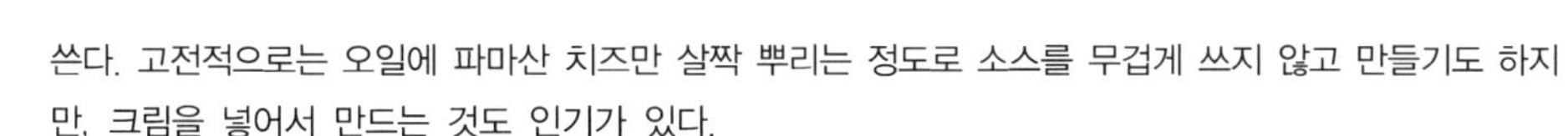

쓴다. 고전적으로는 오일에 파마산 치즈만 살짝 뿌리는 정도로 소스를 무겁게 쓰지 않고 만들기도 하지만, 크림을 넣어서 만드는 것도 인기가 있다.

122) Nero 네로 : 네로는 검은색이라는 뜻으로 (니그로와 어원이 같다.) 오징어 먹물로 염색한 파스타 면을 말한다. 면의 색을 살리기 위해 오일로 만드는 게 보통인 듯하지만 크림소스도 흔한 편. 면 대신 소스에 오징어 먹물을 넣기도 한다. 베네치아에서 유래했다고 한다.

123) Cacio e Pepe 카초 에 페페 : 토마토소스가 전래되기 이전에 먹던 파스타로, 치즈와 흑후추만 뿌려 먹는다.

124) Limone 리모네 : 레몬 파스타. 파스타에 버터를 듬뿍 넣고 레몬즙(1인분에 레몬 반 개 정도가 필요하다)에 볶는다. 버터는 좋은 걸 쓸수록 맛있고, 크림을 조금 더해도 좋다.

125) 명란젓 파스타 : 파스타에 명란젓, 마늘, 올리브오일, 통후추, 바질 등을 넣어 만듦. 우유, 양파, 마늘, 올리브유, 버터를 넣고 녹으면 다진 양파, 마늘을 넣고 투명하게 볶아지면 밀가루를 약간 넣고 날가루가 없도록 볶은 것을 우유 2컵에 명란젓 한 덩이를 잘 으깬 국물과 같이 넣어 끓여낸다.

tip 리소토(Risotto)

쌀을 주재료로 써서 만든 이탈리아 요리로, 기본적인 조리법은 냄비에 올리브유나 버터를 두른 뒤 불리지 않은 쌀을 넣어 살짝 볶는다. 이어 뜨거운 닭고기 육수를 붓고 계속 저어주면서 익히면 완성된다. 부재료에 따라 새우 리소토·조개 리소토·오징어 리소토· 홍합 리소토 등 그 종류가 다양하며, 토마토와 마늘을 혼합해 만든 소스를 곁들여 먹기도 한다. 모양은 질게 만든 한국의 버섯밥이나 해물밥과 비슷하다. 새프런(Saffron : 새프런 꽃의 암술을 따서 말린 것)향을 첨가한다.

제3절

일식당
(Japanese Restaurant)

이 특별한 글루텐 프리 가이세키 코스(This special gluten-free kaiseki course)는 밀가루 없이 만들어집니다. 식사는 표준 간장 대신 쌀로 만든 간장을 사용합니다.

호텔 진잔소 도쿄 '일식 레스토랑 미유키(Japanese Restaurant Miyuki)'

1. 일본요리의 이해

1) 일본음식

일본열도는 북동에서 남서로 길게 뻗어 있고 바다로 둘러싸여 있으며 지형 · 기후에 변화가 많으므로, 4계절에 생산되는 재료의 종류가 많고 계절에 따라 맛이 달라지며 해산물이 풍부하다. 일본요리는 쌀을 주식으로 하고 농산물 · 해산물을 부식으로 하여 형성되었는데, 맛이 담백하고 색채와 모양이 아름다우며 풍미가 뛰어나다. 그러나 이러한 면에 치우쳐서 때로는 식품의 영양적 효과를 고려하지 않는 경우도 있었는데, 제2차 세계대전 후로는 서양 식생활의 영향을 받아 서양풍 · 중국풍의 요리가 등장하게 되면서 영양 면도 고려하게 되었다. 또한 일상의 가정요리도 새로운 식품의 개발과 인스턴트식품의 보급으로 다양하게 변화하였다.

파라다이스호텔부산 데판야끼 레스토랑

2) 일본요리의 특징

(1) 지리적 여건에 따른 특징

① 일본은 습도가 높은 나라이므로 음식의 맛은 아주 담백하고 개운하다.

② 일본은 4면이 바다여서 4계절을 통하여 수많은 종류의 바닷물고기와 민물고기 등 생선류가 많이 잡히므로 수조류보다 생선요리, 그중에서도 생선회 요리가 발달되어 있다.

③ 일본은 4계절의 구별이 확실하며 생선류, 버섯류, 채소류, 과실류 등이 많아 맑은국, 구이, 조림, 초무침 등에 날것 그대로 많이 사용한다.

(2) 기교상의 특징

① 일본요리는 구수하거나 푸짐한 맛은 없으나, 깨끗하고 담백하며 요리를 담는 솜씨는 작으면서도 갖출 것은 다 갖추어 아주 깜찍하며 기이하고 교묘하다.

② 식기는 기본적으로 1인분씩 따로 쓰며, 남지 않게 적게 담는다.

3) 일본요리의 분류

(1) 지역적 분류

관서풍과 관동풍의 지리적인 특징을 나타낸다. 관동요리는 에도막부(江戶幕府)가 생긴 뒤의 무가요리(武家料理)로서 일찍부터 설탕을 손에 넣을 수 있었던 관계로 설탕과 간장을 많이 써서 요리의 맛을 진하게 만든다. 관서는 전통적인 일본요리가 발달한 곳으로서, 교토(京都)의 담백한 채소요리와 오사카(大阪)의 실용적이고 합리적인 요리가 주종을 이룬다.

(1.1) 관동요리(關東料理)

관동요리는 무가(武家) 및 사회적 지위가 높은 사람들에게 제공하기 위한 의례요리(儀禮料理)가 발달하였으며, 맛이 진하고 달며 짠 것이 특징이었다.

당시 설탕은 우마이(맛좋은)라고 할 만큼 귀했는데, 이것을 많이 사용했다는 것은 관동의 요리가 그만큼 고급요리였다는 것을 보여준다. 또한 외해에 접해 있어서 깊은 바다에서 나는 단단하고 살이 많은 양질의 생선이 풍부했으나 내해에서 잡히는 생선은 부족하였다. 따라서 관동지방에서는 외해에서 잡히는 생선요리가 발달하였으며 토양과 수질이 관서지방에 비해 거칠었기 때문에 관동요리는 농후한 맛을 지니게 되었다.

(1.2) 관서요리(關西料理)

관서요리라는 말은 최근에 사용하기 시작했는데 이전에는 가미가다(上方 : 교토 부근 지방)요리라고 하였다. 관서요리는 관동요리에 비하여 맛이 엷고 부드러우며 설탕을 비교적 쓰지 않고 재료 자체의 맛을 살려 조리하는 것이 특징이다. 재료의 색상이 거의 유지되기 때문에 모양이 아름답다. 교토(京都)요리와 오사카(大板)요리가 관서요리의 대표적인 것으로 교토(京都)요리는 공가(公家 : 조정관리 집안)의 요리로서 양질의 두부, 채소, 밀기울, 말린 청어, 대구포 등을 사용한 요리가 많으며, 오사카(大板)요리는 상가(商街)의 요리로서 조개류와 생선을 이용한 요리가 많다. 최근의 관서요리는 거의가 약식(略式)이며 회석요리(會席料理)가 중심이 되고 있다.

(2) 형식에 따른 분류

일본요리는 형식에 따라 본선요리, 회석요리, 차회석요리, 정진요리, 보채요리 등으로 크게 분류할 수 있다.

(2.1) 본선요리(本膳料理 : ほんぜんりょうり, 혼젠요리)

본선요리(혼젠요리)는 관혼상제의 경우에 정식으로 차리는 의식요리로 예절과 방법을 중요시하는 일본의 '정식요리'이다. 상은 국과 요리의 수에 따라 구분한다. 1즙3채(一汁三菜) · 2즙5채(二汁五菜) · 3즙7채(三汁七菜) 등을 기본으로 하며 같은 종류나 맛이 비슷한 요리를 중복해서 내지 않는 것을 기본으로 한다. 1즙5채, 2즙7채, 3즙9채 등으로 변형하기도 한다. '즙(汁)'은 국을 뜻하며 '지루'라고도 한다. '채(菜)'는 반찬을 이르는 말이다. 이와 같은 형식이 갖추어진 것은 에도시대이며, 메이지시대에 와서 민간에까지 일반화되었다.

상(젠 : 膳)의 수는 메뉴(獻立 : 곤다데)의 즙(시루 : 汁)과 반찬(사이 : 菜)의 수에 의해 결정된다. 즙이 없는 상은 와키젠(脇膳), 야키모노젠(燒き物膳)이라 부른다. 상은 다리가 붙어 있는 각상(가쿠젠 : 角膳)을 사용하고 식기는 거의가 칠기그릇(누리모노 : 塗理物)을 사용한다. 결혼식에는 5개의 상에 3즙7채를 준비한다. 그러나 생일 · 졸업 · 입학 등을 가족끼리 축하할 때는 1즙3채나 1즙5채를 준비한다. 기본 형식 가운데 3즙7채의 상차림을 살펴보면,

첫 번째 상 혼젠[本膳] : 크기가 가장 크고 중앙에 나오는 기본상으로 일즙(一汁)인 된장국(미소시루 : 味噌汁)과 밥(飯) · 니모노(조림요리, 煮物) · 고노모노(김치 : 香物) · 사시미(생선회 : 刺身)로 구성된다.

두 번째 상 니노젠(二の膳) : 두 번째 국물인 맑은국(스마시지루 : 清し汁), 5종류 정도를 조린 조림요리(니모노 : 煮物), 무침요리(아에모노 : 和え物), 초회(스노모노 : 酢の物) 등을 작은 그릇에 담아 곁들여낸다.

세 번째 상 산노젠(三の膳) : 앞에 제공되지 않은 국물요리 하나와 튀김요리(아게모노, 揚げ物), 조림요리(니모노, 煮物), 사시미(刺身) 등으로 구성된다.

네 번째 상 요노젠(四の膳, 與の膳) : 생선 통구이(스가타야키 : 姿燒) 등이 오른다.

다섯 번째 상 고노젠(五の膳) : 손님이 가지고 갈 수 있는 선물용 모둠요리인 다이히키[台引]를 낸다. 보통 술안주나 생과자를 준비한다. 혼젠요리는 상을 내는 방법, 식사법의 예절을 중요시하였다. 상차림과 먹는 방법이 복잡하여 현대에 와서 간소화되었다. 가이세키요리[會席料理]의 기본이 되는 상차림이다.

(2.2) 차회석요리(茶懷石料理 : ちゃかいせきりょうり, 차가이세키요리)

'차회석요리'는 전문음식점에서 차(茶)를 내놓기 전에 간단히 내놓는 요리이다. '차가이세키'요리라 하며 검소하고 비리지 않은 식물성 요리로, 양보다 질을 중요시하며 재료 자체의 자연의 모습을 최대한 살리는 것이 특징이다. 무로마치시대(室町時代 : 1338~1549)의 중기에 차를 마시는 것이 유행하여 현재의 다도 모양이 생겼다. 일본의 다도(茶道)에서 차를 대접하기 전에 내는 간단한 음식을 말한다. 선종이 수업 중 한기와 공복을 견뎌내기 위하여 '온석(溫石)'이라는 따뜻한 돌을 품에 지녔는데 이를 모방한 온석 정도의 가벼운 식사라는 뜻으로 음차(飮茶 : 차를 마시는 것)에서 행하는 식사를 말한다. 선종의 승려들은 수업 중 점심 외에는 먹는 것이 금지되었고 단지 식사하는 것이 아니라 공복을 씻으며 자기의 몸을 유지하고 아프지 않기 위해 소량의 죽만 먹는 것을 허락했다. 이것을 약석(藥石)이라 하여 차와 같이 대접하는 식사이다.

(2.3) 회석요리(會席料理 : かいせきりょうり, 가이세키요리)

'일본식 정찬'으로 작은 그릇에 각각의 요리를 담아 조금씩 다양한 요리를 제공하는 '코스요리'이다. '가이세키'요리라 하며 연회석에서 차리는 요리이다. 첫째, 본선요리 형식의 흐름을 잇는 것으로 대중식당에서 쓰는 다리 달린 밥상에 요리가 처음부터 배열되어 있는 것이다. 그리고 회석요리의 흐름을 이은 것으로 고급식당에서 쓰는 오시키라고 하는 네모난 쟁반에 차례로 요리를 내는 것이 있는데, 이는 손님이 먹는 속도를 헤아려서 한 가지씩 내놓는 것이다. 고로 음식이 나오면 가능한 빨리 먹어야 한다. 이 밖에 먹을 수 있을 만큼씩 나오는 요리, 즉 다 먹게 되는 요리가 있는데, 이것은 간사이시키(간사이는 교토, 오사카 지방) 또는 간사이후우라고 불리는 것으로 현재 많이 유행하는 요리형식이다.

에도시대(1603~1866)부터 이용한 술과 식사를 중심으로 한 연회식(宴會式) 요리로서 현대 주연요리(酒宴料理)의 주류를 이룬다. 삼채부터 시작하여 오채가 되면 즙물(汁物)은 이즙(二汁)이 되며 칠채, 구채, 십일채(菜) 등의 기수(奇數)로 증가한다.

- 회석요리(會席料理 : かいせきりょうり)의 구성

① 오토오시(おとおし[お通し] = 스키다시(つきだし) : (요릿집에서) 손님이 주문한 요리가 나오기 전에 내는 간단한 음식('お通し物'의 준말)

② 前菜(ぜんさい 젠사이) : 전채

③ 椀盛り(わんもり 완모리) = 吸物(すいもん 스이몽) : 맑은국

④ お造り(おつくり 오쓰쿠리) = 刺身(さしみ 사시미) : 생선회

⑤ 燒物(やきもの 야키모노) : 구이

⑥ 煮物(にもの 니모노) = 炊合せ(たきあわせ 다키아와세) : 조림

⑦ 强魚(いざかな 이자카나)=進魚(すめざかな 스메자카나)=再進(さいしん 사이싱)이라고도 함 : 일즙삼채(一汁三菜) 후, 술을 권할 때 내는 요리는 止魚(とめざかな 도메자카나 : 그치는 안주)라는 이름으로도 회석요리(會席料理)에 사용된다.

⑧ 酢の物(すのもの 쓰노모노) : 초회

⑨ 止椀(とめわん 토메완) : 그치는 국물요리를 말하며 된장국이 많이 제공된다.

⑩ 果物(くたもの 구다모노) : 과일

일본의 풀코스 요리인 회석요리(會席料理 : かいせきりょうり 가이세키요리)의 제공 순서는 다음과 같다.

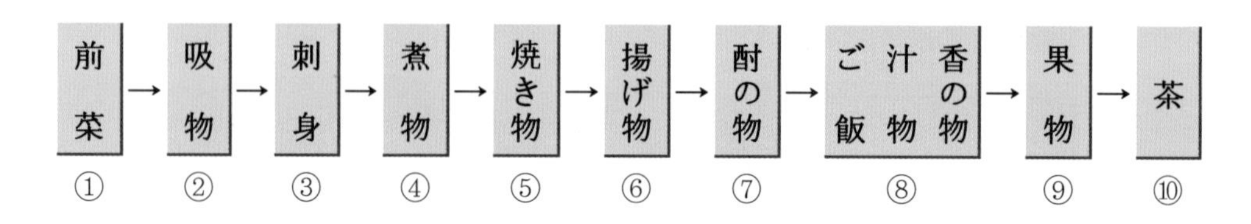

① 전채(젠사이 ぜんさい[前菜])

② 맑은국(스이모노 すいもの[吸(い)物])

③ 생선회(사시미 さしみ[刺(し)身])

④ 삶은 요리(니모노 にもの[煮物], 음식을 끓임[익힘] ; 또는 그 음식)

⑤ 구운 요리(야키모노 にもの[煮物], 음식을 끓임[익힘] ; 또는 그 음식)

⑥ 튀김(아게모노 あげもの[揚(げ)物], 기름에 튀긴 식품 ; 튀김 ; 특히 어육(魚肉)튀김)

⑦ 안주류(오쓰마미루, 주우노모노 おつまみ類(るい), アンジュリュ)

⑧ • 밥(고항 ごはん[御飯], 'めし(=밥) · 食事(=식사)'의 공손한 말씨)

- 국물(시루모노 汁物しるもの, 국물이 많은 요리, つゆ; 出(だ)し)
- 향물(고우노모노 こうのもの[香の物], 채소를 소금 · 겨에 절인 것{=つけもの · しんこ}, 다쿠앙(단무지) たくあん [澤庵] ; 'たくあんづけ'의 준말 ; 무짠지 ; 단무지(=たくわん) 등을 '고우노모노'라 한다.

⑨ 과실(果實), 果實(가지쓰) かじつ; [果物]くだもの(구다모노)

⑩ 차(차 ちゃ[茶], 찻잎, 다도)

• 일본 상차림 구도

膳(젱ぜん 밥상)組(구미くみ [組(み)]세트, 쌍의 뜻) 젱구미 : 一汁五菜이찌주고사이, 이즙오채)に汁(いちじゅう)五菜(ごさい)

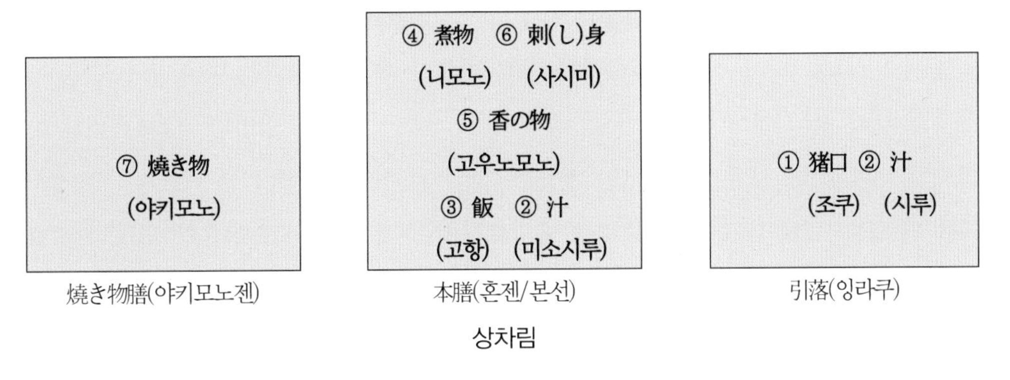

상차림

① ちょく조쿠(작은 사기 잔(=ちょこ 조코) : 회나 초친 음식을 담는 잔 모양의 작은 접시

② 된장국(미소시루 みそしる[みそ汁 · 味噌汁]) : 맑은 국물(시루しる[汁]즙 ; 물, 국)

③ 밥(고항, 메시めし [飯 ; 밥 반])

④ 조림요리, 니모노(にもの[煮物 끓이거나 익힌 요리)

⑤ 일본김치, 고우노모노/고노모노(香物) ; 단무지, 오이절임

⑥ 사시미 さしみ[刺(し)身] 생선회(=つくりみ) : 회, 생선회(나마스 なます[膾 · 鱠] 1. 회, 2. 생선회 ; 또는 무 · 당근 따위를 썰어 초에 무친 것)

⑦ 구운 고기(이형철, 2000 ; 강인호 외 4인, 2008 재인용을 토대로 저자 재구성)

(2.4) 정진요리(精進料理 : 쇼진료리, しょうじんりょうり)

육류 · 어패류 · 달걀을 사용하지 않고 곡물 · 콩 · 채소 등의 식물성 재료와 해조류를 사용한 요리이다. 정진요리는 불교식 요리로서 생선과 수조육을 전혀 사용하지 않은 것으로

사원을 중심으로 발달한 요리이다. 쇼진이란 용어는 식물성 재료만으로 만들어진 국 또는 튀김이다.

정진요리의 뜻은 유정(有情 : 動物)을 피하고 무정(無情 : 植物)인 채소류, 곡류, 두류(豆類), 해초류(海草類)만으로 조리한 것으로, 선종(禪宗)에서는 육식(肉食)을 금하는 것을 원칙으로 하며 식단은 본선요리의 형식으로서 一汁三菜(일즙삼채), 一汁五菜(일즙오채), 二汁五菜(이즙오채), 三汁七菜(삼즙칠채) 등의 기본에 따라 구성된다. 주로 교토(京都)의 사원이 중심이 되어 발달한 요리이다.

(2.5) 보채요리(普茶料理 : 후차료리, ふちゃりょうり)

오오바쿠요라고도 하며, 후차요리는 중국식 소찬요리(쑤차이 素菜, 소채 : 메인 채소요리를 가리키며, 소찬 또는 쑤찬(素餐)이라고 한다. 동물성 재료는 일체 사용하지 않고 주재료로 채소, 두류, 버섯, 곡류 및 그 가공품을 이용한 것으로 조미료 및 동물성 국물 등도 전혀 사용하지 않는 것이 특징이다)로 육식을 피한 탁상요리를 말한다. 일본요리는 개개인의 상을 준비하나 보채요리는 4인 정도가 같이 식사하는 형태(四人一卓)로 큰 접시에 요리를 담아내어 가운데 놓고서 요리를 중국요리처럼 먹는다. 에도시대 중기 중국식 쇼진요리라 하여 산성(山城)우치(宇治)의 황벽산 만복사로부터 전파하였으며, 일본에 귀화한 스님인 은원선사(隱元禪師, 잉갱젠시)에 의하여 이어졌다. 불교정신으로부터 살아 있는 재료는 사용치 않는 것이 원칙으로 되어 있으며, 영양 면을 고려 두부(豆腐), 깨(胡麻), 식물류(植物類)를 많이 사용한다. 채소와 건어물을 조리하며 자연의 미를 추구한 선종의 간단한 조리법을 도입해 넣은 것이 특징이다.

(2.6) 탁복요리(しっぽくりょうり, 싯포쿠료리)

무로마치시대(實町時代)인 1571년 나가사키(長岐)항이 개항되고 당나라를 시작으로 포르투갈, 네덜란드 등 외국과의 교류가 성하게 되어 자유 분위기를 체험한 나가사키 사람들이 당시의 복잡한 일본요리 형식을 탈피 개방적인 요리로의 변화를 시도, 현재의 싯포쿠 요리가 생겼다. 탁은 식탁을, 복은 식탁을 덮는다는 뜻이다. 몇 사람이 식탁을 중심으로 해서 큰 그릇에 담은 요리를 나누어 먹는 방법으로 테이블 세팅도 중국식으로 하는 요리이다. 일본화된 중국요리이다.

(2.7) 정월요리(御節料理 : おせちりょうり, 오세치료리)

오세치요리(お節料理)는 명절음식으로 예전에는 설과 명절 때 장만하는 음식을 모두 일컬었으나, 요즘은 설음식만을 가리킨다.

가짓수가 많은 오세치요리는 며칠 만에 만들 수 없기 때문에 12월 초순부터 시작하여 한 가지씩 준비하는 자세가 필요하다. 오세치요리(御節料理)는 설날 아침에 한 번 내는 요리로 좋은 한 해가 되도록 기원하며 정성을 모아 만든 음식이다. 뚜껑을 열었을 때 감탄사가 저절로 나올 만큼 색깔의 조화를 중요시하여 아름답고 화려하게 만들고 담아야 한다. 오세치요리를 도시락에 담을 경우 1단에는 술안주를 담고, 2단에는 권해서 집어먹을 수 있는 안주를 중심으로, 3단에는 구이, 조림요리를 색채를 조화시켜 담고, 4단에는 초무침요리 또는 냄새나 향이 없는 음식을 담아낸다.

청어알은 자손번영을, 고구마조림은 복이 가득하도록, 멸치조림은 옛날 밭에 비료로 사용한 데서 유래되어 풍작을 기원하고, 검은콩조림은 건강하게 살아가기를 기원하며, 다데마키와 다시마말이는 문화를 높인다는 의미이고, 일출어묵이나 모미지(단풍)나마스(무, 당근 따위를 썰어 초에 무친 것)는 나라의 번성과 평안을 나타내며, 쿠와이(쇠기나물)는 생의 희망을, 초로기(두루미냉이)와 등을 굽힌 새우는 장수를 각각 의미한다.

(2.8) 기타

나가사키 항구에서 외국인이나 선원에게 판매하기 위해 시작된 외국풍의 자부요리, 벤토(도시락) 형식의 요리, 돈부리(덮밥) 형식의 요리 등이 있다.

4) 정식요리(定食料理 : 데이쇼쿠료리)

정식(定食)ていしょく : 데이쇼쿠는 주가 되는 요리와 함께 곁들여 먹는 식사를 가리킨다. 주요리와 장국 쓰케모노(절임류)와 함께 곁들여지는 것이 보통이나, 간단하게 고바치나 생선회, 샐러드, 조림 등의 몇 가지로 내기도 한다. 생선구이정식, 튀김정식, 냄비정식, 생선회정식, 도시락정식, 조림정식 등이 있으며 대개 정식메뉴는 점심에만 한정해서 판매하는 것이 일반적이다.

(1) 생선구이정식(燒物定食 : 야키자카나데이쇼쿠)

생선구이 요리가 주가 되는 식사로 생선의 이름에 따라 삼치구이정식, 연어구이정식, 도미구이정식 등으로 나뉘며, 구이한 양념에 따라 소금구이, 양념장구이, 유안야키, 된장절임구이 등이 있다.

- 삼치소금구이정식(春鹽燒定食 : 사와라시오야키 데이쇼쿠)
- 연어구이정식(鹽燒定食 : 사케시오야키 데이쇼쿠)
- 도미소금구이정식(鹽燒定食 : 다이시오야키 데이쇼쿠)
  - 샐러드(サラダ : 샐러드)
  - 진미(小鉢) 고바치(こばち)小鉢(소발) : 초회나 무침 요리 등을 담는 작은 그릇
  - 생선회(刺身 : 사시미)
  - 삼치소금구이(鹽燒 : 사와라시오야키)
  - 밥(御飯 : 고항)
  - 된장국(味汁 : 미소시루)
  - 절임류(御新香 : 오싱코)
  - 신선한 계절과일(季節果物 : きせつの くだもの : 쿠다모노)

(1.1) 장어구이정식(鰻蒲燒定食 : 우나기가바야키데이쇼쿠)

심해에서 태어나 부화한 뱀장어의 새끼 장어는 5,000km에 해당하는 먼 거리를 거쳐 '강의 흐름이 바다로 향하는 곳'인 하구(河口)에 도착, 장어의 치어(稚魚 : 시라스우나기 : 알에서 깬 지 얼마 안 되는 어린 물고기)로 변하고 강을 거슬러 올라가면서 성장하고 다시 산란을 위하여 심해로 회귀한다. 또한 뱀장어는 일반생선의 150배나 많은 비타민 A를 함유하고 있어 일본은 예부터 토왕지절(土王之節), 토용축일(土用丑日)이란 민속일(民俗日)로 정해, 이 기간에 장어를 가장 많이 먹는다. 이 기간은 음양오행설에 의해 '땅의 기운이 제일 왕성한 절기로서 입춘(立春), 입하(立夏), 입추(立秋), 입동(立冬) 전의 18일간'이 뱀장어를 먹는 기간이다. 특히 여름에 더위를 이기고 원기를 보충해 준다고 하여 미용 및 보양식으로 즐긴다.

관동지방에서는 등 쪽으로 포를 뜨고, 관서지방에서는 배 쪽으로 포를 뜬다. 또한 관동지방에서는 하얗게 구운 장어를 한 번 쪄내서 가바야키(소스를 발라 굽는 것)를 하므로

껍질도 살도 부드럽고 기름기가 강하지 않다.

관서지방에서는 찌지 않기 때문에 맛이 짙고 껍질이 질기지만, 밥 사이에 끼워 찌는 경우가 많은데 거기서 부드러워진다. 이 요리를 まむし(마부시 또는 마무시 : 관서지방의 장어덮밥의 다른 이름)라고 한다. 가바야키(蒲燒き)라는 이름은 옛날에 꼬치를 끼워 마루야키로 했었는데, 이것이 변하여 '부들'의 싹(蒲の穗 : 가마노호)을 닮아 가바야키(蒲燒)가 되었다고 전한다. 장어를 이용한 요리로는 장어초무침, 장어달걀말이, 장어차, 장어우엉말이, 장어죽 등이 있고 간은 간맑은국, 간구이, 뼈는 센베이로 해서 많이 먹는다. 장어를 먹을 때 생강 썬 것을 곁들여 먹는데, 생강이 장어의 기름진 맛을 약하게 하기 때문이다. 따라서 장어와 함께 생강을 곁들여 먹는 것이 좋다. 장어구이를 주요리로 해서 장국과 밥, 장아찌 등과 함께 즐긴다.

(1.2) 도미조림정식(タイにものていしょく : 다이니모노데이쇼쿠)

니모노는 조림요리를 뜻한다. 조림요리의 대표음식 중 하나로 도미머리를 비늘 없게 깨끗이 손질하고 토막내어 간장, 미림, 설탕 등으로 윤기 나게 조린 것으로 머리뼈에 붙은 살을 발라먹는 맛이 별미이다. 다이아라(組 : 도미의 뼈가 붙은 살)를 의미한다. 그래서 뼈가 붙은 살을 많이 사용해야 하지만 살 부분보다는 머리 부분 전체를 더 많이 사용한다. 이는 살 부분보다는 뼈 속에 들어 있는 살 부분이 더 맛있기 때문이다.

도미의 머리가 고급이고, 머리 부분에 비교적 살이 많이 들어 있기 때문에 조림으로 많이 사용한다. 또한 도미머리를 통째로 이용해 구이 또는 조림하는 경우가 있는데, 이를 가부토야키, 가부토니라고 한다. 이는 머리를 반으로 갈라놓은 모습이 투구(가부토)와 비슷하다고 해서 붙여진 이름이다. 이 밖에 도미머리술찜(다이사카무시 : 酒蒸), 도미머리 맑은국 등이 있다. 지리냄비는 주가 되는 생선을 중심으로 채소와 함께 푹 끓여 소금, 정종, 조미료만으로 양념하여 나중에 본스(지리스ちりす : ちり酢(초))를 곁들여 먹는 요리이다. 매운탕은 맵게 먹는 우리나라 사람들 입맛에 맞게 한국화된 일본요리이다.

일본인들은 고춧가루를 요리에 사용하지 않으므로 냄비요리를 만들 때 양념이 강하지 않은 지리를 즐긴다. 따라서 지리에는 싱싱한 생선을 꼭 사용해야 한다. 생선 고유의 맛을 즐길 수 있는 조리법이다.

지리의 종류로는 대구(다라)지리, 도미(다이)지리, 농어(스즈키)지리, 복어지리(후구 : 河豚) 등이 있다. 여름에는 농어지리, 겨울에는 복지리가 일품이다. 특히 복어는 뎃지리(鐵ちり)

라고도 하며, 첫눈 내린 날부터 마지막 눈 내리는 날까지가 제철이라고 하며 독이 강해 반드시 복어자격증을 가진 자가 취급해야 한다.

(2) 외식전골정식(鋤焼定食 : 스키야키데이쇼쿠)

얇게 썬 소고기를 채소와 함께 소스를 부어 철판에 익혀먹는 전골요리이다. 대개 즉석에서 익혀먹기 때문에 1인분은 곤란하고 2인분 이상은 주문해야 요리가 가능하다.

고기와 채소를 따로따로 접시에 담아 제공한다. 데쳐 익힌 고기와 채소는 달걀 노른자를 찍어먹는다. 1인분을 주문할 경우 주방에서 끓여 서비스하는 것이 일반적이다. 고기는 질기지 않은 안심 또는 등심을 사용한다.

(3) 요세나베정식(寄鍋定食 : 요세나베데이쇼쿠)

모둠냄비를 말하며 맛국물에 각종 산해진미를 모두 넣어 만든다. 생선류와 어패류, 채소류를 넣고 우동을 넣어 함께 끓이며 약간의 간장과 미림 등으로 양념을 한다.

(4) 생선회정식(刺身定食 : 사시미데이쇼쿠)

생선회를 주 메뉴로 해서 식사하는 것으로, 4~5종류의 생선회를 1인분 정도의 접시에 담아 제공한다. 싱싱한 생선을 사용하는 것이 철칙이다. 계절의 생선으로 계절감을 준다. 흰 살인 광어, 도미, 농어, 숭어 등은 얇게 썰어내고, 붉은 살인 참치, 방어, 다랑어 등은 약간 두껍게 썬다. 등 푸른 생선은 소금에 절인 후 식초에 절여서 먹는 것이 좋다. 소스도 초고추장보다는 그 생선의 맛을 느낄 수 있는 간장과 식욕증진, 류머티즘 · 신경통 개선 등의 효능이 있는 와사비가 좋다. 양념이 너무 강하면 생선회의 맛이 약해진다.

2. 일본식당의 메뉴

1) 일본요리의 식단(食單)

일본요리의 식단(食單)은 다음과 같다. 밥(飯) · 국(汁) · 쓰케모노(漬物 : 무 · 배추 · 오이 등의 채소와 그 밖의 소금절임 · 설탕절임 등의 반찬)를 기본으로 하여 점차 발달한 것이다. 보통 혼젠요리나 가이세키요리에서는 기본적인 요리 외에 3~11가지의 요리를 더 올리고, 요리 사이에는 술을 권하며, 술이 끝난 뒤에는 밥 · 과일 · 과자 · 더운물 등을 내는 형식으로 되어 있다. 재료는 햇것, 제철의 것, 해산물, 조수육 등을 자유로이 조화시켜 쓰게 되어 있으나 일반적으로 중심요리 중심으로 도입하는 요리, 여운을 남기는 후식요리 등으로 농담(濃淡)을 주어 배려한다.

평상시의 식단에서는 밥 · 국 · 쓰케모노 외에 조림 · 튀김 · 구이 · 무침 등을 갖추는데, 밥을 주식으로 할 경우, 서양풍의 커틀릿 · 로스트치킨 · 샐러드나 중국풍의 추툰(酢豚) · 사오마이(燒賣) 등을 반찬으로 들 때가 많아 고래(古來)의 일본요리만을 차리는 경우는 드물다.

2) 현대 일본음식의 특징

시대에 따라 모든 것이 변해가듯 음식도 시대의 흐름에 따라 변화한다. 일본인 상당수가 아직 일본전통의 음식을 중심으로 하고 있지만, 젊은이들의 식생활은 다양해지고 있다. 1950년대 이후의 급속한 경제성장과 더불어 음식의 기준이 영양, 맛뿐만 아니라 웰빙 등이 강조되고 있다. 특히 생활수준의 향상으로 외식산업의 발달을 가져왔다. 일본인의 외식메뉴는 여전히 전통적인 요리도 있지만, 일본인들이 개발한 일본적 양식과 서양으로부터 들어온 서양식 등 다양한 음식들이 있다. 예를 들면, 다음과 같다. ① 전통요리, ② 일본적 양식(카레라이스, 돈가스), ③ 서양식 패스트푸드(햄버거, 프라이드치킨, 도넛 등)

3) 초밥의 종류

① 하코즈시(はこずし) : 오사카 지방에서 주로 만들었던 상자초밥
② 니기리즈시(にぎりずし) : 동경 지방에서 발달한 손으로 주무른 초밥
③ 지라시(ちらし) : 초밥그릇에 먼저 담고 각 재료를 펴놓아 만든 초밥
④ 산사이(さんさい) : 산나물 또는 채소류의 초밥
⑤ 무시(むし) : 익힌 생선류와 초밥을 쪄낸 초밥
⑥ 보오(ぼお) : 가제 행주로 말이하여 썰어놓은 초밥
⑦ 이나리(いなり) : 유부를 삶아 간하여 만든 초밥
⑧ 마키스시(まきすし) : 김말이 초밥류

⑨ 아나고 마키(あなごまき) : 조린 바닷장어와 오이채로 말이 한 김초밥

⑩ 갑파마키(がっぱまき) : 오이채 김초밥

⑪ 낫도마키(なっとうまき) : 낫도말이 김초밥

⑫ 데카마키(でかまき) : 참치말이 김초밥

⑬ 시소마키(しそまき) : 깻잎과 매실 김초밥

⑭ 히모큐마키(ひもきゅうまき) : 피조개의 히모와 오이채로 말이한 김초밥

⑮ 후도마키(ふどまき) & 노리마키(のりまき) : 크게 말이한 김초밥

⑯ 캘리포니아 마키(カリフォルニアまき) : 아보카도를 넣은 김초밥

⑰ 싱꼬마키(しんこうまき) : 맛 단무지를 넣은 김초밥

4) 초밥 먹는 법과 서비스 방법

스시는 담백한 재료로부터 기름기가 많은 익힌 것, 입가심(마키모노류) 등으로 마무리하면 이상적이다. 간장은 생선 쪽에 묻혀 입안으로 넣을 때는 생선이 밑쪽을 향하도록 손으로 집어 입안으로 넣는다. 물수건을 하나 더 옆에 놔두고 손가락 끝을 닦으면서 손끝으로 집어 먹는다. 항상 스시조리사와 홀 서비스원은 고객을 주시하면서 손님의 요구에 응대한다. 초밥을 드는 일본인 고객에게는 젓가락(はし)과 하시오케(はしおけ)와 물수건(おしぼり)을 항상 제공하도록 한다. 식사 후의 디저트는 과일류가 무난하다.

5) 스시 카운터서비스

① 스시 카운터는 영업 전에 청결하게 청소하고 신선한 생선으로 잘 정리하여 진열 냉장고에 준비한다.

② 요리사들의 용모 및 복장이 고객에게 불쾌감을 주지 않도록 한다.

③ 사전예약을 하지 않은 고객 등 특별한 경우에는 지배인의 지시에 따른다.

④ 손님이 착석하면 물수건과 간장을 따라 드린 다음 먼저 음료 주문을 하며 음료 주문을 하지 않는 고객에게는 곧바로 오차를 서비스한다. 오차는 뜨거워야 한다.

⑤ 손님의 주문내용에 따라 간장을 새것으로 바꿔드린다(사시미 후 스시를 드시는 경우).

⑥ 후식을 서브하고 요리사에게서 손님의 전표를 받아 Cashier에게 전달하여 신속한 서브가 되도록 한다.

⑦ 손님이 나가실 때는 분실물 유무를 확인하여 현관까지 안내하며 "감사합니다, 또 오십시오" 하고 인사를 드린다.

6) 회석요리(會席料理, かいせきりょうり, 가이세키료리) 서비스

밥과 국에 중점을 둔 과거의 상차림과 달리 현대는 술을 위주로 한 상차림으로 변하고 있으며, 처음에 제공되어야 할 밥과 국을 마지막으로 바꾸어 놓는다. 이는 호텔이나 전문식당 등에도 보편화되어 있으며 다음과 같은 순서로 제공되고 있다.

① 전채(ぜんさい) 젠사이 : 입맛을 돋우는 역할을 하므로 재료, 맛, 모양, 색깔, 용기 등에 주의한다. 삼채에서 오채까지 있고, 양이 적어야 한다.

② 맑은 장국(すいもの) 쓰이모노 : 쓰이모노는 다량의 즙액 속에 소량의 고형식품을 넣은 장국인데, 담백한 조미와 청량한 향기로써 식욕을 증진시킨다.

③ 생선회(さしみ) 사시미 : 독특한 향기와 맛을 주기 때문에 신선하고 위생적인 조건을 충분히 갖춘 것이어야 한다.

④ 구이(やきもの) 야키모노 : 재료에 높은 열을 가하여 재료의 표면을 익히거나 지방분을 알맞게 녹이는 조리법으로 재료가 지닌 독특한 맛의 성분이나 영양분을 상실하지 않는 조리법이다. 굽는 방법에는 석쇠나 꼬챙이를 사용하여 불에 굽는 직화구이와 팬이나 오븐 등을 사용하여 굽는 간접구이가 있다.

⑤ 조림(にもの) 니모노 : 약간의 장국과 함께 끓여 조미료를 첨가한 요리인데, 가열하면 식품의 질이 연해지므로 소화가 잘되고 조미료로서 향미를 주기 때문에 식욕증진에도 도움이 된다. 조림류는 일반적으로 반찬이나 술안주로 이용되기 때문에 다른 요리와 조화를 이루어야 하며 생선이나 육류가 있는 식단에는 채소류의 조림이 좋다. 맛은 지방의 전통에 따라 특성이 있는데, 특히 관서요리와 관동요리는 현저한 차이가 난다.

⑥ 튀김요리(あげもの) 아게모노 : 재료가 지닌 자연의 맛을 그대로 살릴 수 있고 영양가가 높다는 점에서 튀김은 가장 뛰어난 조리법이다. 튀김옷을 입혀 질 좋은 식물성 기름에 튀기므로 본 재료의 맛은 튀김옷에 의해 완전히 보호되고 기름이 스며들어 맛이 한층 더 좋아지며 영양가도 높아진다.

⑦ 초회(すのもの) 스노모노 : 신선한 생선류, 채소류, 해조류, 조수육류 등의 재료를 사

용하여 양념한 것으로 새콤하고 산뜻한 맛이 입안을 개운하게 하고 식욕을 돋워주므로 계절의 구분 없이 즐긴다.

⑧ 식사(さょうくじ) 쇼쿠지 : 밥, 장국, 오싱코(おしんこ)

⑨ 과일(くだもの) 구다모노 : 계절과일 이용

7) 조리방법의 간단한 분류

조리방법에 따라 간단히 분류하면 다음과 같다.

① 생선회(사시미 さしみ) : 스가다모리(생선 한 마리를 통째로 회로 뜬 것). 우스츠쿠리(밑의 그릇이 비칠 정도로 얇게 저민 회)

② 맑은국(스이모노, すいもの) : 스이모노(가쓰오다시에 약하게 간한 국), 미소시루(된장국)

③ 초밥{스시, 壽司(수사)} : 노리마키(김초밥), 니기리스시(생선초밥), 하코스시(상자초밥) 등이 있다. 식초로 간을 한 밥에 생선을 얇게 저민 것이나 달걀 · 채소 · 김 따위를 섞거나 얹거나 말거나 하는 요리로 한국말로 초밥이다. 원래의 스시는 한국의 식해(食醢)와 같은 것이다. 즉 물고기에 소금 간을 하여 조밥이나 메밥에 버무려 놓았다가 삭은 후에 먹는 생선식해와 똑같은 조리법이다. 이 방법은 지금까지 한국에도 일본에도 전수되고 있으나, 일본에서는 그 후 '하야즈시'라 하여 하야(早 : 빠르다는 뜻의 일본말) 자를 붙여 즉석음식으로서 간소화시켜 다음의 세 가지 요리법으로 분화되었다. 쌀밥에 식초를 뿌려서 새콤하게 조미한 다음 김으로 싼 것이 '노리마키'이고, 생선조각, 기타 해물을 뭉친 밥에 얹은 것이 '니기리즈시', 두부조각을 기름에 튀겨서 만든 유부를 조미하여 주머니처럼 벌리고 그 속에 맛이 나게 조미한 밥을 뭉쳐 넣은 것이 '이나리즈시'이다.

이상은 근세에 만들어낸 스시로 일반화되고 있는데, 이 요리법을 일본인에게 배워서 한국에서 만들고 있는 것이 초밥이고, 그 이름도 한국인이 붙인 것이다.

④ 절임류(쓰케모노, つけもの)(漬(け)物) : 채소절임. 채소를 절인 식품. (일본식) 김치 [동의어] 香の物(こうもの) 다쿠앙, 우메보시, 랏교 등

⑤ 볶음요리 + 조림요리{네리모노ねりもの, 練(り)物)} : 김조림, 깨두부조림, 단호박조림, 고구마(긴통) 등을 반죽하거나 이겨서 만든 일본과자의 총칭(양갱 · 求肥(ぎゅうひ) 등)

⑥ 도시락(마구노우치, まく-の-うち べんとう)(幕の内弁当) : 행사용, 통학용, 야외용 등 (まく-の-うちべんとう)(幕の内弁当) 깨를 묻힌 주먹밥에 반찬을 곁들인 도시락

⑦ 과자(菓子) 菓子かし ; ケ―キ : 요가시 서양과자(西洋菓子) 洋菓子(ようがし), 쿠라모치, 쿠리 만주, 양갱(요캉) 등

8) 조리방법에 따른 자세한 분류

(1) 맑은국(吸物 : すいもん) 스이몬

- 대합맑은국(蛤吸物 : はまぐりすいもん), 도미머리맑은국(頭吸物 : たいあたますいもん)

(2) 생선회(刺身 : さしみ) 사시미

- 활어회(活造り : いけつくり) 이케즈쿠리, 흰살생선회(白身刺身 : しろみさしみ) 시로미 사시미, 붉은 살 생선회(赤 身刺身 : あかみさしみ) 아카미사시미, 조개회(貝刺身 : かいさしみ) 카이사시미

(3) 구이요리(燒物 : やきもの) 야키모노

- 그냥 구이(素燒 : すやき) 스야키, 소금구이(鹽燒 : しおやき) 시오야키, 양념구이(照り燒 : てりやき) 데리야키

(4) 조림요리(煮物 : にもの) 니모노

- 도미조림(煮 : たいあらに) 다이아라니, 채소조림(野菜煮 : やさいに) 야사이니, 닭고기 채소조림(甘煮 : あらに) 아라니

(5) 튀김요리(揚げ物 : あげもの) 아게모노

- 덴푸라(衣揚げ : ころもあげ) 고로모아게, 양념튀김(から揚げ) 가라아게, 변형튀김(り揚げ : かわりあげ) 가와리아게

(6) 찜요리(蒸し物：むしもの) 무시모노

- 생선술찜(魚酒蒸し：さかなさかむし) 사카나사카무시, 달걀찜(茶椀蒸し：ちゃわんむし) 차왕무시, 질그릇찜(土瓶蒸し：とびんむし) 토빈무시

(7) 무침요리(和え物：あえもの) 아에모노

- 채소두부무침(野菜白和え：やさいしらあえ) 야사이시라아에, 벚꽃색무침(櫻和え：さくらあえ) 사쿠라아에, 깨무침(胡麻和え：こまあえ) 코마아에, 젓갈무침(鹽辛和え：しおからあえ) 시오카라아에

(8) 초회(酢の物：すのもの) 스노모노

- 조개초회(패초の物：かいすのもの) 가이스노모노, 문어초회(酢の物：たこすのもの) 다코스노모노, 모둠초회(酢の物 盛り合せ：すのものもりあわせ) 스노모노모리아와세

(9) 냄비요리(鍋物：なべもの) 나베모노

- 복어냄비(鐵ちり：てっちり) 뎃치리, 냄비우동(鍋うどん：なべうどん) 나베우동, 전골냄비(鋤燒：すきやき) 스키야키, 샤부샤부(しゃぶしゃぶ) 샤부샤부

(10) 면류(麵類：めんるい) 멘루이

- 모밀국수(蕎麥：そば) 소바, 우동(うどん), 소면(素麵：そうめん) 소멘

(11) 덮밥류(どんぶり物：とんぶりもの) 돈부리모노

- どんぶり物もの 소고기덮밥(牛肉どんぶり：きゅうにくどんぶり) 규니쿠돈부리, 튀김덮밥(天どんぶり：てんどん) 덴돈, 닭고기덮밥(親子どんぶり：おやこどん) 오야코돈, 장어덮밥(鰻重：うなぎじゅう) 우나기주

(12) 밥(御飯：ごはん) 고항

- 자연송이밥(松茸御飯：まつたけごはん) 마쓰타케고항, 죽순밥(竹子御飯：たけのここはん) 다케노고항, 무밥(大根 御飯：たいこんこはん) 다이콘고항, 밤밥(栗御飯：くりこは

ん) 구리코고항

(13) 차밥(御茶漬 : おちゃつけ) 오차즈케

- 연어차밥(ざけ茶漬 : さけちゃつけ/연어(鮭魚), (魚)サゲ (サケ科の海魚) 자반연어 塩鮭 しおざけ 건연어 乾鮭からざげ 사케차즈케, 매실차밥(梅茶漬 : うめちゃつけ) 우메차즈케, 김차밥(海苔茶漬 : のりちゃつけ) 노리차즈케, 도미차밥(タイ茶漬 : たいちゃつけ/도미(魚)タイ(タイ科の海の魚) 다이차즈케

(14) 초밥(壽司 : すし) 스시

- 김초밥(海苔卷壽司 : のりまきすし) 노리마키스시, 생선초밥(握寿司 : にぎりすし) 기기리즈시, 유부초밥(稻荷寿司 : いなりすし) 이나기즈시, 흩뿌림초밥(散寿司 : ちらしすし/초밥(醋—)(寿司すじ) 치라시즈시, 선택초밥(お好み壽司 : おこのみすし) 오코노미즈시

(15) 절임류(漬物 : つけもの) 쓰케모노

- 가지절임(紫葉漬 : しばつけ) 시바쓰케, 참외오이절임(奈良漬 : ならつけ) 나라쓰케, 즉석소금절임(一夜漬 : いちやつけ) 이치야쓰케, 매실절임(梅干し : 우메보시), 쌀겨절임(糠漬 : ぬかづけ) 누카즈케, 단무지(澤庵漬 : たくあんつけ) 다쿠앙쓰케

3. 일본요리의 종류

1) 오토오시 おとおし(御通し), 사키쓰케(식사 전 진미) さきつけ

일식에서 가장 먼저 제공되는 소품요리로서 음식을 기다리는 동안 지루하지 않도록 제공되는 것이며 가벼운 술안주로도 이용되는 별미이다. 다른 말로 사키즈케 · 쓰키다시라고 하며, 이자카야나 스시식당에서 주요리 주문 전에 무료로 제공되는 일품요리이다.

2) 젠사이(전채) ぜんさい(前菜)

전채. 식사 전에 나오는 요리. 오르되브르 =オードブル

전채요리는 다음의 본요리를 위해 입맛을 돋우는 역할을 하므로 재료, 맛, 모양, 색 등에 세심한 배려가 필요하다. 삼채에서 오채까지 있으며 양이 적고 맛에 있어서는 매운 것, 신 것, 기름진 것, 달콤한 것 등이 있는데 같은 방식이 중복되지 않게 한다.

3) 스이모노(국) すいもの(吸(い)物)

맑은 장국＝すましじる · すまし. 吸い物すいもの椀わん 국공기

스이모노는 즙액 속에 소량의 고형식품을 넣은 장국인데, 담백한 조미와 청신한 향기로 식욕을 증진시킨다. 국의 종류에는 향기와 풍미를 나타낼 수 있는 맑은국과 된장을 풀어서 끓인 진한 국으로 나눌 수 있다.

4) 사시미(생선회) さしみ(刺身)

생선회＝つくりみ. まぐろの刺身さしみ 다랑어회, 참치회

요리는 크게 생식과 가열식으로 구분하는데, 사시미는 생식에 속하는 것으로 특별히 재료에 주의해야 한다. 생선회의 제공방법에는 도미나 광어와 같은 한 가지 생선을 사용하는 것과 여러 가지의 모둠회 등이 있다.

5) 야키모노(구이) やきもの(焼(き)物)

불에 가볍게 구운 생선 · 닭고기 등의 구이요리이다. 야키모노는 높은 열을 가하여 재료의 껍질을 익히거나 지방분을 알맞게 녹이면서 익히는 조리법으로 불에 직접 굽는 직접구이와 프라이팬이나 오븐을 사용하여 굽는 간접구이로 나눌 수 있다. 도미소금구이, 장어 양념구이, 일본식 소고기구이, 닭꼬치, 양념구이 등이 있다.

6) 니모노(조림) にもの(煮物)

다시 국물에 조미료와 간을 맞춘 국물에 육류, 생선류, 채소 등을 넣고 조려 연하게 하는 조리방법이다. 이와 같은 조림류는 일반적으로 반찬이나 술안주로 이용되기 때문에 다른 요리와 조화를 이루어야 하고 생선이나 육류가 있는 식단에는 채소류의 조림이 좋다. 지역적 특징으로 관동풍은 일반적으로 국물이 적어 맛이 진한 것이 특징이며, 관서풍은 국물이 많고 담백한 것이 특징이다. 도미조림, 가자미조림 등이 있다.

7) 무시모노(찜) むしもの(蒸(し)物)

채소 · 생선 · 조개 등을 쪄서 만든 요리를 말한다. 찜통의 증기열로 재료의 모양이나 맛, 영양 손실 등을 적게 하는 조리법이다. 재료는 흰살생선, 닭고기, 달걀, 조개, 채소 등이 쓰이며 담백한 것들이다. 일본 술 사케를 이용한 대합술찜, 도미머리술찜 등이 있다.

8) 아게모노(튀김) あげもの(揚(げ)物)

튀김요리는 기름을 사용하여 고온의 열에 의해 재료를 익혀내는 요리이다. 순간적으로 잠깐 익히므로 재료 자체가 함유하고 있는 독특하고 맛있는 성분을 보존하며 기름의 풍미가 맛을 더해준다. 요리에 사용하는 기름은 식물성이므로 영양가도 높다. 해산물튀김, 소고기튀김, 채소혼합튀김 등이 있다.

9) 아에모노(和物(화물) あえ–もの(和(え)物 · 韲物) 무침(채소 · 생선 · 조개류 등을 초 · 된장 · 깨 · 겨자 등으로 무친 요리) あえ

어패류 · 육류 · 채소류 등을 한 가지 또는 여러 가지를 섞어 양념에 무친 요리이다. 재료에 따라 전채요리가 되기도 하고 술안주나 반찬으로 사용되기도 한다.

무치는 양념에 따라 일본 된장인 미소로 양념한 미소아에, 깨로 양념한 고마아에, 으깬 두부로 양념한 시라아에, 젓갈로 양념한 시오가라아에 등으로 나눌 수 있다.

10) 스노모노(초무침) すのもの(酢の物)

초회는 조미료 중 초를 주로 사용하고 어패류, 채소류 등의 재료를 이용하여 양념한 것을 날것으로 먹거나 가열하여 먹는 담백한 요리이다. 적당한 산미가 있어 진한 조리, 튀김요리 뒤에 먹으면 식욕을 증진시키므로 여름철 진미로 적합한 요리이다. 문어초회, 피조개초회, 꽃게초회, 모둠초회 등이 있다. 생선 · 조개 · 채소 · 바닷말 등을 식초로 조미한 요리 = 酢物すもの

11) 고항(밥) 御飯ごはん ; 飯めし

밥을 메시라고 부르며, 밥을 약간 높인 말이 고항이다. 메시는 곡류를 익힌 것의 총칭으로 보통은 쌀로 지은 것을 밥이라고 한다.

12) 미소시루 みそしる

된장국을 뜻하는 말로 이것은 된장을 기본으로 하여 다시와 건더기가 잘 조화된 진한 맛의 국이다. 일본 각 지방의 된장은 단맛, 짠맛, 매운맛 등의 수십여 종이 있다.

13) 나베모노(냄비요리) なべもの

냄비요리. 'すき焼やき' '寄よせなべ' 등 냄비에 익히면서 먹는 요리의 총칭이다. 냄비요리는 생선, 채소, 육류와 맑은 국물을 이용하여 냄비에 넣고 끓이는 요리로 재료의 종류에 따라 다양하다. 생선류의 냄비요리는 도미지리냄비, 게지리냄비, 샤부샤부 등이 있다.

14) 후구(복요리) ふぐ

〈魚〉 복. 복어 = ふく. 침목과에 속하는 바닷물고기인 복어는 한자로 하돈이라 하는데, 이것은 배가 볼록한 데서 붙여진 이름으로 기름기가 적어 맛이 담백하고 단백질이 많은 생선이다. 복어의 맛은 11월에서 다음해 2월까지가 가장 좋으며 봄에는 복어의 독성이 강해지므로 주의해야 한다. 그 독성은 치명적이기 때문에 복어요리는 면허가 있는 조리사에 의하여 조리된 것이 안전하다.

15) 멘루이(국수) めんるい

면류. 국수는 지방에 따라 맛의 차이가 다양한데, 관동지방은 국물이 진하고 강한 맛이며 관서지방은 연한 맛이 특징이다. 메밀국수는 관동지방, 우동은 관서지방에서 즐겨 먹는다.

16) 데판야키(철판구이)

鉄板てっぱん 철판구이 鉄板焼てっぱんやき。てっぱんやき(—焼き)

데판야키는 철판 위에서 구운 요리라는 뜻으로 카운터(Counter) 형식으로 된 넓은 철판에서 조리사가 직접 요리하여 고객에게 서비스해 주는 것이다. 또한 주방을 고객이 직접 볼 수 있게 공개형태(Open Kitchen)로 되어 있어 조리과정을 지켜보는 고객에게 흥미를 제공하여 주고 식욕을 자극할 수 있으며 조리 즉시 제공되므로 최상의 맛을 유지할 수 있는 요리이다.

17) 다누키소바(狸蕎麥)

관동지방에서는 삶은 소바(蕎麥, 메밀국수)를 돈부리(どんぶり, 덮밥) 그릇에 담아 국물을 붓고 아게다마(揚げ玉, 튀김을 만들 때 떠오르는 튀김가루 부스러기)와 파를 얹어 먹는다. 관서지방에서는 메밀국수에 유부와 파를 돈부리 그릇에 담고 걸쭉한 국물을 부어 먹는다. 일본어로 소바는 메밀을 뜻하는 말로 요즘에는 메밀국수인 소바키리(蕎麥切り)를 가리키는 말로 사용한다.

18) 오차쓰케(お茶つけ, おちゃつけ, おさつけ)

일본인들이 즐겨 먹는 대표적인 음식이다. 녹차에 밥을 말아먹는 일본요리를 말한다. '녹차'라는 뜻의 '오차(お茶)'와 '담그다'라는 뜻의 '쓰케루(漬ける)'가 합쳐진 이름이다. 간단하게 밥을 먹을 때나 간식으로 먹는다. 국에 밥을 말지 않고 따로 먹으며, 반찬에도 국물이 거의 없는 일본요리에서 밥을 차에 말아먹는 것이 독특하다. 깔끔하고 담백한 맛이 나며, 차만 부어 그대로 먹기도 하지만 단조로운 맛을 보완하기 위하여 김 · 가쓰오부시 · 연어 · 도미 · 우메보시(うめぼし (梅干し) 매실장아찌) 등 다양한 재료를 첨가해서 먹기도 한다. 김 넣은 것을 노리차쓰케, 도미 넣은 것을 다이차쓰케, 고추냉이 넣은 것을 와사비차쓰케라고 한다.

19) 쓰케다시(つけーたし, 付(け)足し)

'일본요리에서 술안주 등으로 처음에 내놓는 간단한 요리'를 말한다. '덧붙임, 곁들여 낸 찬류.' 정식 음식이나 정식 안주가 나오려면 조리할 시간이 필요하므로 그 사이에 손님이 무료해지는 것을 막기 위해서 속을 풀어줄 죽이나 달걀찜, 삶은 콩, 절인 과일, 채소무침, 소량의 회 등을 미리 손님에게 가져다주는 것이다.

20) 스키야키(すきやき, 鋤焼)

소고기나 닭고기 등을 두부 · 파 등과 함께, 국물을 조금 부어 끓이면서 먹는 전골 비슷한 냄비요리인데 고기를 鋤すき에 얹어 구운 데서 연유한 소고기와 채소 등을 나베모노(鍋物 : 냄비에 끓이면서 먹는 요리)식으로 조리하는 일본요리를 말한다.

평평한 쇠냄비인 가래{스키(鋤)}를 사용하여 식탁에서 조리해 먹는 스키야키는 해외의 일본 식당에서 인기 있는 음식이다. 스키야키는 석탄이나 운반이 가능한 연료를 이용하여 넓고 얕은 냄비에 얇게 썬 소고기와 두부 · 표고버섯 · 양파와 가는 곤약(시라타키)에 간장과 설탕으로 양념국물을 만든 다음 쇠냄비에 붓고 짧은 시간에 조리한다. 조리 후 날달걀 푼 것에 음식을 살짝 적셔서 먹는다.

4. 식재료

1) 미소(みそ, 된장)

① 간장과 함께 중국에서 전래된 것으로 일본의 대표적인 조미료가 된다.
② 흡수력과 당도가 높아 조미료가 잘 침수되지 않는다.
③ 된장은 본래 침수되지 않으므로 으깨어 배합한 뒤 사용하거나 후에 따로 넣는 것이 좋다.

2) 고마(ごま, 깨)

지방이 많은 조미료로서 보통 통으로 사용하지만, 볶은 후 빻아서 사용하면 소화 흡수력이 좋을 뿐 아니라 더욱 향이 난다.

3) 미링(みーりん [味醂], 미림)

소주에 찐 찹쌀과 쌀누룩을 섞어 빚어서 재강을 짜낸 단술(조미료로 씀)

① 설탕보다 고급인 미링은 일본요리에서 감미용으로 제일 많이 사용된다.
② 덴푸라의 소스보다 메밀국수의 국물에는 반드시 사용한다.
③ 국내에서는 미림, 미향이라고도 한다.

4) 도후(とうふ, 두부)

① 곤야쿠들과 달리 고유의 풍미를 지니고 있어 많이 먹어도 싫증나지 않으며, 국, 조림, 튀김, 냄비요리 등에 곁들여지는 등 사용범위가 넓다.
② 두부, 육류의 부드러운 맛은 채소나 동물성 식품과도 좋은 조화를 이루기 때문에 육류, 생선류, 어패류 등의 냄비요리나 스키야키 등에 첨가하면 맛을 더욱 살릴 수 있고 속을 넣는 재료로 사용되기도 한다.

5) 시오(しお, 소금)

조리할 때 가장 기본적으로 사용되는 조미료라서 사용량에 따라 요리의 맛이 달라진다.

6) 스(す, 식초)

① 초의 사용범위는 넓으며 소금이나 설탕과 결합하면 더욱 독특한 맛을 낸다.
② 소금이 첨가되면 맛이 연해지고 설탕이 첨가되면 맛이 좋아진다.
③ 신맛의 음식을 더욱 신선하게 느낄 수 있게 만들고 입안을 상쾌하게 해서 식욕을 증진시켜 준다. 회석요리 차림표의 중앙에 초회가 있는 것은 바로 이러한 이유 때문이다.

7) 시치미도가라시(七しち味み唐辛子とうがらし, 칠미)

고추를 비롯한 일곱 가지 재료를 섞은 양념
(고춧가루, 삼씨, 파란 김, 깨(흰깨, 검정깨), 풋고추, 산초 등)

8) 준사이(じゅん-さい [蓴菜], 순채)

연꽃 잎사귀의 순으로 잎사귀의 순과 대가 약간 싹이 날 때 잘라서 살짝 데쳐 만든 것으로, 살균 소독하여 병에 담아놓은 것을 스이모노, 쓰마로 사용

9) 낫도(なっ-とう [納豆], 납두)

푹 삶은 메주콩을 볏짚 꾸러미 등에 넣고 띄운 식품 [동의어] 糸引いとひき納豆なっとう.
청국장처럼 띄워 메주처럼 약간 건조시킨 것으로 낫도아에 사용

10) 간장(しょう-ゆ [醬油], 장유)

재료는 우리나라 간장과 같고 염도는 낮으며 풍미가 더욱 좋다. 일본 간장은 특이한 향이 있어 일본요리의 담백한 맛을 내는 데 큰 역할을 한다.

11) 고나산쇼(さんしょ, 가루산쇼)

완전 성숙한 산초열매를 말려 부순 가루로서 후춧가루처럼 사용하는 양념류이다. 보통 된장국과 장어구이에 약간 뿌려 넣는다.

12) 우메보시(うめーぼし [梅干(し)], 매실)

매실장아찌. 매실은 덜 완숙된 작은 것을 파란색으로 절인 것과 완숙된 것을 소금에 절여서 쭈글쭈글하게 된 것이 있다. 빨간 깻잎으로 색깔을 나게 하여 초에 절여 놓은 것이다.

13) 오싱코(おしんこ [新香], 신향)

계절의 채소를 소금에 절인 쓰케모노 또는 미소즈케(味噌漬け)에 살짝 담갔다 먹는 단시간 채소절임, 원어명은 しんこ이다. 오싱코(おしんこ), 아사즈케(浅漬け, あさづけ), 이치야즈케(一夜漬け, いちやづけ)라고도 한다. 간단하게 만들 수 있고 밥에 잘 어울리는 반찬이다. 오싱코에 사용하는 재료로는 오이, 가지, 배추, 무, 양배추 등이 일반적이지만 셀러리나 참마, 생강 등을 곁들여 담가도 맛있다. 여러 가지 국물이나 조미료를 조합한 오싱코 조미액이 판매되고 있으며, 채소를 썰어 그 액에 담가두면 금방 맛있는 오싱코가 조리된다.

가쓰오부시 かつおぶし [×鰹節 : [명사] 가다랑어포. 〈가다랑어를 쪄서 여러 날에 걸쳐 말린 것. 대패 같은 도구로 얇게 깎아 요리에 씀〉 = かつぶし

5. 일식당의 음식 서빙하기

1) 서비스 요령

① 손님이 우산이나 모자, 코트 등을 들고 올 때는 입구에서 인사하면서 받아 들고 안내한다.

② 안내는 손님보다 세 발 정도 앞서 걷는다. 이때 손님은 꼭 중앙의 길로 걷게 한다.

③ 방을 안내할 때는 중앙 쪽으로 안내한다.

④ 먼저 손님이 와 있을 경우 현재 안내하는 손님에게 알린 뒤 방쪽 손님에게 "실례합니다" 소리를 내고 문을 열어서 손님이 먼저 안으로 들어간 다음 가볍게 인사하고 들어간 다음 모자나 소지품을 서로 바뀌지 않도록 정돈한다.

⑤ 먼저 오셔서 대기 중인 손님에게 오차와 과자를 내는데, 과자는 테이블 안쪽에, 오차는 바깥쪽에 놓는다.

⑥ 서브는 손님과 2~3보 떨어진 위치에 무릎 꿇은 자세에서 앞으로 양손을 뻗어 겨우 손님 쪽에 닿을 정도의 위치에서 한다.

⑦ 인사는 손님이 모두 앉으신 뒤에 1미터 뒤쯤의 위치에서 "어서 오십시오" 하고 정중하게 큰 절한다.

⑧ 물수건은 제일 상좌석 손님부터 서브한다.

⑨ 물수건과 다과는 서로 다른 '오봉(쟁반)'에 담아내 서브한다.

⑩ 물수건을 올릴 때는 왼손으로 물수건 그릇을 잡고 오른손으로 물수건 그릇을 받쳐서 서브한다.

⑪ 한 사람의 손님에게 네 개 정도의 물수건을 준비한다.

⑫ 처음 오신 손님은 물수건을 서브한 후 주문을 받는다.

⑬ 주문 받을 시에는 예약한 음식이 있는지 알아보고 계절음식을 소개해 드리고 특별한 기호식품을 알아보거나 그 식당에서 특별히 제공할 수 있는 음식을 소개한다.

⑭ 손님이 오른손을 사용할 시에는 술을 왼쪽에 세워놓고, 왼손을 사용할 시엔 오른쪽에 술을 놓도록 한다.

⑮ '도구리'나 맥주로 술을 따를 때는 오른손으로 술병을 들고 왼손으로는 손가락을 펴서 병머리 쪽을 가볍게 대고 따른다.

⑯ 주전자를 사용할 시에는 뚜껑이 떨어지지 않도록 가볍게 누르고 따른다.
⑰ 밥그릇을 옮길 시에는 엄지손가락을 안쪽으로 모은 다음 다른 네 손가락으로 들어서 옮긴다.
⑱ 손님이 밥을 남겼을 때는 손님께 식사가 끝났는지 물어보고 오차를 올린다.
⑲ 상을 치우고 과일을 내올 때는 상을 치워도 되는지 반드시 손님에게 물어본다.
⑳ 식후에 오차를 낸다.
㉑ 식사가 끝나고 일어날 때에는 대기하고 있다가 손님의 외투를 잘 입혀드리고 기타 소지품을 찾아드린 다음 구두주걱을 미리 준비하고 있다가 서비스하고 현관까지 나가 인사한다.

2) 일반적인 서비스

① 물수건은 고객 앞에서 인사한 후 고객의 오른쪽에서 서브한다.
② 고객이 방안에 들어가면 구두를 가지런히 정리한다.
③ 문을 열고 닫을 때에는 무릎을 꿇고 앉아 양손으로 문을 열고 닫는다.
④ 문을 열 때는 먼저 조금 열고 잠시 후 완전히 연다.
⑤ 방문은 고객이 원할 경우 약 10~15cm(Tray) 정도 열어 놓고 밖에서 대기자세를 하면서 고객의 상황을 살핀다.
⑥ 고객이 방안에서 신호하기 전에 먼저 원하는 서비스를 한다.
⑦ 서브하고 나올 때는 뒷모습이 보이지 않도록 한다.
⑧ 방안에서는 항상 트레이를 사용한다.
⑨ 음식과 그릇이 고객의 머리 위로 가지 않도록 한다.
⑩ 빈 그릇이 많을 경우 트레이를 두 개 갖다 놓고 한 트레이는 치워 사이드 테이블 위에 놓고 다른 트레이를 사용하여 나머지를 치운다.
⑪ 그릇을 치울 때에는 입을 대지 않은 한쪽 가장자리를 잡는다.
⑫ 방에 들어갈 때나 나올 때는 항상 정중하게 목례를 하고 서비스에 임하도록 한다.

(1) 회석요리 서비스 방법

① 회석요리는 한꺼번에 서브하지 않고 양식의 정식메뉴와 같이 메뉴의 차림표에 의해 제공한다.

② 장국을 서브한 후 추가음료를 주문받는다.
③ 도미구이, 왕새우구이, 복냄비 등의 뼈가 있는 생선을 제공할 때는 별도의 물수건을 준비해 드린다.
④ 요리를 추가 주문하는 경우에는 주방에서 요리가 만들어지는 대로 신속하게 제공한다.
⑤ 밥, 장국, 오싱코를 제공할 경우 고객이 뚜껑을 직접 열도록 한다.
⑥ 새로운 코스의 메뉴가 제공될 때마다 오차컵을 교환해 드리고 오차를 서브한다. 보통 코스 메뉴일 경우 오차컵은 3~4번 정도 교환해 주는 것이 좋다.

(2) 냄비요리 서비스 방법

① 냄비요리는 처음부터 식사가 끝날 때까지 고객의 테이블 옆에서 조리해야 한다.
② 냄비요리의 재료는 고객의 수에 맞게 조리해서 고객에게 덜어주거나 냄비에 직접 먹기를 원할 때는 고객기호에 맞게 제공한다.
③ 샤부샤부, 스키야키, 복지리 등의 냄비요리가 1인분일 때는 접시의 고기가 고객 앞으로 놓이도록 한다. 또는 2인분 이상일 때는 주방에서 준비해 준 요리의 내용물이 고객 앞으로 오도록 하며 그릇과 뚜껑의 무늬도 맞추어 덮는다.
④ 냄비요리를 조리할 때 국물이 적으면 냄비 안에 있는 채소와 고기 등의 재료를 모두 건져 고객에게 제공하고 국물을 더 부어서 조리한다.
⑤ 냄비요리를 방에서 서브할 때는 먼저 전열기를 열어서 준비한 후 주방에서 냄비를 갖고 방에 들어가 즉시 전열기 위에 올려놓는다. 냄비를 다다미 위에 놓으면 절대 안 된다.

3) 일식당의 테이블 세팅(Table Setting)

6. 일본차

1) 차의 역사

멀리 신화시대부터라고 하는 설이 있으나, 어디까지나 전설일 뿐 과학적인 확증은 없다. 오차나무는 중국 남부를 비롯하여 동부아시아의 산지와 India 동부의 아셈 지방에 걸쳐 (자연)야생의 오차나무가 분포되었다.

중국의 소엽종과 일본의 오차나무를 자세히 관찰하면 암꽃술이 조금 다르기 때문에 일본 오차나무는 일본자생이 아닐까 하는 설도 있다.

2) 차의 성분

(1) 오차의 주요 성분 – 타닌

타닌은 색을 착색시키기도 하고 단백질을 응고시키는 성질도 있다. 이것이 오차에 포함된 '타닌'의 살균효과이다. 떫은맛을 내는 것이 '타닌'이고 단맛이 나는 것이 중합타닌이라고 하며, 타닌이 산화한 것으로 높은 온도로 가열하거나 고온 발효시키면 변화된다.

(2) 카페인 함유 – 각성작용

타닌과 함께 카페인 성분도 들어 있는 것이 특징이다.

(3) 풍부한 비타민 C 함유

훈기로 오차잎을 쪄서 비타민을 파괴하는 산화효소를 제거한 것이 일본의 불발효차이다.

3) 오차(お茶)의 종류 및 용도

오차는 제조방법에 따라 발효차와 불발효차로 분류된다. 중국차는 녹차를 제외하고는 거의 발효차이다. 높은 온도의 김으로 쪄서 효소의 움직임을 없애 발효시키지 않고 자연 그대로의 녹색으로 만든다.

(1) 말차(抹茶, 맛차)

오차나무가 살짝 필 때 따서 고온으로 찐 다음, 말려서 동절구에 갈아 고운 가루를 만든다. 물은 수돗물보다는 자연생수를 사용하는 것이 오차의 진미를 더욱 느낄 수 있고 물은 항상 100도 이상 끓여서 오차 용도에 알맞게 온도를 조절한다. 가루로 된 차

- 맛차는 60~70도가 알맞다(단, 음식을 곁들인다).

(2) 옥로차(玉露茶, 교쿠로차)

오차나무를 재배할 때 태양의 직사광선을 차단시켜 오차가 싹이 필 때 따서 고온으로 찐 다음 건조시켜 살짝 볶는다. 물의 온도는 60℃가 적합하며 단 음식(과자, 단팥죽, 요캉 등)을 곁들인다.

(3) 전차(煎茶, 센차)

잎이 활짝 핀 후에 따서 바로 고온 증기로 찐 다음 뜨거운 바람으로 건조시켜 살짝 볶는다. 손으로 비벼서 가늘고 길게 만든다. 주로 생선회를 먹을 때 사용하며 생선 비린내를 가시게 한다(물의 온도는 70~80℃). 일본에서 가장 대중적인 차로 식사 전후에 마신다.

(4) 호지차(ほうじ茶, 호지로차)

잎이 완전히 핀 후 기계로 따서 고온으로 찐 다음 밤색 빛깔이 나타날 때까지 볶는다. 주로 식후에 사용하는 대중차이다. 타닌과 비타민, 카페인이 적기 때문에 어린이에게 좋으며, 일반가정에서 많이 사용하는 대중차이다(물의 온도는 90~100℃).

(5) 번차(番茶, 반차)

호지차를 만들 때 고온으로 찐 다음 밤색 빛깔이 날 때까지 볶는 것이 호지차이고, 살짝 볶는 것이 반차이다(물의 온도는 80~90℃). 오래된 큰 찻잎이나 줄기부분으로 만든다.

(6) 현미차(玄米茶, 겐마이차)

볶은 쌀을 반차나 전차에 섞은 것이다(물의 온도는 80~90℃).

(7) 기타 일본차

① 사쿠라차 : 축하할 때 많이 사용하며(결혼, 약혼, 설날) 사쿠라꽃을 그대로 삶은 다음 소금에 절여 말려서 만든다(물의 온도는 70~80℃).

② 우매차 : 매실과 소엽(붉은색) 잎은 말려서 간 다음 소금으로 배합하며 입맛이 없을 때나 식전에 사용한다(식욕을 촉진시킴).

③ 곤부차 : 다시마를 갈아서 만든다. 혈압에 좋고 피를 맑게 한다(물의 온도는 70~80℃).

4) 오차의 보존법

오차가 변질된다는 것은 오차의 성분 중에 타닌의 산화와 함께 오차의 엽록소가 산화되어 분해되는 것을 뜻한다. 산화된다는 것은 오차의 녹색이 엷어지고 맛과 향기가 없어져서 오차의 가치를 잃어버리는 것을 말한다. 산화방지를 위해서 진공 팩에 넣어 섭씨 5℃ 정도의 냉장고에 보관한다.

7. 조정식(朝定食)

아침식사는 하루 일과 중 가장 먼저 시작하는 일로 아침식사 중의 기분이 하루 기분을 좌우하므로 중요하다. 통상 일본인 관광객들이 아침 일찍 관광하기 전에 시간적 여유가 별로 없이 레스토랑에 오기 때문에 신속, 정확, 친절의 세 가지 서비스 요소가 필수적이다.

1) 아침정식의 종류

(1) 밥정식(ごはんていしょく)

고바치, 더운 채소, 조림, 구이, 밥, 된장국, 일본김치, 김으로 구성된다.

(2) 죽정식(おかゆていしょく)

밥정식에서 밥 대신 쌀죽이 제공되는 것이 다르다. 아침에 나가는 죽정식에는 된장국이 포함된다.

(3) 전복죽정식(アワビかゆていしょく)

밥 대신 전복죽이 제공되는 것이 다르다. 전복죽정식에도 된장국이 포함된다.

2) 조식메뉴의 구성

① ごばち : 소량의 요리
② にもの : 더운 요리(삶은 요리)
③ やきもの : 구이요리
④ あじ-つけのり : 맛김(海苔のり)
⑤ ごぢら : 작은 공기에 젓갈류 등을 담아낸다.
⑥ おしんこ : 일본김치
⑦ ごはん : 밥
⑧ あかだし : 된장국

tip 일본의 술문화

일본에서는 일본 술(청주, 알코올 도수 15~16%)과 그 외 세계 각종 주류가 여러 레스토랑, 호텔 등 음식업계에서 유통된다. 일본의 대표적인 것이 니혼슈, 즉 청주인데 주로 쌀로 만든다. 일본 전국의 많은 지역에서 제조되지만, 고급 일본 술산지는 수질이 좋고, 좋은 쌀 생산지에 집중되어 있다. 그중에서도 효고현의 나다, 교토의 후시미, 히로시마의 사이조 등이 유명한 일본의 술 생산지이다. 일본 술은 차게도 따뜻하게도 마실 수 있다. 일본 술은 일본요리와 잘 맞춰서 먹으면 더욱 좋다.

- 소주 : 소주는 고구마, 보리, 사탕수수, 흑설탕 등의 재료로 제조한다. 워카와 비슷하기도 하지만 소주의 알코올 도수는 25도 전후가 많다. 일본의 소주는 각 지방 특산물로 만들어지는 경우가 많다. 그래서 매우 비싼 것에서 비교적 싼 것까지 다양한 종류가 있다. 지방특산 한정품은 고가품으로 팔리고 있다. 맛도 물론 지방에 따라 다양하게 즐길 수 있다.
- 맥주 : 술 중에서 일본인이 가장 잘 마시는 것이 맥주이다. 맥주는 몇 년 전부터 고급스러운 것이 유행하고 있다. 또한 트라이맥주라고 해서 맛은 연하지만, 부담 없이 싸게 마실 수 있는 발포주도 맥주의 한 종류로 많은 서민들이 이용하고 있다. 여름에는 대규모의 백화점, 마켓 아직 노천의 비야가덴을 열 수 있다.
- 위스키 : 일본인은 위스키에 물을 타서 마시는데 이를 미즈와리라고 한다.
- 와인 : 국제적이고 서양화된 음식이 늘어나면서 와인을 마시는 사람이 점점 늘어나고 있다. 유명한 음식점에는 와인통인 소믈리에가 있어, 어떤 음식에 어떤 와인이 어울리는지 음식에 맞는 와인을 제공하고 있다. 와인을 즐기는 사람은 집에 와인셀러(와인에 맞게 온도를 조정해서 저장하는)를 가지고 있기도 하다. 술뿐만 아니라, 스파게티 등 다양한 요리에도 이용한다.
- 외국술 : 서양요리 레스토랑에서는 일제 외국술과 외국에서 수입된 다양한 외국술을 마실 수 있다. 중식 레스토랑에는 소흥주가 있다. 한국의 진로도 어디서나 손쉽게 구할 수 있으며, 유럽뿐 아니라 아시아 여러 나라의 음식점에서도 판매되고 있어 음식과 함께 그 나라의 술을 접할 수 있다.
- 술을 마실 때 : 일반적으로 주점(이자카야)에서 즐거운 분위기 속에서 동료, 친구들과 함께 서로의 잔에 술을 부어주며 간파이(건배)를 하며 마시는 것은 한국과 비슷하다. 단, 한국은 잔이 다 비면 술을 따라주지만, 일본은 술잔이 조금만 비어도 가까이 있는 사람이 술을 따라준다. 대부분 각자 부담(와리캉)이 기본이다.

Grand Hyatt Seoul
1st October – 13th October 2019

322 Sowol-Ro – Teppan

Teppan Seasonal Dinner Menu – Korean Pine mushroom Season
KRW 208,000

Amuse-bouche
아뮤즈 부슈

1st Course
Seared pine mushroom mandu, pine mushroom sabayon, autumn truffle, scallion
송이버섯 만두, 송이버섯 사바용, 가을 송로버섯, 파

2nd Course
Seared pine mushrooms, potato & sage gnocchi, salt-baked onion,
shaved salted ricotta cheese
송이버섯 시어드, 감자·세이지 뇨키, 양파 소금구이, 리코타 치즈

3rd Course
"Korean red snapper en papillote"
Pine mushrooms, artichoke bottom, broad beans, semi-dried cherry tomatoes
"옥돔 파피요뜨"
송이버섯, 아티초크, 누에콩, 반건조 방울토마토

4th Course
dry-aged nuruk rubbed Hanwoo tenderloin A+,
pine mushroom fondant, spring onion, potato & kimchi dauphinoise, wasabi
누룩 발효 드라이 에이징 한우 안심 A++
송이버섯 퐁당, 부추, 감자·김치 도피누아즈, 와사비

5th Course
Korean barbecue-style fried rice
Bulgogi marinated Hanwoo beef, Pine Mushrooms, hot bean paste, dried seaweed,
quail egg, Homemade white kimchi
바비큐 스타일 볶음밥
불고기 양념의 한우, 송이버섯, 쌈장, 김, 메추리알
수제 백김치

Dessert
Jujube & ginseng poached Korean fig,
Soufflé pancake, hazelnut sabayon, candied chestnut
대추·인삼에 데친 무화과,
수플레 팬케이크, 헤즐넛 사바용, 설탕조림 밤

Fairtrade Coffee or Jeju island Tea
공정무역 커피 또는 제주 차

그랜드하얏트서울 테판 메뉴

제4절

중식당(Chinese Restaurant)

호텔 34층에 자리한 웨이루(味樓)는 가장 뛰어난 맛을 표방하는 모던 차이니즈 레스토랑이다. 중국 최고의 베이징 덕 전문 레스토랑 '전취덕' 출신의 셰프가 선보이는 국내 최고의 베이징덕과 산둥요리, 북경요리 등이 준비된다.

인터컨티넨탈 서울 파르나스호텔의 모던 차이니즈 레스토랑 '웨이루(WEI LOU)'

1. 중국요리의 이해

1) 중국의 음식문화

중국은 역사가 유구하고 문명이 발달한 나라로 수천 년 전부터 매우 높은 요리기술을 연구하고 익히기 시작하였다. 그런데다가 나라가 광대하여 각지의 자연조건에 차이가 현저하고, 산물이 풍부하여 음식 습관도 매우 다르다. 그렇기 때문에 중국의 음식은 종류가 매우 많고 맛이 대단히 좋아 세계적으로 유명하다.

중국인의 주식은 쌀과 밀가루를 위주로 하며 남방 사람들은 미판(米飯 : 쌀밥), 니앤까오(年 : 중국식 설 떡) 등과 같이 쌀과 쌀로써 만든 음식을 즐긴다. 북방 사람들은 만터우(饅頭 : 소가 없는 찐빵), 라오빙(烙餅 : 중국식 밀전병), 빠오즈(包子 : 소가 든 찐빵), 화쥐앤(花卷 : 둘둘 말아서 찐빵), 미앤탸오(面條 : 국수), 쟈오즈(餃子 : 만두) 등과 같은 분식을 즐겨 먹는다.

중국인의 부식은 돼지, 생선, 닭, 오리, 소, 양고기와 채소, 콩으로 만든 식품을 위주로 한다. 그러나 각지의 식습관이 다르기 때문에 조리법과 맛에 있어서 주식보다 훨씬 차이가 난다. 일반적으로 '남쪽은 달고, 북쪽은 짜며, 동쪽은 맵고, 서쪽은 시다(南甛 北咸 東辣 西酸 남첨 북함 동랄 북산)'는 설법이 있다. 즉 남방 사람은 단것을 즐겨 먹고, 북방 사람은 짠 것을 즐겨 먹으며, 산둥(山東) 사람은 파 등의 매운맛을 좋아하고, 산서(山西) 일대의 사람은 식초를 즐겨 먹는다.

중국인의 식사 습관은 하루 세 끼이고, '아침은 적당히 먹고, 점심은 배불리 먹으며, 저녁은 적게 먹을 것(早上吃好, 中午吃飽, 晩上吃少)'을 중시한다. 일상식사는 비교적 내실 있게 하고, 경축 휴일의 식사는 비교적 풍성하게 한다. 중국인들은 또한 각 요리의 조합을 중시한다. 보통 몇 사람이 같이 둘러앉아서 몇 종류의 요리를 먹는데, 이때 다른 요리를 선택해서 영양을 균형 있게 섭취한다.

2) 중국차

(1) 흑차(黑茶)

찻잎을 건조시키기 전에 수분이 남은 상태에서 발효시킨 후발효차이다. 찻잎의 색은 흑갈색으로 찻물이 갈황색이다. 오래된 것일수록 풍미가 증가되므로 귀하게 친다. 운남성의 보이차와 광서성의 육보차가 대표적이다. 보이차는 완전히 말린 후에 다시 가공하는데 건조한 차를 그대로 모양을 내면 생차(生茶)가 되고 발효를 거치면 숙차(熟茶)가 된다. 처음엔 냄새가 특이하나 적응되면 독특한 풍미와 감칠맛에 반하게 된다. 광둥요리에 어울리는 차이다.

(2) 백차(白茶)

어린 싹을 따서 닦거나 비비기 등의 가공과정 없이 그대로 건조시키면서 약간의 발효만 일어나도록 하기 때문에 제조법이 가장 간단하다. 약발효차이며 잎의 색은 백(은)색이다. 중국 복건성(福健省) 정화(政和), 복정 등이 주산지이다.

복건성에서 수출을 전문으로 하는 특수한 명차로 거의 쌀의 선단으로 만든다. 백호(白毫)로 덮인 은색으로 바늘과 같이 가늘고 길다. 백호은침(白毫銀針)이라 부르는 차는 그 대표이다. 또 백모란(白牧丹), 수미(壽眉) 등의 종류가 있다. 여름철에 열을 내려주는 작용이 강하다.

(3) 홍차(紅茶)

중국이 원산지인 홍차는 1598년 네덜란드 동인도회사에 의해 유럽으로 전파되었고, 1662년 찰스 2세가 포르투갈에서 온 캐서린 왕비와 결혼하면서 영국에 차문화가 전해졌다고 한다. 발효도 80~90%의 완전발효차인 홍차는 찻잎과 찻물의 색이 모두 붉은빛이다. 중국 홍차는 인도와 실론의 홍차에 비해 쓴맛이 적고 순한 것이 특징이다. 복건성의 쿤후홍차와 광둥성의 인타홍차가 대표적이다.

(4) 황차(黃茶)

녹차와 흑차의 중간에 속하나 녹차에 가깝다. 후발효로 만든다. 찻잎이 황색으로 찻물도 옅은 황색의 황엽황탕이 특징인 차이다. 산뜻하고 단맛이 나는 고급차이다.

호남성의 동정호(洞庭湖)에서 생산하는 군산은침(群山銀針), 복건성의 숭안연심(崇安蓮心), 대만 타이완의 황차 등이 유명하다. 어느 것이나 바늘과 같은 형상이 호사가(好事家)가 귀중하게 여기게 하였다.

(5) 청차(靑茶)

발효 도중 가마에 넣고 볶아서 발효를 멈추게 한 발효도 20~60% 정도의 반발효차이다. 가장 가벼운 백차(白茶)와 강한 홍차의 중간에 위치하는 반발효, 우롱차는 여기에 포함된다. 즉 오룡차로 칭한다. 복건, 광둥, 대만 등이 주산지이다. 녹차의 산뜻함과 홍차의 깊은 맛을 합친 중국 특유의 차이다.

반발효 중국차의 총칭으로 소위 6대 차류의 하나이다. 일반적으로 녹차와 홍차의 중간적인 갈색을 띤 물색으로 방향이 있고 마시기 쉽다. 제조법은 찻잎을 일광위조(일광하에서 시들게 한다) 및 실내에서 위조시키면서 손으로 가볍게 섞고(교반), 발효(찻잎 효소에 의한 산화)를 재촉하여 알맞은 정도로 솥에서 살청(殺靑)한다. 복건성, 광둥성의 특산이지만 지역에 따라 제조공정도 복잡하고 다르다. 복건성 북부의 무이산계(武夷山系)에서 생산하는 무이암차(武夷岩茶), 복건성 남부의 안계철관음차(安溪鐵觀音茶) 등이 명차(名茶)이며 수산(仙茶), 백호(白毫) 오룡차류(烏龍茶類), 대만의 동항오룡차, 문산 포종차 등도 있다.

(6) 녹차(綠茶)

발효시키지 않은 찻잎(茶葉)을 사용해서 만든 차이다. 녹차를 처음으로 생산하여 사용하기 시작한 곳은 중국과 인도이다. 그 후 일본, 수마트라 등 아시아 각 지역으로 전파되었으며, 오늘날에는 중국에 이어 일본과 한국에서 애용되고 있다. 녹차는 동백나무과(Theaceae) 카멜리아 시넨시스(Camellia sinensis)의 싹이나 잎을 발효시키지 않고 가공한 것으로 찻잎을 화열(火熱, 중국식) 또는 증기(일본식)로 가열하여 찻잎 속의 효소를 불활성화시켜 산화를 방지하고 고유의 녹색을 보존시킨 차이다. 녹차는 생잎을 덖느냐 찌느냐에 따라 배건차(중국식)와 증건차(일본식)로 나뉘는데, 배건차는 잎 덖음 → 유념 → 볶음의 과정을 거쳐 제조한다. 우리나라에서는 큰 기업을 위주로 증건차가 기계로 생산되고 있다. 녹차에는 비타민 C와 폴리페놀(polyphenol)이 풍부하며, 항산화작용, 콜레스테롤 제거 효과, 혈압상승 억제작용, 항암효과 등을 갖고 있어, 오늘날 현대인들의 성인병 예방에 좋은 식품이다. 강성의 용정차와 즈우차, 강소성의 부로슌차가 있다(식품과학기술대사전, 2008).

(7) 화차(花茶)

찻잎에 꽃의 향을 흡착시켜 만든 화훈차(花薰茶)를 말한다. 중국의 재스민차가 유명하다. 재스민차는 녹차에 재스민꽃을 첨가하여 만들며 대만에서는 발효시킨 포종차에 꽃을 첨가하여 만들기 때문에 중국식보다 차의 색이 더 진하다. 재스민차 이외에도 국화꽃이나 계수나무꽃, 연꽃, 치자꽃, 난꽃 등도 사용한다. 산지는 중국이며 반발효차로 분류된다. 중국 화차에는 국화차(菊花茶), 말리화차(茉莉花茶), 장미차(梅槐茶), 팔보차(八寶茶), 주란을 섞은 광둥성의 쿠아로차 등이 있다. 복건성의 모리화차는 재스민향을 첨가한 일명 재스민차인데 산둥, 북경, 사천요리에 잘 어울린다(정동효 · 윤백현 · 이영희, 2012).

3) 중국요리의 분류

국토가 넓어 각 지방의 기후, 풍토, 산물 등에 각기 다른 특색이 있어 지리, 정치, 사회, 문화, 경제 등 다양한 요소가 작용하여 4대 요리가 형성되었다. 중국 북부를 서에서 동으로 흐르는 중국 제2의 강인 황허강 유역 및 기타 북방은 베이징 요리를 대표로 하고, 중국 대륙 중앙부를 횡단하는 중국에서 가장 긴 강인 양자강{揚子江 : 장강(長江)}의 하류는 상하이 요리를, 양자강의 중상류는 쓰촨요리(사천요리)를, 중국 화남지방(華南地方) 최대의 강인 주장강(珠江江) 유역은 광둥요리를 대표로 하고 있다. 중국은 6세기경에 발간한 『식경(食經)』이라는 요리 전문서적이 지금도 남아 있을 정도로 중국의 요리는 그 맛과 전통이 증명하고 있다.

중국의 음식 맛은 황하 하류의 산둥요리, 장강 상류의 사천요리, 장강 중하류 및 동남연해의 강소(江蘇) 절강(浙江)요리, 주강(珠江) 및 남방연해의 광둥(廣東)요리의 '4대 계통'으로 나눌 수 있다.

다시 세밀하게 분류하면, 산둥요리(山東菜), 호남요리(湖南菜), 사천요리(四川菜), 복건요리(福建菜), 광둥요리(廣東菜), 강소요리(江蘇菜), 절강요리(浙江菜), 안휘요리(安徽菜)의 '8대 요리(八大菜系)'으로 나눌 수 있다. 각 요리마다 다시 많은 유파로 나눌 수 있는데, 예를 들면, 광둥에는 광둥, 조주(潮州), 동강(東江)의 3개 유파가 있고, 산둥에는 제남(濟南), 교동(膠東)의 2개 유파가 있다. 통계에 의하면, 전국 각지의 각종 음식을 모두 합하면 대략 5천여 종이 된다고 한다.

지역별 특징은 다음과 같다.

중국의 요리는 각 지방마다 계통이 다르고 풍미도 다르다.

일반적으로 남쪽은 단맛, 북쪽은 짠맛, 동쪽은 매운맛, 서쪽은 신맛{南甛(남첨), 北鹹(북함), 東辣(동랄), 西酸(서산)}을 특징으로 한다. 그래서 남방인은 단것을 좋아하고, 북방인은 짠 것을, 산둥(山東)사람은 대파, 마늘 등 매운 것을, 산서(山西) 일대 사람은 식초가 가미된 신 것을 좋아한다.

(1) 사천(四川)요리

사천요리(쓰촨요리 : 四川料理)는 톡 쏘는 맛이 농후하다. 예부터 중국의 곡창지대로 유명한 사천분지는 해산물을 제외한 사계절 산물이 모두 풍성해 야생 동식물이나 채소류, 민물고기요리가 많다. 더위와 추위가 심해 향신료를 많이 쓴 요리가 발달한 것이 특징이다. 사천요리는 '천채(川菜)'라고 하는데, '천채'의 특징은 고추의 매운맛이 풍부하다는 데 있다. 사천의 기후는 습기가 많기 때문에 전통적으로 고추와 생강을 많이 사용한다. 요리법도 다양해서 50여 종이 있다는데, 그중 '볶기(炒)'가 특징이다. 4천여 가지의 요리 중 '땅콩을 넣은 닭볶음(宮保鷄丁)'과 '고추를 넣은 두부(麻婆豆腐)', '생선과 고기채(魚香肉絲)', '누룽지탕(鍋巴湯)' 등이 유명하다.

(2) 산둥(山東)요리

산둥요리는 청조(淸朝) 전성기의 궁중요리를 기반으로 발달한 요리의 일부가 형태를 남기고 있으며, 청나라 초기부터 많은 왕들이 궁중요리사로 산둥성의 요리사를 고용했다. 이때부터 일반적인 음식점도 대부분 산둥사람들이 주도했기 때문에 북경요리는 궁중요리와 소수민족, 산둥요리의 색채를 골고루 지니고 있으며 북경요리에 많은 영향을 미쳤다. '노채'는 북방을 대표하는 요리로, 수산물이 주재료로 이용된다. 맛은 비교적 짜고 맵되 동시에 담담하고 부드러움을 추구한다. '홍린어(紅鱗魚)'는 태산의 계곡에서 나는 생선으로 '바짝 튀긴 홍린어(干炸紅鱗魚)'는 산둥을 대표하는 요리이다. 이 밖에 '황하 탕수 잉어(糖醋黃河鯉魚)', 덕주(德州)의 '뼈를 발라낸 닭요리(脫骨扒鷄)', 청도(靑島) 등 바닷가의 '기름에 볶은 바다소라(油爆海螺)', '굴살볶음(炸蠣黃)' 등도 유명하다. 산둥의 탕도 특징이 있는데, 맑은국에 끓여낸 '청탕연와채(淸湯燕窩菜)'는 끓인 우유와 제남(濟南)의 특산 포채(蒲菜) · 교백(白茭) 등을 넣어 만든 것으로 유명하다.

(3) 광둥(廣東)요리

광둥 지역은 동남 연해에 위치하여 기후가 온화하고 재료가 풍부한 곳이다. 광둥지방은 외국과의 교류가 빈번함에 따라 이미 16세기에 에스파냐, 포르투갈의 선교사 상인들이 많이 왕래하였기 때문에 전통요리와 국제적인 요리관이 정착되어 비교적 간을 싱겁게 하고 기름도 적게 쓴다. '월채'는 광둥지방의 요리를 말하는데, '먹거리는 광주에 있다(식재광주)'는 말처럼 이 지역은 예부터 요리가 발달한 곳이다. 다양한 재료가 특징이며, 심지어 뱀 · 쥐 · 고양이 · 벌레 · 거북이 · 원숭이 등도 먹는데, 뱀 요리는 2천 년의 역사를 지니고 있고, 상어지느러미 요리도 세계적인 명성을 얻고 있다. '지짐(煎)' · '튀김(炸)' · '회(燴 : 볶은 후에 약간의 전분을 넣어 살짝 끓이는 방법)'가 중요한 조리법이다. 대표적인 요리는 용호봉(龍虎鳳 : 뱀, 닭, 사향고양이를 사용한 요리)이다. 서유럽 요리의 영향을 받아 쇠고기, 서양 채소, 토마토케첩 등 서양요리 재료와 조미료를 받아들인 요리도 있다. 간을 싱겁게 하고 기름도 적게 써 가장 대중적인 요리로 꼽힌다.

(4) 상하이(上海)요리(상해요리), 양주(양저우)요리

중국 상하이(上海), 난징(南京), 쑤저우(蘇州), 양저우(揚州) 등지에서 만드는 요리를 말한다. 19세기 이래 유럽의 대륙잠식 정책의 희생으로 상하이가 조계지(租界地)가 되면서 농산물과 해산물의 집산지가 되었다. 요리도 자동적으로 다양하고 독특한 것이 만들어져 중부 중국의 요리를 대표하게 되었다. 양쯔강(양자강) 하류지역을 대표하는 도시는 '난징'이지만, '상하이'가 항구로서 발달하여 국제적인 풍미를 갖추었기 때문에 상하이요리로 부르며, 바다와 가깝기 때문에 해산물을 많이 이용하여 요리한다. 상하이요리는 쌀을 재료로 한 요리와 게, 새우 등의 요리로 정평이 나 있으며, 그 지방의 특산인 장유(醬油)와 설탕을 써서 달콤하고 기름지게 만드는 것이 특징이다. 돼지고기를 진간장으로 양념하여 만드는 홍사오러우(紅燒肉)와 바닷게로 만드는 푸룽칭셰(芙蓉青蟹), 꽃 모양의 빵인 화쥐안(花卷), 그리고 9월 말부터 1월 중순에 맛볼 수 있는 상해의 게요리는 유명하다.

(5) 북경(北京)요리

북경(베이징)요리는 중국의 수도로서 명성과 전통을 지니고 있다. 그중 '북경식 오리구이(北京烤鴨)'는 600여 년의 역사를 지니는 요리이다. 밀의 생산이 많아 면류 · 만두 · 전병의 종류가 많은 것도 특징이다. 우리나라 중국식당에서는 대부분이 이 베이징 요리법을 적용한다. 대표적인 음식은 '베이징 오리요리'이고, 밀전병에 오리고기와 부추(혹은 파)를 넣고 장을 얹어서 싸먹고, 나중에 오리뼈를 우린 탕을 먹는 방식은 매우 독특하다. 또한 곰발바닥(熊掌) · 제비집(燕窩) · 사슴고기 · 오리 물갈퀴(鴨蹼) · 해삼 등을 사용한 궁중요리도 유명한데, 또한 민간음식으로 소흥주(紹興酒)와 함께 먹는 '쇄양육(涮羊肉, 혹은 火鍋 : 징기스칸 요리)'이 있다.

출처 : 인터컨티넨탈 서울 파르나스호텔의 모던 차이니즈 레스토랑

베이징 덕(Peking duck)

북경(베이징)이 가장 화려한 문명을 자랑한 것은 청나라 때로 이때부터 궁중을 중심으로 산둥성을 비롯한 중국 각지에서 우수한 요리사들이 모여 각 지역의 명물 진상품과 장점만을 받아들여서 발전시켰고 별칭인 '청요리'도 이때 유래된 것이다.

(6) 절강(浙江)요리

절강(浙江)요리는 강절(江浙), 강소(江蘇), 회양요리라고도 한다.

음식 원래(본래)의 맛에 신경을 쓴다. 음식의 맛은 담백한 것이 특징이다. 절강요리는 끓이고 푹 삶고 뜸을 들이며 약한 불에 천천히 고는 조리법이 특징이다. 양념을 적게 넣고 음식 원재료 본디의 맛을 강조하며 농도가 알맞은데 단맛이 약간 강하다. 유명 요리로는 '닭 증기구이' 짜오화지(叫化鷄), '소금물에 절인 오리고기' 옌수이야(염수압, 鹽水鴨), '맑은 국물이 있는 게살과 고기의 완자요리' 칭둔세펀스즈토우(청순해분사자두, 清純蟹粉獅子斗) 등이 있다.

이렇듯 다양한 요리의 왕국을 이룬 중국음식에 보편적으로 적용되는 중요한 기준은 첫째가 영양 가치로서, 건강에 이로움이 있는가이며, 둘째는 색(色), 향(香), 미(味), 모양(形)이다. 이에 따라 셀 수 없이 많은 요리 이름이 만들어진바, 이는 하나의 학문으로 정의될 정도이다.

4) 중국의 요리법

종합적으로 말하면, 중국에는 매우 유명한 맛있는 음식이 다양하다. 어떤 계통이나 종류를 막론하고 모두 색, 향, 맛, 모양 네 가지를 중시한다. 이 몇 가지 방면에서 가장 높은 수준에 도달하여 변화를 다양하게 발휘하는 것은 주로 다음과 같은 다섯 가지 요소에 의해 결정된다.

① 재료의 선택
② 칼질의 방법
③ 불의 세기와 시간의 조절
④ 양념의 배합
⑤ 조리의 방법 등

중국요리의 조리법과 먹는 방법은 예술과 같아서 중국문화를 구성하는 한 부분이 되었다. 중국인들은 집에서 손님 접대하기를 좋아하는데, 그것은 손님에게 주인이 손수 만든 중국요리의 맛을 자랑하는 것이 목적이다.

5) 중국 정찬 코스요리의 구성

서양요리처럼 전채, 주요리, 후식이 코스의 기본 골격이다. 자리의 성격에 따라 코스의 종류가 많아지기도 한다. 중국인들은 짝수를 좋아하므로 보통 전채 2종류, 주요리 4종류, 후식 2종류를 기본으로 하고, 전채와 주요리 사이에 탕채(서양의 수프)를 첨가시키는데 많을 때에는 전채 4종류, 주요리 8종류, 후식 2종류를 차리기도 한다.

음료수로서 차가 나오는데, 이 차는 기름진 중국요리를 중화시키는 역할을 할 뿐만 아니라 다이어트 효과도 뛰어나다.

(1) 전채

전채로는 냉채를 많이 내는데, 식사하기 전에 술을 함께 곁들이면 좋다. 냉채라고 해서 반드시 차게 해서 내놓으란 법은 없다. 조리하자마자 뜨거울 때 테이블에 올리는 경우도 있다. 찬 요리 2가지와 더운 요리 2가지를 내는 것이 보통이다. 냉채를 몇 종류 배합시켜 담아 내놓는 요리를 병반이라 하는데, 접시에 담은 모양이나 맛의 배합에 세심한 신경을 써서 식욕을 돋우게 한다. 조리법으로는 무침요리인 빤(拌), 훈제요리인 쉰(燻)이 많이 쓰인다.

(2) 주요리

따차이(大菜)라고 하는 주요리는 탕(湯), 튀김(炸), 볶음(炒), 유채(조미한 물녹말을 얹은 요리) 등의 순서로 나오는 것이 일반적이나 순서 없이 나오기도 한다. 대규모의 연회에서는 찜, 삶은 요리 등이 추가된다. 흔히 중국요리는 처음부터 많이 먹으면 나중에 진짜로 맛있는 요리를 못 먹는다고 말하는 것은 정식코스에서 기름진 음식이 나오기 때문이다. 또한 우리나라의 국이나 서양의 수프에 해당하는 탕채는 전채가 끝나고 주요리에 들어가기 전에 입안을 깨끗이 가시고 주요리의 식욕을 돋우게 한다는 의미로 나오는 요리로 주요리의 중간이나 끝 무렵에 내는 경우도 있는데, 처음에는 걸쭉하거나 국물기가 많은 조림 등을 내며 끝에는 국물이 많은 요리를 낸다.

(3) 후식

코스의 마지막을 장식하는 요리이다. 앞서 먹었던 요리의 맛이 남아 있는 입안을 단맛으로 가시라는 의미가 포함되어 있다. 보통 복숭아조림, 중국약식, 사과탕 등 산뜻한 음식이 쓰인다. 단 음식이 나오면 일단 코스가 끝났다고 보아야 한다. 코스 중간 이후에 나오는 딤섬도 후식의 일종이다. 단 음식의 다음으로 빵이나 면을 들면서 식사를 끝내기도 한다.

2. 중식당의 테이블 세팅 및 식사예절

1) 중식당의 테이블 세팅(Table Setting) 및 좌석배치

(1) 기본 테이블 세팅(Basic Table Setting)

(2) 좌석배치

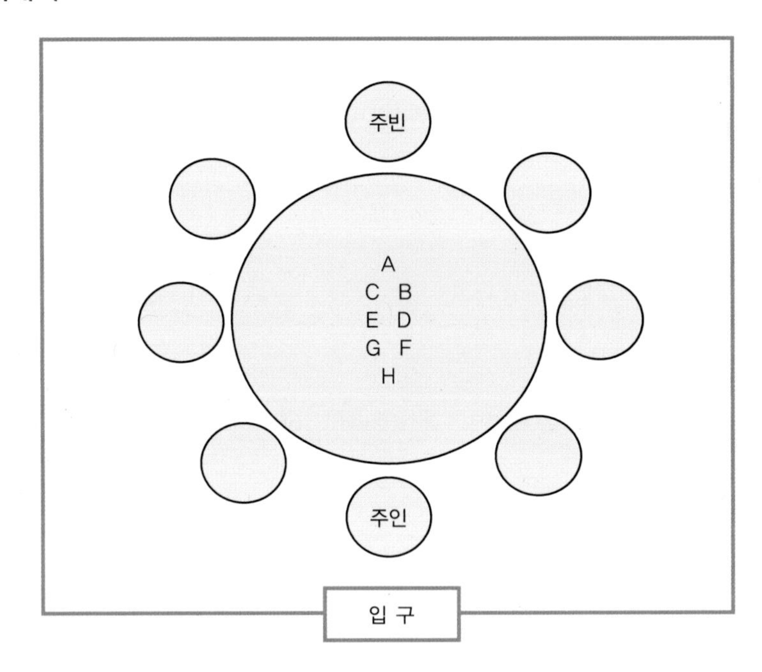

높은 사람에게 A좌석을 주고 마주보며 식사하고, 그 외의 손님은 주빈을 중심으로 해서 오른쪽부터 지그재그로 배치한다.

(3) 중국식 식사예절

테이블 매너의 취지는 참가한 파티나 식사가 즐겁게 진행되도록 하기 위하여 정해진 일종의 규칙이다. 따라서 규칙을 잘 알고 지키면 그곳에 참석한 사람들이나 모임 자체, 자기 자신까지도 즐겁게 지낼 수 있다. 테이블 매너의 요점은 다음과 같다. 오랜 역사와 예절문화를 가진 중국은 '예의의 나라'라고 할 정도로 식사에 대해서도 격식이 있어 좌석배치를 정할 때의 명단은 직위순서에 의하며, 또한 개인별로 초대하였을 때는 초청자 측에서 미리 각 개인의 명단을 식탁에 배치하는 것이 상례이다. 원형탁자가 놓인 자리에서는 안쪽의 중앙이 상석이고 입구 쪽이 말석이다. 중국식의 원탁에 주빈이나 주빈 내외가 주인이나 주인내외와 서로 건너편 중앙에 마주 앉는다. 주빈의 왼쪽 자리가 차석, 오른쪽이 3석이다.

(3.1) 식사 전

① 초대시간에 늦지 않도록 약속시간 5~10분 전 회합장소에 도착하여 주최자에게 인사한 후 응접실에서 기다린다.
② 회장에 들어가기 전 반드시 화장실에 가서 손을 씻고 일을 마친다. 식사 도중에 자리를 뜨면 실례가 된다.
③ 회장에는 불필요한 물건을 가지고 들어가지 않는다.
④ 회장에는 서비스원의 안내에 따라 들어가 정해진 자리에 앉는다. 테이블 매너로는 레이디 퍼스트가 기본규칙이므로 여성이 먼저 자리에 착석한다.
⑤ 착석한 자세도 테이블 매너의 기본이 되므로 주의를 요한다. 테이블과 가슴과의 거리는 주먹 2개가 들어갈 정도로 떨어져야 하므로 의자를 잡아당겨 바싹 앉고 가슴을 편다. 다리를 꼬지 않으며 테이블에 팔꿈치를 괴지 않는다.
⑥ 냅킨은 전원이 착석한 후 펴서 무릎 위에 놓는데, 식사 중 마루에 떨어지지 않도록 한쪽 끝을 옷 사이에 살짝 끼워 놓는다.
⑦ 식전주(食前酒)는 자기의 기호에 따라 분명하게 주문하고, 무리하여 익숙하지 않은 것이나 알코올분이 강한 것을 마시는 일은 삼간다.
⑧ 식사 시작 전에 양옆에 앉은 사람에게 가볍게 인사하고 간단한 자기소개를 하여 식사 중의 환담에 도움이 되게 한다.

(3.2) 식사 중

① 중식당에서는 냅킨과 물수건이 함께 제공되는데, 이때 물수건으로 얼굴이나 목 등을 닦으면 안 된다. 중국요리는 요리접시를 중심으로 둘러앉아 덜어먹는 가족적인 분위기의 음식이다. 러시안 서비스처럼 큰 은쟁반(Silver Platter)에 멋있게 장식된 음식을 고객에게 보여주면 고객이 먹고 싶은 만큼 직접 덜어먹거나 웨이터가 시계도는 방향으로 테이블을 돌아가며 고객의 왼쪽에서 적당량을 덜어주는 방법으로 매우 고급스럽고 우아한 서비스이다.
② 음식을 먹고 싶은 만큼 직접 덜어먹는 서비스를 하는 식사를 할 경우 적당량의 음식을 자기 앞에 덜어서 먹고 새로운 요리가 나올 때마다 새 접시를 쓰도록 한다.
③ 서빙스푼이나 서빙포크가 쟁반이나 접시 위에 비스듬히 놓여 있으니 그것을 사용해 음식을 조금씩 덜어 타인에게 모자라는 피해가 가지 않게 배려하며 적당히 덜어먹

는다.

④ 젓가락으로 요리를 찔러 먹거나 젓가락을 입으로 빨아서도 안 되며, 식사 중에 젓가락을 사용하지 않을 때는 접시 끝에 걸쳐 놓고 식사가 끝나면 상 위가 아닌 받침대에 처음처럼 올려놓는다.

⑤ 식사의 시작은 다른 사람과 함께하여 보조를 맞춘다.

⑥ 식사하는 속도는 대부분의 사람들과 보조를 맞추어 혼자 너무 빠르지도 느리지도 않도록 한다.

⑦ 수프는 소리나지 않게 떠먹는다.

⑧ 식사 중에는 즐거운 분위기를 만들기 위하여 옆사람들과 가벼운 담소를 나누어야 한다. 묵묵히 식사만 하면 실례가 된다.

⑨ 냅킨을 옷에 끼운 채 움직이면 실례가 되고 보기에도 좋지 않다.

⑩ 중식당에서는 오룡차, 재스민차 등의 향기로운 차가 제공된다. 한 가지 음식을 먹은 후에는 한 모금의 차로 남아 있는 음식의 맛과 향을 제거하고 새로 나온 음식을 즐긴다. 기름진 특성을 가진 중국음식의 식생활 속에서 비만을 예방할 수 있는 것은 이와 같은 차를 많이 마시는 습관 때문이라고 한다. 그러므로 중국음식을 먹을 때에는 중국차를 많이 마시는 것이 매우 좋다.

3. 중국주

중국주는 4000년의 역사를 갖고 있으며 술 마시는 관습이 잘 절제되어 있어 술주정을 하거나 기타 술로 인해서 사회질서를 어지럽게 하는 일은 많지 않다.

중국에서는 쌀, 보리, 수수 등을 이용한 곡물을 원료로 해서 그 지방의 기후와 풍토에 따라 만드는 법도 각기 다르며, 같은 원료로 만드는 술도 맛이 다르다. 북방은 추운 지방이라 독주가 발달하였으며, 남방은 순한 양조주를 사용했고, 산악 등 내륙지방은 초근목피를 이용한 한방차원의 혼성주를 즐겨 마시고 있다. 술의 종류를 살펴보면, 역사가 오래되어 4,500여 종의 술이 있는데, 전국 평주회(評酒會)를 개최하여 금메달을 주고 명주라 칭하며, 중국정부에서는 8대 명주에다 중국 명주라 하는 붉은색 띠나 붉은색 리본을 부여한다.

- 백주(白酒)의 대표적인 술로는 마오타이(貴州)가 있다.
- 혼성주(藥味酒)의 대표적인 술로는 오가피주, 죽엽청주, 장미주, 보주, 녹용주 등이 유명하다. 황주(黃酒)의 대표적인 술로는 소흥주(紹興酒), 노주(老酒) 등이 있다. 노주 중 여알주(女兒酒)라는 것이 있는데, 이 술은 예부터 여자가 귀하여 딸을 낳으면 술을 담가서 대들보 밑에 묻어놓았다가 딸이 성장하여 혼례를 치르게 되면 술을 파내어 잔치를 했다고 한다. 그러나 크는 도중에 죽으면 영원히 잊어버려 폐가한 후 집을 고치기 위해 땅을 파는 과정에서 발견되는 술이라 한다. 그래서 몇십 년 이상 된 술이라 하여 노주(老酒)라 한다.

1) 고량주(高粱酒)

수수를 원료로 하여 제조한 것을 고량주라 하며, 고량주는 중국의 전통적인 양조법으로 빚어지기 때문에 모방이 어려울 정도의 독창성을 갖고 있다. 누룩의 재료는 대맥, 작은 콩이 일반적으로 사용되나 소맥, 메밀, 검은콩 등이 사용되는 경우도 있으며, 숙성과정의 용기는 반드시 흙으로 만든 독을 사용한다. 전통적인 주조법이 이 술의 참맛을 더해주며, 지방성이 높은 중국요리에 없어서는 안 되는 술이며 술 애주가에게는 더욱 알맞은 술이다. 색은 무색이며 장미향을 함유하는 경우도 있고, 고량주 특유의 강함이 있으며 독특한 맛으로 유명하다. 주정은 59~60% 정도이며 천진산이 가장 유명하다.

2) 소흥가반주(紹興加飯酒)

중국 굴지의 산지인 절강성(浙江省), 소흥현(紹興縣)의 지명에 따라 명명된 것으로 중국 8대 명주의 하나이다. 알코올 도수는 14~16% 정도이며 색깔은 황색 또는 암홍색의 황주(黃酒)로 4000년 정도의 역사를 갖고 있으며, 오래 숙성하면 향기가 더욱 좋아져 상품가치가 높다. 주원료는 찹쌀에 특수한 누룩을 사용하는 방법이 일반적이며, 누룩 이외에 신맛이 나는 재료나 감초가 사용되는 경우도 있다. 제조방법은 찹쌀에 누룩과 술약을 넣어 발효시키는 복합발효법이 사용되나, 독창적인 방법에 따라 독특한 비법이 내포되어 있다. 소흥주는 다른 중국술에 비해 14~16%의 저알코올 술로써 약한 술을 선호하는 애주가에게 인기가 있으므로 추천하면 무난하다.

출처 : kmuneews.co.kr

고월용산 소흥주 10년 숙성, 5년 숙성, 5년 숙성, 3년 숙성(금룡)

3) 오가피주(五加皮酒)

고량주를 기본 원료로 하여 목향과 오가피 등 10여 종류의 한방약초를 넣고 발효시켜 침전법으로 정제된 탕으로 맛을 가미한 술이며, 알코올 도수 53% 정도이고, 색깔은 자색이나 적색이다. 신경통, 류머티즘, 간장 강화에 약효가 있는 일명 불로장생주이다.

4) 죽엽청주(竹葉青酒)

대국주에 대나무 잎과 각종 초근목피를 침투시켜 만든 술로 연한 노란색을 띠고 대나무의 특유함을 느낄 수 있다. 주정은 48~50%의 최고급 스태미나주로 널리 알려져 있다. 또한 이 술은 오래된 것일수록 향기가 난다. 1400년 전부터 유명한 양조 산지로 알려진 행화촌의 약미주로 고량을 주원료로 녹두, 대나무잎 등 10여 가지 천연약재를 사용한 연황빛을 띤 향기롭고 풍미가 뛰어난 술로 한입 머금으면 톡 쏘는 맛이, 두 번째로 단맛이 입에 퍼진다. 술은 혈액을 맑게 순환시켜, 간 · 비장의 기능을 상승시키는 작용을 하여 자양강장(滋養强壯)에 좋은 술로 평가되고 있다.

5) 마오타이주

백주 중에 가장 많이 알려진 술이다. 마오타이(貴州)로, 1915년 파나마 만국박람회에서 3대 명주로 평가받은 후 세계 도처의 애주가들이 즐기는 술로 중국인들은 나라의 술이라고 하며, 중국인의 혼으로 빚어낸 술이라 한다. 북한의 김일성이 응접실에 비치했다 하며, 중국의 주은래가 이 술에 큰 관심을 가졌고, 미국의 리처드 닉슨 대통령에게 마오쩌둥이 미 · 중 국교 정상화를 위해 만찬 시의 건배주로 유명세를 가지고 있으며, 닉슨이 한 번에 들이켜 감탄한 유명한 술이다. 무려 8차례의 반복 증류와 3년의 저장을 거쳐 출고된다. 스카치위스키, 코낙과 함께 세계 3대 명주로 꼽힌다.

고량을 원료로 하여 순수 보리누룩을 발효시킨 후 8~9번 정도 세정하여 증류해서 독에 넣고 완벽하게 하여 최저 3년 이상 숙성시켜 제조한다. 또한 중국의 8대 명주 중에서 일품으로 알려져 있고, 다른 종류의 술과 비교해 보아도 더 독특한 풍미를 지녔으며, 각종 육류요리와 잘 어울리는 숙취도 없는 고급주이다. 산지는 귀주성 모래현이고 주정은 약 53~55% 정도로 무색투명한 것이 특징이다.

6) 우리앙예(五粮液)

오량액(우리앙예)의 역사는 당대(唐代)까지 거슬러 올라간다. 사천성 의빈시(宜賓市)에서 생산되는 것을 제일로 친다. 주액이 순정 투명하고 향기가 오래간다. 65% 알코올 함량에도 불구하고 맛이 부드러우며 감미롭다. 진품 오량액은 병뚜껑 봉인 종이에 새겨진 국화문양으로 알아본다.

중국의 남서부 쓰촨성(四川省)과 윈난성(雲南省)을 경계로 구이저우성(貴州省)이 자리 잡고 있다. 이 구이저우성은 양자강의 상류 지역으로, 산수가 빼어나고 기후가 온난하며 물자가 풍부하다. 삼국지에서 유비의 본거지였던 파촉이 바로 이 지역이다. 이 구이저우성에서는 중국의 명주가 많이 생산되는데, 그 가운데 우리앙예(五粮液)가 유명하다. 이 술은 중국의 증류주 가운데 가장 판매량이 많다.

우리앙예는 명나라 초부터 생산되기 시작했다. 이 술을 처음 빚은 사람은 진씨라는 사람으로만 알려지고 있다. 우리앙예의 독특한 맛과 향의 비결은 곡식 혼합비율과 첨가되는 소량의 약재에 숨어 있다. 이것은 수백 년 동안 진씨 비방으로 알려져 내려왔다. 1949년 현재의 중국 정부가 들어선 뒤 해마다 열리는 주류 품평회에서도 우리앙예는 마오타이와 함께 중국을 대표하는 명주로 꼽힌다.

제5절

한식당(Korean Restaurant)

서울신라호텔 한식당 '라연(La yeon)'이 프랑스 파리 외무성 관저에서 열린 '라 리스트 2020' 공식행사에서 한국 레스토랑 중 가장 높은 점수인 94점을 획득하며 톱 150 레스토랑으로 선정

서울신라호텔 한식당 '라연(La yeon)'

1. 한국요리의 이해

우리나라는 일찍이 신석기시대 후에 잡곡 농사로 농업이 시작되었다. 그 후 벼농사가 전파되었고, 곡물은 우리 음식문화의 중심이 되었다. 삼국시대 후기부터 밥과 반찬으로 주식, 부식을 분리한 한국 고유의 일상식 형태가 형성되었다.

조미료와 향신료도 약념(藥念)이라 하여 마늘, 생강, 깨소금 등이 약과 같은 효능이 있는 것으로 알고 즐겼다. 일상식은 밥을 주식으로, 여러 가지 반찬을 곁들여 먹는 식사형태이다. 이러한 식사형태는 다양한 식품을 골고루 섭취함으로써 영양의 균형을 상호 보완시켜 주는 비교적 합리적인 관습이다.

주식은 밥, 죽, 국수, 만두, 떡국, 수제비 등이 있고, 부식은 국, 찌개, 구이, 전, 조림, 볶음, 편육, 나물, 생채, 젓갈, 포, 장아찌, 찜, 전골, 김치 등이다. 이러한 일상식 외에 떡, 한과, 엿, 화채, 차, 술 등의 음식도 다양하다. 또 저장 발효식품인 장류, 젓갈, 김치 등도 있다. 우리 음식은 매일 반복되는 일상식과, 일생을 살아가는 동안에 거치는 출생, 성년, 결혼, 사망 등을 거치는 통과의례 음식, 풍년과 풍어를 기원하는 풍년제와 풍어제 등의 행사음식이 있으며, 돌아가신 분을 추모해 차리는 제사음식이 있다. 또한 철에 따라 나는 음식인 절식(節食)을 즐겼다. 향토음식은 지역 특산물로 전수되어 오는 토속민속음식이며, 고장마다 세시풍속이나 통과의례 또는 생활풍습 등의 문화적 의의도 크다.

2. 한국요리의 종류 및 조리

1) 주식(主食)

(1) 밥

주로 쌀밥을 말하나, 보리밥 · 팥밥 · 콩밥 · 조밥 등의 잡곡밥도 즐겨 먹는다.

(2) 국수

잔치나 명절 때 손님 접대용으로 교자상에 밥 대신 국수를 차리고, 보통 때는 점심이나 간단한 식사로 차린다. 국수 종류로는 밀국수 · 메밀국수 · 녹말국수 · 옥수수국수 · 칡국수 등이 있다.

(3) 만두와 떡국, 수제비

국수 대신 간단히 마련하는 주식으로, 만두는 북쪽에서, 떡국은 남쪽에서 즐겨 먹는다. 정월 초하루에는 병탕(餠湯)이라고 하여 떡국을 끓여 조상께 차례 지내고 새해의 첫 식사로 먹는다. 조리법에 따라 더운 장국에 끓인 만둣국, 국물이 없는 찐만두, 차게 식힌 장국에 넣은 편수 등 다양하다. 새해 첫 식사인 떡국은 멥쌀로 흰 가래떡을 만든 뒤 어슷하게

타원형으로 썰어 육수에 넣고 끓인다. 수제비는 밀가루를 반죽하여 맑은 장국이나 미역국 따위에 적당한 크기로 떼어 넣어 익힌 음식이다.

(4) 죽 · 미음 · 응이

곡류로 만든 유동식(流動食)이다. 죽은 곡식 낟알이나 가루에 '물을 넣고 가열할 때 부피가 늘어나고 점성이 생겨서 풀처럼 끈적끈적하게' 호화(糊化)시킨 것이고, 미음은 곡식을 푹 고아 체에 밭친 것이며, 응이는 곡물을 간 다음 가라앉은 전분을 말려두었다가 물에 풀어 쑤는 고운 죽이다. 죽 종류로는 잣죽 · 전복죽 · 깨죽 · 호두죽 · 녹두죽 · 콩죽 등이 있다.

2) 부식(副食)

(1) 탕 · 국

채소 · 어류 · 고기 등을 넣고 물을 많이 부어 끓인 국물요리이다. 탕(湯)이라고도 하는데, 명확한 구분은 없고 다만 우리말로 '국', 한자를 받아들인 말로는 '탕'이라 하여 '국'의 높임말로 사용한다. 한국의 식습관으로 볼 때 중요한 부식이다.

(2) 찌개 · 지지미 · 감정 · 조치

찌개는 맛을 내는 재료에 따라 된장찌개 · 고추장찌개 · 젓국찌개로 나뉜다. 찌개보다 국물을 많이 넣은 것을 지지미, 고추장으로 간한 것을 감정이라 하며, 조선시대 궁중에서는 찌개를 조치라 하였다.

(3) 전골 · 볶음

전골은 각각 색이 다른 재료를 합이나 그릇에 준비하여, 상 옆에 화로를 놓고 즉석에서 볶아 먹는 음식이다. 미리 볶아서 접시에 담아 상에 올리면 볶음이라고 한다.

(4) 찜 · 선(膳)

찜은 국물을 적게 하여 세지 않은 불기운이 끊이지 않고 꾸준한 불에서 뭉근하게 오래 익혀

육류 · 어패류 · 채소 등의 재료를 연하게 한 음식이다. 선은 조리법이 찜과 비슷하나 재료로 호박 · 오이 · 가지 · 두부 등 식물성 식품을 쓰며 소고기를 함께 넣어 요리한다.

(5) 구이 · 적(炙)

구이는 조리법 가운데 가장 기본이 되는 것이다. 종류로는 김구이 · 생선구이 · 더덕구이 · 불고기 등이 있으며, 양념에 따라 소금구이 · 양념장구이 · 고추장구이 등이 있다. 불고기는 원래 얇게 저며서 굽기 때문에 너비아니구이라고 하였으며, 소금구이는 방자구이라고 하였다. 적은 소고기 · 채소 · 버섯을 길게 썰어 양념한 다음 꼬치에 꿰어 구운 것으로, 산적 · 누름적 · 지짐 누름적 등이 있다. 제사 때는 육적 · 어적 · 소적(채소적)의 3적이 쓰인다.

(6) 전유어(煎油魚) · 지짐(煎)

전(煎)은 얇게 저민 고기나 생선 따위에 밀가루를 바르고 달걀을 입혀 기름에 지진 음식을 말하는데, 보통 전유어 · 저냐 · 전이라고 부르나, 궁중에서는 전유화라고 했다. 지짐은 빈대떡, 파전처럼 지져낸다. 전(煎)은 기름에 지진다.

(7) 나물

생채와 숙채의 총칭이나, 대개 숙채를 가리키는 말로 쓰인다. 푸른 채소는 끓는 물에 살짝 데쳐 무치고, 말린 채소는 물에 불려 볶아 익힌다.

(8) 생채

제철에 나오는 싱싱한 채소들을 익히지 않고 초고추장 · 초장 · 겨자장에 무친 것으로, 설탕과 식초를 쓰는 것이 특징이다.

(9) 조림 · 조리개 · 초(炒)

조림은 주로 생선이나 채소로 만드나, 저장해 두고 먹는 소고기장조림도 있다. 생선조림은 고장에 따라 다르지만 대개 살이 희고 담백한 생선은 간장, 파 , 마늘, 생강, 설탕

등의 조미료를 쓰고 붉은 살 생선이나 비린내 많은 생선은 고추장을 넣어 조린다. 궁중에서는 조림을 조리개라고 한다. 초는 조림을 좀 달게 만들어 녹말풀을 입혀 윤기 있게 바싹 조리는 것이다. 초(炒)는 노릇노릇하게 되도록 불에 약간 볶는 것이다.

(10) 회 · 숙회

회는 육류 · 어패류 · 채소류를 날로 또는 살짝 데쳐 초고추장이나 겨자즙 · 소금 · 기름에 찍어 먹는 음식이다. 생회로는 생선회, 육회, 갑회(甲膾), 송이회 등이 있고, 숙회로는 생선살을 녹말에 묻혀 살짝 데쳐내는 어채와 강회, 두릅회가 있다.

(11) 편육

소고기 · 돼지고기 덩어리를 통째 삶아 익혀 보에 싸서 도마로 모양이 나게 누른 다음 얇게 저민 것으로, 초장 · 겨자장 · 새우젓국에 찍어 먹는다.

(12) 족편(足片)과 묵

족편은 겨울철 음식으로 쇠족과 껍질 · 사태를 함께 오래 고아 약하게 간하여 네모진 그릇에 굳힌 다음 얇게 썰어 양념간장을 찍어 먹는다. 묵은 전분질을 풀로 쑤어 응고시킨 것으로 청포묵 · 메밀묵 · 도토리묵이 있다. 양념간장을 곁들인다.

(13) 장아찌

제철에 나는 채소 등을 오래 저장해 두고 먹을 수 있도록 간장, 고추장, 된장, 식초 등에 담가 놓은 것이다. 오랫동안 장류에 박아두는 장아찌는 먹기 전에 잘게 썰어 참기름 · 설탕 · 깨소금으로 조미(調味)한다.

(14) 튀각 · 부각

튀각은 다시마 · 미역 · 파래 · 호두 등을 기름에 바싹 튀긴 것이고, 부각은 감자 · 고추 · 깻잎 · 김 · 가죽나무 순 등을 그대로 말리거나 풀칠을 하여 바싹 말렸다가 기름에 튀긴 음식이다.

(15) 김치

김치는 무, 배추, 오이, 열무 등의 채소를 저농도의 소금에 절여 고추, 파, 마늘, 생강, 젓갈 등의 양념을 혼합해 저온에서 발효시켜서 먹는 식품으로 한국인의 식탁에서 빼놓을 수 없는 음식 중 하나이다. 각종 무기질과 비타민이 풍부해 영양학적으로 우수하다. 젖산균에 의해 정장작용을 하고 소화를 도와주며, 식욕을 증진시키는 역할을 한다. 특히 김장김치는 채소가 부족한 겨울철에 비타민의 공급원이 되었다. 지역에 따라 담그는 법이 다르다.

(16) 포(脯)와 젓갈

주로 소고기를 간장으로 간하여 말린 육포와 생선을 통째로 말리거나 살만 떠서 대개 소금으로 간해 말린 어포가 있다. 젓갈은 어패류를 소금에 절여 만든 저장식품으로 새우젓 · 멸치젓 등은 주로 김치의 부재료로 쓰이고, 명란젓 · 오징어젓 · 창란젓 · 어리굴젓 · 조개젓은 반찬으로 이용된다. 또 생선을 토막친 뒤 소금 · 무 · 고춧가루 · 파 · 마늘 등을 버무려 발효시킨 식해(食醢)도 있다.

3. 후식

1) 떡

시식 · 절식 · 가정의례(家庭儀禮 : 개인이 일생을 살면서 치르게 되는 중요한 사건과 관련하여 가족을 중심으로 행하게 되는 일련의 의식절차) 또는 가족과 이웃 간의 정을 나누는 음식이다. 시루에 직접 떡가루를 안쳐 찌는 시루떡과, 떡가루를 반죽하여 모양을 빚어 만드는 물편으로 나뉜다.

2) 한과

차나 화채에 곁들이는 후식으로, 생일 · 혼례 등의 가정의례 때 쓰이는 귀중한 음식이다. 강정류 · 유밀과류 · 숙실과류 · 과편류 · 다식류 · 정과류 · 엿강정류 등으로 나뉜다.

3) 차와 화채

차는 재료에 따라 녹차 · 탕차 · 과일차로 나뉜다. 녹차는 삼국시대 불교와 함께 전래된 것으로, 찻잎에 더운물을 부어 우려서 마시는 것이다. 탕차는 생강 · 계피 · 인삼 · 구기자 · 오미자 등을 끓여 맛을 우려내는 것이다. 과일차는 사과 · 유자 · 모과 · 귤껍질 · 석류 등 신 과일을 넣고 끓이는 것이다. 화채는 차게 해서 마시는 한식음료이다.

4. 명절음식(名節飮食)

명절음식(名節飮食)이란 우리나라 고유의 명절에 특별히 만들어 먹는 전통음식이다.

조상들은 계절에 따라 좋은 날을 택하여 명절이라 정하였고 갖가지 과학적으로 영양에 좋은 다양한 음식을 차려 조상에게 제사를 올리고 가족과 이웃 간의 정을 나누어 왔다.

5. 상차리기

전통 반상(飯床)의 종류 및 메뉴는 다음 표와 같다.

전통 반상(飯床)의 종류 및 메뉴

<table>
<tr><th>구성</th><th colspan="7">기본음식</th><th colspan="10">반찬</th></tr>
<tr><td>종류</td><td>밥</td><td>국</td><td>찌개</td><td>찜</td><td>전골</td><td>김치</td><td>장류</td><td>생채</td><td>숙채</td><td>구이</td><td>조림</td><td>전</td><td>장아찌</td><td>마른반찬</td><td>젓갈</td><td>회</td><td>편육</td></tr>
<tr><td>3첩</td><td>1</td><td>1</td><td>X</td><td>X</td><td>X</td><td>1</td><td>1</td><td colspan="2">택일</td><td colspan="2">택일</td><td>X</td><td colspan="3">택일</td><td>X</td><td>X</td></tr>
<tr><td>5첩</td><td>1</td><td>1</td><td colspan="3">택일</td><td>2</td><td>2</td><td colspan="2">택일</td><td>1</td><td>1</td><td>1</td><td colspan="3">택일</td><td>X</td><td>X</td></tr>
<tr><td>7첩</td><td>1</td><td>1</td><td>1</td><td colspan="2">택일</td><td>2</td><td>2~3</td><td>1</td><td>1</td><td>1</td><td>1</td><td>1</td><td colspan="3">택일</td><td colspan="2">택일</td></tr>
<tr><td>9첩</td><td>1</td><td>1</td><td>2</td><td>1</td><td>1</td><td>3</td><td>2~3</td><td>1</td><td>1</td><td>1</td><td>1</td><td>1</td><td>1</td><td>1</td><td>1</td><td colspan="2">택일</td></tr>
</table>

출처 : 반상[飯床] Basic 중학생을 위한 기술 · 가정 용어사전, 기술사랑연구회, 2007.8.10

6. 테이블 세팅(Table Setting) 및 서비스 방법

(1) 일반 한식당 기본 테이블 세팅(Basic Table Setting)

① Napkin ② Spoon & Chopstick Holder
③ Spoon ④ Chopstick
⑤ Leaf Tea Cup

(2) 기본 테이블 세팅(Basic Table Setting)

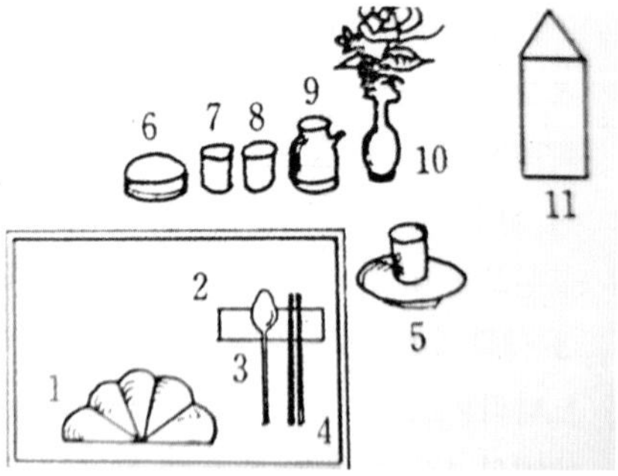

① Napkin
② Spoon & Chopstick Holder
③ Spoon
④ Chopstick
⑤ Leaf Tea Cup
⑥ Leaf Tea Cup & Saucer ⑦ Salt ⑧ Pepper
⑨ Soy Sauce ⑩ Flower Vase ⑪ Tent Card

(3) 특별 테이블 세팅(Special Table Setting)

① Table Mat ② Napkin
③ Spoon & Chopstick Holder ④ Spoon ⑤ Chopstick
⑥ Pinenut Porridge Spoon ⑦ Dessert Spoon ⑧ Dessert Fork
⑨ Leaf Tea Cup & Saucer ⑩ Ashtray ⑪ Salt
⑫ Pepper ⑬ Soy Sauce Bottle ⑭ Tent Card

(4) 한식당의 테이블 세팅 서비스

① 상의 전면에는 냅킨 또는 물수건, 숟가락과 젓가락 및 받침, 물컵과 컵받침을 놓는다.
② 상의 후면에는 소금, 후추, 간장, 꽃병 등을 놓는다.
③ 구이 등에는 생채, 숙채, 배추김치, 물김치, 간장, 파채, 필수 소스 등을 올린다.
④ 밥그릇은 왼쪽에 놓고 그 오른쪽에 국을 놓는다. 개인접시는 국의 오른쪽에 놓는다.

⑤ 수저와 젓가락은 언제나 국그릇 자리의 오른쪽에 도일리(Doily : 받침 천 또는 종이) 위에 가지런히 놓는다.
⑥ 조미료용 종지는 오른쪽에 놓는다.
⑦ 국물이 있는 찌개는 오른쪽에 놓는 것이 편리하고, 그 외의 반찬은 조화롭게 놓으며 같은 종류가 한 곳으로 몰리지 않게 놓는다.
⑧ 마른반찬류, 젓갈류는 중심에 놓는다.
⑨ 김치는 반상의 중심 뒤쪽에 놓는다.
⑩ 주요리를 올린 후, 밥과 맑은 된장국을 함께 올리고 후식으로 과일, 화채, 차 등을 올린다.

(5) 한식의 음식 서빙하기

(5.1) 서비스 수칙 1

- 밝은 미소와 공손하고 명랑한 인사말로 영접한다.
- 미소 띤 얼굴로 아침, 점심, 저녁 등으로 구분하여 시간에 알맞은 인사말로 고객을 맞이한다.
- 예약 고객이 있을 경우, 먼저 예약에 따른 장소, 테이블 및 모든 준비사항을 점검하고 고객의 성명, 예약사항을 체크하여 “ㅇㅇ선생님”이라 불러줌으로써 친근감을 갖게 한다.
- 일반고객인 경우 먼저 동행인 수를 물어본 후 고객이 원하는 장소나 테이블의 가능 여부를 확인하고 고객이 원하는 곳으로 모실 수 있도록 최대한 노력한다. 그렇지 못할 경우 먼저 “죄송합니다”라고 말한 뒤 양해를 구하고 가능한 곳으로 안내한다.
- 고객은 입장했지만 테이블이 없을 경우에는 먼저 “죄송합니다”라고 말한 뒤 양해를 구하고 웨이팅 룸(Waiting Room)이나 카페(Cafe)로 모시고 사용 가능시간을 알려드림과 동시에 웨이팅 리스트(Waiting List)에 기록한 후 자리가 마련되면 처음 가입한 순서대로 좌석을 배정한다.
- 테이블 세팅(Table Setting)이 완료되면 고객에게 “기다려주셔서 대단히 감사합니다. 이쪽으로 오십시오”라고 말하며 한 발 앞서서 지정된 장소로 안내한다. 고객이 앉도록 의자를 빼드리면서 여성고객이 착석할 때에는 두 손과 한 발을 이용하여 의자를 밀어드려 착석을 도와준다.

- 메뉴를 고객에게 보여드린다.
- 물수건은 주빈을 중심으로 해서 시계방향으로 서브하고, 이때 물수건은 여름에는 차갑게 겨울에는 따뜻하게 보관하여 트레이에 받쳐 서브한다.
- 주빈으로부터 시계방향으로 주문을 받는다.
- 시간이 오래 걸리는 음식은 미리 양해를 구한다.
- 반찬의 내용은 동일한 조리방법이 겹치지 않도록 하며 같은 재료가 중복되지 않도록 한다.
- 국물 있는 요리는 오른쪽, 마른 요리는 왼쪽에 놓는다.
- 상의 오른쪽 윗부분은 더운 요리 중 국물 없는 요리를 놓는다.
- 상의 오른쪽 아랫부분에는 국이나 찌개처럼 국물 있는 더운 요리를 놓는다.
- 간장, 초고추장, 새우젓 등의 주위에 이들 소스와 관계있는 요리를 놓아 중앙에 위치하도록 한다.
- 손이 자주 가는 요리는 앞에 놓고 중간 라인에 마른반찬이나 조림 등을 놓는다.
- 다수의 고객이 식사할 경우 공동으로 사용하기에 위생상 곤란한 물김치, 국, 초간장 등은 각 개인당 1개씩 담아 제공하는 배려가 필요하다.
- 뚜껑 달린 오목한 그릇인 토구가 필요한 경우 음식을 먹다가 나오는 뼈, 가시를 뱉을 수 있도록 왼편에 놓는다.
- 순서에 따라 요리를 제공하는 경우 차가운 반찬, 마른반찬, 국물 없는 더운 요리, 국물 있는 더운 요리 순으로 놓는다.
- 2인 이상이 식사할 경우 김치는 중앙에 놓고 더운 요리와 찬 요리는 서로 대각선으로 놓아 이용하는 데 불편이 없도록 유의한다.
- 신선로나 불고기 등의 음식은 고체 알코올로 불의 온도를 유지시켜 주며 불이 꺼지지 않도록 유의한다.
- 모든 음식은 오른쪽으로 서브한다. 신선로만 왼쪽에서 서브한다.
- 국은 오른쪽에서 서브하며 뜨거운 것은 특히 주의한다.
- 새로운 요리를 제공할 때는 새 접시로 교체해 드린다.

(5.2) 서비스 수칙 2

- 음식 접시를 잡을 때에는 가장자리 테두리 안에 손가락 지문이 닿지 않게 위생적으로

잡도록 습관화한다.

- 후식을 서브할 때는 모든 접시를 치우고, 후식용 접시를 세팅한다.
- 후식은 오른손으로 오른쪽에서 서브한다.
- 식사가 끝나면 과일 등을 서브한다.
- 손님이 식사를 마치고 나간 뒤 신속히 테이블을 재정리한다.
- 물은 항상 물잔에 7~8부 정도 차 있어야 한다.
- 고객님 식사는 맛있게 드셨습니까? 안녕히 가십시오! 고객님 '또 오십시오!'라고 정중히 인사한다.

(5.3) 한국식 식사예절

식탁배치 시 출입문에서 떨어진 안쪽이 상석이므로 주빈이 앉도록 배려한다. 동쪽에 있는 예의에 밝은 나라라는 뜻으로, 예전에 중국에서 우리나라를 일컬어 '동방예의지국(東方禮義之國)'이라 했다. 우리나라에서는 손윗사람이 수저를 든 후 손아랫사람이 따라서 수저를 들도록 하여 윗사람에게 예를 갖추도록 하였다. 그리고 식사 중에는 씹는 소리를 내지 않도록 주의한다. 식탁에서는 곧고 단정한 자세를 유지한다. 숟가락과 젓가락은 빨지 말고 또한 숟가락과 젓가락을 동시에 한 손으로 쥐지 않는다. 밥은 한쪽에서부터 먹도록 하고 입 속에는 적당한 양의 음식을 넣어 씹을 수 있도록 한다. 음식을 입에 많이 넣고 말하는 것을 삼가야 한다. 국물이 있는 음식은 그릇째 마시면 안 된다.

국은 소리가 나지 않도록 떠서 먹는다. 멀리 떨어져 있는 음식이나 소스, 조미료 등은 옆에 있는 사람에게 집어주기를 부탁한다. 식사 중 기침이나 재채기가 나면 재빨리 고개를 돌려서 손수건을 대고 상대방에게 식욕을 잃게 하는 실수를 하지 않도록 유의한다. 밥이나 반찬을 뒤적거리면서 먹는 것은 매우 좋지 않으며, 젓가락으로 고명을 털면서 먹으면 안 된다. 음식을 다 먹었으면 수저를 가지런히 오른편에 놓는다. 식사 중에는 앉은 자세를 자꾸 바꾸지 말고 식사 중 식탁에서 말없이 빠져나가는 것은 좋지 않은 매너이다.

자신의 언행이 남에게 결례가 되지 않도록 각별히 주의하고 유쾌한 식사를 하도록 노력해야 한다.

제6절

뷔페식당(Buffet Restaurant)

JW Marriott Hotel Seoul 뷔페식당 'Flavors'

1. 뷔페식당의 이해

1) 뷔페(Buffet)의 유래

테이블에 진열해 놓은 요리를 균일한 가격에 자기가 원하는 음식을 양껏 먹을 수 있는 셀프서비스 식당이다. 스모르가스보드(Smörgåsbord)는 스웨덴 언어인데, 뷔페스타일로 서브하는 것을 칭하는 말이다. 노르웨이에서는 쿨데보르드(Kolde Bord, Cold Table), 덴마크에서는 콜트보오드(Koldtbord, Smorgasbord)라고 칭한다. 생일 등 축하연 성격의 식사이다. 격식 없이 찬 음식, 따뜻한 음식, 후식 순으로 먹는다. 일본에서는 바이킹 레스토랑(Viking Restaurant)이라 한다. 바이킹이란 12C경 북유럽의 노르웨이를 중심으로 활동했던 해적인데, 이 뷔페를 최초로 시작한 곳이 제국호텔의 바이킹 레스토랑이었기 때문에 그 레스토랑의 이름을 따서 불리게 되었다는 설과 바이킹의 식사가 대식사(大食事)였으며 그들이 상륙하면 큰 연회를 베풀어 여러 가지 요리를 즐겼는데, 이러한 바이킹의 식사에서 유래했다는 설도 있다. 해적의 이름을 따서 바이킹이라 부르기 시작하였다고 한다.

JW Marriott Hotel Seoul 뷔페식당 'Flavors'

2) 뷔페식당의 분류

(1) 오픈 뷔페(Open Buffet) : 상설부페

불특정 다수의 입장고객을 대상으로 일정한 가격을 지불하면 다양한 음식들을 자기 양껏 먹을 수 있는 일반적인 뷔페식당의 형식을 말한다.

(2) 클로즈드 뷔페(Closed Buffet) : 연회뷔페

연회장에서 고객의 요구에 의하여 예약된 가격과 인원에 따라 요리의 양과 종류가 결정된 뷔페형식을 말한다. 이러한 뷔페는 성격에 따라 입석뷔페(Standing Buffet)와 착석뷔페(Sitdown Buffet) 등으로 구분할 수 있다.

3) 뷔페식당의 장단점

구분	내용
장 점	• 기호음식을 다양하게 충분히 먹을 수 있다. • 종류가 많으므로 다양한 요리를 즐긴다. • 신속한 식사를 할 수 있어 시간이 절약된다. • 비교적 가격이 저렴하다. • 고객의 불평이 비교적 적다. • 소수의 종사원으로 많은 고객을 맞이할 수 있어 인건비가 적게 든다. • 국적이 다른 여러 나라의 고객을 서비스할 수 있다. • 고객의 취향에 맞는 음식의 선택이 가능하다. • 다른 영업장에서 남는 재료를 사용하여 음식을 만들 수 있기 때문에 재고가 적어질 수 있다.
단 점	• 요리 보관이 어려우므로 원가가 높다. • 고객의 Self Service로 불편함이 있다. • 원가율이 대체로 높다.

2. 뷔페식당의 서비스 방법

1) 테이블 안내

① 고객이 들어서면 귀중품과 코트 등은 보관룸(Cloak Room)에 맡기도록 한다.

② 인원수에 맞는 테이블이나 예약테이블로 안내한다.

③ 안내자와 담당종사원은 착석을 돕는다.

④ 안내자는 상냥한 미소와 부드러운 언어로 안내한다.

⑤ 안내를 마치면 안내자는 고객에게 예의를 표하고 입구의 정위치로 간다.

⑥ 음료를 원하지 않을 때는 뷔페 테이블까지 안내한다.

2) 주문받는 요령

뷔페식당에서 요리는 차려져 있기 때문에 식사에 대한 주문을 받지 않고 요리 이외의 음료주문을 받아 고객의 식사를 한층 더 돋우어줄 수 있도록 해야 하는데, 다음과 같은 요령으로 받는다.

① 고객이 안내되면 시간적 여유를 주어 식전음료를 주문받는다.

② 고객의 신분, 식사종류 등을 파악하여 음료주문을 받도록 한다.
③ 음료를 들고 있지 않은 고객에게는 식사 중에 음료를 권유하여 본다.
④ 15° 정도 구부린 상태에서 미소 띤 얼굴로 주문을 받는다.
⑤ 음료의 주문을 받은 후에는 감사의 예를 표한 후 신속하게 제공한다.

3) 테이블서비스

(1) 서비스 요령

① 고객의 셀프서비스 활동에 지장이 없도록 충분한 공간과 통로가 필요하다.
② 셀프서비스에 불편을 느끼는 고객은 종사원이 도와준다.
③ 접시가 비워진 고객에게는 음식을 더 권하고 의향을 물어본 뒤 빈 접시를 치운다.
④ 수프와 커피는 종사원이 제공한다.
⑤ 모든 요리는 간편하게 먹을 수 있도록 세분화시켜 제공하여야 한다. 수시로 부족한 음식을 보충한다.
⑥ 테이블이 시작되는 부분의 가장자리에는 모든 서비스용 빈 접시를 놓는다.
⑦ 접시가 비워진 고객에게는 더 권하고 빈 접시 수거 시 반드시 고객의 의향을 물어 본다.
⑧ 카빙(Carving)이 필요한 요리는 조리사에 의하여 서비스된다.
⑨ 뷔페음식은 찬 뷔페(Cold Buffet)와 더운 뷔페(Hot Buffet)로 나눌 수 있는데, 뜨거운 음식은 뜨겁게, 찬 음식은 차갑게 제공될 수 있도록 음식의 온도관리 절차를 지킨다.

(2) 테이블 치우는 방법

고객이 음식을 다 먹었거나 더 먹고자 할 때 담당종사원은 새로운 접시를 사용하도록 안내하고 역시 새로운 기물로 바꾸어 세팅한다.

(2.1) 접시 치우는 법

- 접시가 비워지는 고객에게는 음식을 더 권한다.
- 고객의 의향을 물어 빈 접시를 뺀다.
- 빈 접시는 왼손에 차곡차곡 쌓아서 팬트리(Pantry)로 철수한다.

- 빵접시, 카스터세트(Caster Set), 글라스 등은 트레이(Tray)를 이용하여 뺀다.
- 식탁용 솔(Crumber)을 사용하여 테이블 클리닝을 한다.
- 더러운 재떨이는 새것으로 교환해 드린다.

(2.2) 테이블 정돈법

- 고객이 식당 이용 후 나갈 때는 감사의 예를 표하고 입구까지 환송한 후 테이블을 치운다.
- 테이블 위에 남아 있는 기물은 모두 트레이(Tray)를 이용하여 신속하게 치운다.
- 새로운 테이블 클로스를 펼 때에는 언더 클로스(Under Cloth)가 보이지 않도록 해서 편다.
- 테이블 클로스를 펼 때는 종사원의 등이 옆 테이블 고객의 앞을 가리지 않게 주의한다.
- 기다리는 고객을 위하여 신속하게 테이블을 다시 세팅한다.

4) 뷔페식당의 테이블 세팅

(1) Food Table Setting

JW 메리어트 호텔 하노이의 뷔페 레스토랑

(2) Hall 테이블의 크기와 종류

(2.1) 직사각형 테이블(Rectangular Table)

식당의 창가와 벽, 때로는 중앙에도 배치된다.

- Hall : Table 4인용 140×90cm이며 높이는 75cm이다.
- Room : Table 4인용 140×80cm이며 높이는 75cm이다.
- 2인용 80×80cm이며 높이는 75cm이다.
- 스낵, 커피숍은 뷔페와 양식당보다는 약간 적게 4인용 = 90×90cm이며 높이는 75cm 이다. (공통)의자 앉는 면적 50×50cm, 45cm(SH)(앉는 높이), 등받이 높이 95cm(H)

(2.2) 정사각형 테이블(Square Table)

식당의 중앙과 구석에 배치되며 보통 2인용, 4인용이 있다. 크기는 가로 90cm, 세로 90cm, 높이 75cm이다.

(2.3) 원형 테이블(Round Table)

식당의 중앙부분에 주로 배치되며 2인용, 4인용 등의 인원수에 따라 다양하게 활용되고 있다.

- ∅ 4인용 Round

  (SM) ∅ 120×75cm(H) (원탁 ∅ 120), Table Cloth ∅ 187cm

  ∅ 113cm×75cm(H) (원탁 ∅ 113), Table Cloth ∅ 183 cm

- ∅ 6인용

  (M) ∅ 150×75cm(H) (원탁 ∅ 150cm), Table Cloth ∅ 250cm

- ∅ 8인용 Round

  (SM) ∅ 180×75cm(H) (원탁 ∅ 180cm)

  (Table Cloth ∅ 250cm 돌리는 판 원형 ∅ 80cm)

(3) 뷔페식당의 테이블 세팅(Table Setting)

Formal Buffet

Buffet Food Talbe 해산물코너

제7절

연회(Banquet)

- 규모 : 1,305m² 규모의 대형 연회장, 천고 높이 6m
- 수용인원 : 400~800명
- 특징 : 대형 연회장이지만, 3개의 독립공간으로 분리해서 사용이 가능
  주차장에서 홀 입구까지 편리한 동선을 제공
  한강을 조망하고 있어 낮에는 자연채광을, 밤에는 서울의 야경을 즐길 수 있음
- 부대시설 : 개별 대기실, VIP 전용룸, 휴대품 보관소
- 부대장비 : 전동 스크린, LCD Projector, 초고속 인터넷, 와이파이

그랜드 워커힐 서울 호텔 연회장 '비스타홀'

1. 연회의 이해

1) 연회의 정의

연회(Banquet)란, 호텔 또는 식음료를 판매하는 시설을 갖춘 별도의 장소에서 2인 이상의 단체고객에게 식음료와 기타 회의장 시설 대여 등의 부대사항을 판매하여 각종 행사의 목적을 달성할 수 있도록 서비스를 해주고 그 대가를 받는 일련의 행위를 말한다.

2) 연회서비스의 개념

연회서비스란 연회장 및 제반 대 · 소형 미팅장소에서 이루어지는 각종 연회행사를 운영함에 따르는 모든 서비스를 말한다.

3) 연회의 특성

① 대량의 동일한 메뉴를 준비하여 한꺼번에 계획된 양을 조리하므로 Loss가 없어서 식음료 원가가 절감된다.
② 매출이 탄력성을 가질 수 있어 전체 매출에 기여도가 크다.
③ 출장연회를 통해 외부에 판매가 가능하다.
④ 저명인사의 방문 파티 등에 의한 호텔의 홍보효과가 크다.
⑤ 비수기 타개책 역할
⑥ 행사 유관부서 간의 긴밀한 협조가 요구된다.
⑦ 호텔 내의 커피숍 등 다른 영업장의 매출증대에 기여
⑧ 예약을 통해 모든 행사가 준비되고 개최된다.
⑨ 행사가 있을 때만 연회장이 가동된다.
⑩ 예약된 메뉴만 제공한다.
⑪ 예약을 통해 대량의 동일한 메뉴와 서비스의 제공이 가능하다.

2. 연회의 분류

1) 기능별 분류

① 식사판매를 목적으로 한 것

Breakfast, Luncheon, Dinner, Cocktail Reception, Buffet, Tea Party

② 장소판매를 목적으로 한 것

Exhibition(전시회), Fashion Show(패션쇼), Seminar(세미나), Meeting(회의), Press Meeting(기자간담회), Conference(학회), 강연회, 연주회, 신제품 발표회

2) 장소별 분류

① 호텔 내 : 연회장(In House)

② 출장파티 : 아웃사이드 Catering Service(출장연회), 아웃사이드 케이터링 파티

③ 가든파티 : 자택이나 잘 알려진 정원에서 개최하는 연회

④ 테이크아웃(Take Out) : Take Away(영국)라고도 함. 특별 주문 도시락 및 음료를 연회장에 주문하고 Take out하는 경우이다. 보통 수백 명 분량의 주문이 이루어진다.

⑤ Delivery Service : 배달서비스

3) 목적에 의한 분류

① 가족모임 : 약혼식, 결혼식(웨딩), 회갑연, 칠순(고희) 피로연, 생일잔치, 돌잔치

② 학교관계 : 입학, 졸업, 사은회, 동창회, 동문회

③ 정부행사 : 국민행사, 정부수립, 기념연, 외교관계의 국빈행사, 기타

④ 협회 : 국제회의, 정기총회, 이사회, 심포지엄

⑤ 회사행사 : 창립기념일 파티, 신사옥 낙성파티, 이 · 취임식 파티(호텔롯데 식음료 직무 교재, pp.271-272)

4) 요리에 따른 분류

① 양식(Western)

② 중식(Chinese)

③ 한식(Korean)

④ 일식(Japanese)

⑤ 다과회(Tea)

⑥ 뷔페(Buffet)

⑦ 칵테일(Cocktail)

⑧ 바비큐(Barbecue)

5) 시간에 따른 분류

① Breakfast Party : 06:00~10:00

② Brunch Party : 10:00~12:00

③ Lunch Party : 12:00~15:00

④ Afternoon Tea Party : 15:00~17:00

⑤ Dinner Party : 18:00~22:00

⑥ Supper Party : 22:00~행사 종료

3. 연회행사의 종류

1) 테이블서비스 파티(디너파티, Dinner Party)

식사 전 Cocktail Reception 시간을 갖는다. 가장 격식을 갖춘 연회로서 사교상 목적이 있을 때 개최한다. 초대장에 복장에 대한 명시를 해야 하며, 명시가 없으면 정장을 입는다. 유럽에서의 디너파티는 통상적으로 예복을 입고 참석한다.

그랜드 워커힐 서울호텔 연회장 '비스타홀'

연회장 입구에 Table Plan(좌석배치도)을 놓아 참석자의 편의를 도모한다. 요리의 후반 디저트가 들어오면 주빈은 일어서서 간략하게 인사말을 한다. 통상 Room의 입구에서 가장 먼 안쪽이 상석이다.

2) 칵테일파티

Aperitif, Scotch Whisky, Gin, Rum, Bourbon, Vodka, Campari, Brandy, Tequila, Sweet Vermouth, Dry Vermouth, Wine, Champagne 등으로 Full Bar Set-up을 차리고 보통 1인당 3잔 정도의 칵테일을 마시며 Hors d'oeuvre(오르되브르) 식단 Tray를 자주 가지고 다니면서 여자고객들 위주로 Food를 Serve한다. 여러 가지 주류와 음료를 주제로 하고 오르되브르를 곁들이면서 스탠딩 형식으로 행해지는 연회를 말한다. 정찬파티 대비 저렴하며 칵테일, 음료, 간단한 카나페, 스낵 안주 메뉴 등을 즐기며 격의 없는 사교 모임에 적합하다. 자유로이 이동하며 대화를 나눌 수 있고 참석자의 복장에 별로 제약이 없는 사교모임 파티이다. 대부분 오후 저녁식사 전에 이루어진다.

3) 뷔페파티(Buffet Party)

예약 인원수에 맞게 뷔페 Food 테이블에 각종 요리를 대형 은쟁반이나 Buffet Stand 3Top, Chafing Dish Oblong 등에 담아 놓고 Serving Spoon과 Fork 또는 Tongs 등을 각각 음식 앞에 준비하여 고객들이 양껏 식사할 수 있도록 실시되는 파티이다.

(1) 스탠딩 뷔페파티(Standing Buffet Party)

칵테일파티보다는 음식이 Heavy하여 한 끼의 식사가 될 수 있어야 한다. Hors d'oeuvre(오르되브르) 식단에 요리메뉴가 추가된 식단이 준비되며 여기에 스탠딩 뷔페는 양식, 이태리식, 중식, 일식, 한식요리 등이 함께 제공된다. 필요시 사이드 쪽으로 소량의 의자를 배열해 몸이 불편한 고객에게 편의를 제공한다. 형식에 구애는 덜 받으나 통상 적게 먹는 형태이다.

(2) 착석 뷔페파티(Seating Buffet Party)

고객이 모두 앉을 수 있게 테이블과 의자를 배치하고 접시와 잔, 포크, 나이프, 냅킨 등을 구비하여 테이블에 세팅한다. 또한 Buffet Food를 뷔페테이블 위에 고객이 드시기 편하게 보기 좋게 진열해 놓는다. 모자란 음식을 즉시 내올 수 있는 주방요원 확보가 주요 관건이다. 상설 뷔페식당은 자기 양껏 마음대로 먹을 수 있는 Open Buffet이고 연회장의 이런 뷔페파티는 가격과 인원에 따라 양과 종류가 제한된 Close Buffet란 것을 고객에게 알려드린다.

(3) 조식 뷔페파티(Breakfast Buffet Party)

호텔 커피숍과 별도로 단체 관광객, 항공사 Lay Over(탑승연기) 단체고객 등을 상대로 Event Order에 의해 호텔의 연회장에 조식 뷔페를 준비한다. 치즈류, 잼, 마멀레이드와 Bread류, 시리얼과 우유, 달걀요리, 햄, 소시지, 베이컨, 밥, 된장국, 김, 김치, 김밥, 소바,

비르헤르 뮤즐리(Bircher Müesli : 아침식사용 스위스 시리얼), 시리얼, 과일주스, 신선한 과일, 스튜한 과일 등의 음식을 낸다.

(4) 핑거 뷔페파티(Finger Buffet Party)

스콘(Scone ; 밀가루가 주재료로 속을 넣지 않고 구운 빵)이나 샌드위치나 케이크, 비스코티(Biscotti)같이 손으로 집어 한입에 먹을 수 있는 핑거 푸드(Finger Food)를 준비하는 것이 좋다. 핑거 푸드는 부스러기가 적은 것이 좋으며, 젤리처럼 흐르는 것은 피하는 게 좋다. 스탠딩 뷔페같이 교제의 기회를 제공하고자 할 때 적합한 파티이다. 이 파티는 그다지 풍부한 양의 음식을 기대하지 않는 낮시간대에 주로 하는 간이식사이다. 손가락으로 집어 먹을 수 있는 한입거리 크기의 음식으로 준비한다. 낮시간의 간이식사(Snack Meal), Wedding Reception 등이 해당된다.

(5) 테이블 뷔페파티(Table Buffet Party)

뷔페파티는 행사인원이 많아질 경우 고객들이 뷔페라인에서 장시간 줄을 서서 기다리는 불편을 감수하게 된다. 이와 같은 단점을 보완하기 위해 고안한 것이 테이블 뷔페파티이다.

뷔페음식 테이블을 별도로 배치하지 않고 메뉴에 따른 적정량의 음식을 Silver Platter 등에 담아 고객용 라운드 테이블 위에 직접 Set-up해 주는 것이다. 고객들은 대화 중 일어서서 음식을 가지러 갈 필요 없이 앉은 자리에서 뷔페식사를 할 수 있다.

(6) 가정 뷔페파티(Buffet Party in the House)

가정에서의 뷔페파티는 음식을 가정에서 조리하거나 출장연회를 주문하여 특정한 방에 식탁테이블을 꾸미고 다른 방에는 좌석을 준비하여 식사할 수 있도록 한다.

4) 리셉션 파티(Reception Party)

리셉션은 중식과 석식으로 들어가기 전 식사 준비단계 성격의 리셉션과 그 자체가 한 목적인 리셉션으로 나눠진다.

(1) 식사 전 리셉션(Pre Meal Reception)

식사에 앞서 리셉션을 가지는 목적은 식사 전까지 손님들이 서로 모여서 교제할 수 있도록 하는 데 있다. 한입에 먹을 수 있는 크기의 간단한 오르되브르용 카나페 음식을 제공하는 것이 상례이다. 음료는 캄파리소다, 마티니, 맨해튼, 버번콕, 위스키소다, 진토닉, 보드카, 다크럼, 드라이 & 스위트 버무스, 그리고 과일주스 등이 통상적으로 사용된다. 리셉션 장소는 고객들이 서로 대화하며 자연스레 통행할 수 있는 충분한 공간을 요한다. 식사 전 리셉션은 보통 30분 동안 베풀어진다. 초대장에 이 시간에 대해 명시해야 한다. 고객들에게 칵테일을 많이 권하여 Consumption Charge(컨섬션 차지 : 소비요금)를 증대시키는 것이 관건이다.

(2) 풀 리셉션(Full Reception)

풀 리셉션은 문자 그대로 리셉션만 목적으로 하는 행사이다. 한번 제공된 음식들로만 채워지고 더 추가되는 음식이나 주류는 없으며 보통 2시간 정도 진행된다. 제공되는 음식은 Canapes & Hors D'oeuvres, 샌드위치, Cold Dish, Hot Dish, 스위스 퐁뒤(fondue), Assorted Sashimi, Assorted Sushi, Snacks, Roll Sandwiches 등으로 다양하게 준비하며 식사 전 리셉션의 음식보다는 질과 양 부분에서 충분해야 한다.

5) 티파티(Tea Party)

일반적으로 Break Time에 간단하게 개최되는 파티를 말한다. 칵테일파티와 마찬가지로 입식으로 Coffee, Tea 등의 음료 그리고 과일, 샌드위치, 디저트, 케이크, 쿠키 등을 제공한다. 보통 회의 시 좌담회, 간담회, 발표회 등에서 많이 하는 파티의 일종이다. Cocktail Party식으로 다과를 놓고 하는 경우와 Table Set-up을 하여 진행하는 경우도 있다. 양다과만으로 하는 경우, 한다과만으로 하는 경우, 양 · 한 다과를 섞어서 하는 경우가 있다. 또 대형 케이크를 Cutting하여 한쪽에 음료, 차 등을 구비하여 같이 먹기도 한다. Tea Party에는 더운 음료와 찬 음료가 Serve될 수 있다.

6) 특정 목적의 파티

(1) 모금파티(Party for Fund Raising)

미국에서는 각종 선거가 다가오면 특정후보를 위하여 자금을 모금하기 위한 파티가 성행하는데 모임은 정당주최, 개인주최 등으로 다양하다. 회비는 일인당 100달러에서 1,000달러까지 있다. 민간단체에서도 화이트 엘리펀트 세일(White Elephant Sale)이라 부르는 파티가 있다. 화이트 엘리펀트는 흰 코끼리란 뜻으로 이를 유지하는 데는 비용이 많이 드는 거물이라는 의미이다. 즉 자기가 쓰지 않거나 못 쓰게 된 물품인 불용품(不用品)을 교환하여 모금하는 모임이다. 옷, 액세서리 등의 장신구(裝身具) 등을 가져와 경매로 모금하게 된다. 우리나라를 포함한 각국에서 각종 모금행사가 항시 열린다(호텔용어사전, 레저산업진흥연구소 편).

(2) 포틀럭 디너(Potluck Dinner)

참석자들이 자신의 취향에 맞는 요리나 와인 등을 가지고 오는 미국 · 캐나다식 파티 문화이다. 서부 개척시대에 유래된 것으로 추정된다. 파티 주최자는 간단한 메인 메뉴만 준비하고, 참석자들이 각자 취향에 따라 자신 있는 요리나 포도주 등을 가지고 와서 즐기는 미국과 캐나다식 파티 문화이다. '포틀럭'은 '있는 것만으로 장만한 음식'을 뜻한다. 무슨 요리든 상관없이 가장 자신 있는 요리를 가지고 오는 방법과 주최자가 메뉴를 정해서 참석자들에게 가져오라고 할당하는 방법의 2가지가 있다. 개인 단위, 가족 단위 등 어떠한 형태로도 가능하며, 참석자 수가 많을수록 좋다. 주최자가 모든 음식을 준비하지 않아 부담감이 없고, 참석자들도 자신이 잘하는 요리를 여러 사람 앞에서 선보일 수 있다는 장점이 있다. 파티가 끝나면 참석자 모두가 함께 뒷마무리를 하고 자신이 가져온 그릇들을 가지고 돌아가면 된다.

(3) 무도회와 댄스파티(Ball and Dance Party)

댄스파티는 보통 일정한 연령에 달한 사람을 초대하지만 무도회는 연령에 관계없이 여주인과 친한 관계의 사람은 누구나 초대될 수 있다. 무도회는 댄스파티보다 많은 사람이 참가하는 큰 규모의 댄스파티를 의미한다.

(4) 샤워파티(Shower Party)

우정이 비와 같이 쏟아진다는 의미로 샤워를 붙인 것이다. 선진국에서 시작된 Personalized Party의 일종인데, 여성들이 주로 개최한다. 친한 친구끼리 선물을 지참하고 모여 축하받을 사람을 중심으로 하여 그에 대한 환담으로 화제를 유도하면서 주인공에게 참석자 전원이 선물을 하는 파티이다. 결혼축하 샤워파티, 출산축하 샤워파티 등이 대표적이다. 최근 우리나라 특급호텔에서 매출 증대를 위에서 특별상품으로 내놓고 비수기에 여성고객 유치를 통한 매출증대를 꾀하고 있다.

7) 출장연회(Outside Catering)

향후 연회사업 중 가장 각광받고 번창하는 분야가 바로 출장연회 부문이다. 아직은 전문화된 회사가 많지 않으나 날로 늘어날 전망이다. 개인 가정집의 돌잔치, 생일파티 등의 소규모 파티와 결혼 피로연, 고희연, 기타 가족모임 및 기업체 대 · 소 행사 등의 대형 출장연회 등이 있다.

8) 옥외파티(Outdoor Party)

전원파티 또는 집안 잔디 등에서 행하는 옥외에서의 파티를 말한다. 바비큐 파티(Barbecues Party), 피크닉파티(Picnic Party), 가든파티(Garden Party) 등이 있다.

9) 렌털뱅킷(Rental Banquet)

우리말로 '임대연회'인데 연회장 및 기타 설비의 임대가격을 동종 경쟁호텔에 대비하여 정하고 List를 준비해 두고 이를 필요로 하는 고객에게 판매하는 것을 말한다.

(1) 전시회(Exhibition)

무역, 의료, 식품, 웨딩, 교육분야 혹은 서비스 판매업자들의 대규모 상품진열을 의미하는 것으로 회의를 수반하는 경우도 있다. '트레이드쇼(Trade Show)'라고도 칭하며, 유럽에서는 주로 '트레이드 페어(Trade Fare)'라는 용어를 사용한다.

(2) 국제회의(Convention)

국제회의 분야에서 가장 일반적으로 쓰이는 용어로 정보전달을 주목적으로 하는 정기 집회에서 많이 사용된다.

(3) 기타

문화행사 공연, 체육행사, 패션쇼, 연예인 콘서트 등

전주 더메이호텔 '웨딩홀'

롯데호텔 하노이 루프탑

4. 연회예약

1) 연회예약의 의의

"Banquet"의 어원은 프랑스 고어인 'Banchetto(방케트)'이다. 'Banchetto'는 당시에 '판사의 자리' 혹은 '연회'를 의미했었는데 영어로 쓴 글이 되면서 지금의 'Banquet(뱅큇)'으로 되었다.

연회예약은 2인 이상의 단체고객에게 식음료와 기타 부수적인 사항을 첨가하여 모임 본연의 목적을 달성할 수 있게 서비스를 제공하고 그 대가를 수수하는 일련의 행위에 대하여 장래 일정한 계약을 체결할 것을 미리 약정하는 계약이라고 정의할 수 있겠다. 선진국에 비해 취약하지만 우리나라의 예약문화는 점차 발전해 가는 추세에 있다. 예약의무 위반에 대하여서는 채무불이행에 의한 손해배상 및 예약해제를 할 수 있으며, 예약 권리자는 승낙에 갈음할 재판을 구할 수도 있다(이병태, 2010).

연회예약부서는 주로 방문고객이나 전화문의 고객의 행사를 예약하고 판촉부에서는 행사를 외부 즉 기업체, 협회, 정부기관, 미군부대, 대사관 등을 방문하여 판촉활동을 함으로써 각자의 매출액 할당을 주어 행사를 유치한다. 이러한 판촉부의 수주행사를 코디네이션하며 행사의 진행을 맡는다.

고객의 다양한 요구를 만족시키기 위해 전문적이고 고도의 숙련된 기술, 긍정적인 마인드, 충분한 경험 등을 가진 예약직원 확보는 매우 중요하다. 예약부서에서 접수한 모든 설문과 제안사항은 연회서비스부(현장), 조리부, 연회예약 코디네이터와 같이 조정한다.

2) 예약업무에 필요한 각종 서류(Various Documents for Reservation)

- Control Chart 연회예약장부
- Quotation 견적서
- Agreement 연회 예약접수명세서
- Event Order 연회행사통보서
- Daily Event Order 금일 연회행사통보서
- Weekly Event Order 주간행사통보서
- Monthly Event Order 월간행사통보서
- VIP Visiting Notice 금일 VIP 방문통보서
- Price Menu 가격별 메뉴
- Price Information 가격 안내표
- Floor Lay-Out 각층 연회장 도면
- Function Room Lay-Out 연회장 도면
- Family Program 각종 모임안내 용지
- Revised Memo 정정통보

3) 연회예약장부(Control Chart)

연회예약장부(Control Chart)는 1월 1일을 기점으로 1년간의 예약을 받을 수 있도록 3개월 동안 사용할 수 있는 1권으로 된 예약 사무실 비치용 대장이다. 매일 예약받을 수 있도록 되어 있으며, 하루의 예약현황이 파악될 수 있도록 예약에 필요한 요소와 연회장이 기록

정리된 예약 원장이다. Control Chart 취급 시 주의사항은 다음과 같다.

① 기재는 반드시 연필로 한다. 취소, 변경, 정정사항이 수시로 발생하므로 기재 정정이 가능하도록 하기 위함이다.

② 예약접수일자, 시간, 주최명, 인원수, 전화번호, 예약 담당자 이름 등의 순으로 기재한다.

③ 행사가 확정되면 "C" 혹은 "D"라고 표시한다(C=Confirm, D=Definition).

④ 가능하면 행사 시작과 종료 시간을 명시한다.

⑤ B/F는 맨 위칸에, L/N은 중간에, D/N은 맨 아래칸에 표시한다.

⑥ E/O가 기록되어 관계부서로 배부된 행사는 Control Chart의 "Tent of Def" 칸에 붉은 펜으로 'V'자를 해두는 것이 편하다.

⑦ 날짜 변경이나 취소의 경우는 지우고, 좌측의 이면에 행사명, 취소일자, 장소, 취소 통보자를 기재하여 추후에 참고한다.

⑧ 막연히 All Day로 표시 말고 시작, 종료 시간을 반드시 기재하도록 한다.

⑨ C/C는 원칙적으로 예약 업무 담당자 이외에는 절대 취급해서는 안 된다. 그러므로 예약 담당자와 판촉직원 이외에 예약하고자 하는 자는 예약전표를 사용하도록 한다. 다음은 연회예약장부(Control Chart)의 견본이다.

Control Chart 견본

Name of Room	Date Book	Time	Organization	Organizer	Tel	No. of Person	Type of Function	Price	Received by	Remark
Rose										

4) 연회예약 접수경로

① 전화
② 텔렉스(Telex), 전보(Telegram), 편지, 이메일
③ 홈페이지 예약
④ 내방객
⑤ 판촉사원
⑥ 직원소개

상기 외에 여러 가지 경로가 있겠으며, 그중 전화에 의한 예약은 소홀히 취급해서는 안 된다. 전화예약은 직접적인 대화가 아닌 고객의 언어만으로 모든 것을 판단해야 하기 때문에 통화할 때는 정중한 말씨로 고객이 호감을 갖도록 하며 판매정신을 최대한 발휘해야만 할 것이다.

5) 연회예약 시의 연회접수 및 진행과정

(1) 순서

① 예약 접수 : 편지, 전보, 전화, 텔렉스, 판촉, 직접방문, 직원 소개
② Control Chart 확인 : 사용 가능한 연회장 유무 확인
③ 예약 전표 작성
④ Control Chart Booking : 연회예약 대장
⑤ 견적서 및 메뉴 작성
⑥ Event Order 작성 : 연회행사통보서
⑦ Event Order 결재 : 식음료부 결재
⑧ Event Order 배포 : 각 관련 부서
⑨ 외부업무 발주 : 현수막, 차량, 무대장치, 메뉴 인쇄, 사진 및 VTR, 상차림
⑩ Chart실 준비사항 점검 : Sign Board, Menu, Name Tag, Seating Arrangement, Place Card
⑪ 행사전일 : Daily Event Order, VIP Report 작성 및 배부

⑫ 연회준비 및 행사 진행

- 현장 : 행사장 준비 및 서비스 진행
- 조리 : 음식 준비
- 방송실 : 조명 및 음향관계 설치
- 음료 : Bar 설치
- ART : Ice Carving 제작 및 설치
- 꽃방 : 꽃장식
- 고객 영접 및 환송

예약이 결정되면 주최자와의 충분한 협의를 통하여 행사의 내용을 어떻게 구성해 갈 것인가에 대하여 전문가로서의 기능을 발휘해야 한다. 파티 구성과 부대시설에 대한 제원 확보 및 전문가 지식을 습득하여 연회의 전 과정을 구성할 수 있어야 한다.

연회 구성이란 요금이 정해진 상품을 판매하는 것이 아니라 연회라는 상품을 창조 판매하는 것이라고 생각해야 한다. 다음과 같이 연회가 구성된다.

- 견적서 제출(Agreement : 동의)
- 접수확인서 발송
- 요리와 음료관계
- 좌석배치 및 안내문 준비
- Flower 및 Deco류
- VIP 참석 여부 현황

(2) 연회예약 접수 시 고려해야 할 사항

연회에 필요한 모든 서류는 행사를 차질 없이 준비하기 위해 여러 번에 걸쳐 재검토되어야 하며 예약대장에는 반드시 행사장소가 기록되어 있어야 한다.

(2.1) 테이블 계획 및 배치도

연회장의 배치는 테이블 계획과 좌석배치도로 구별되는데 테이블 계획은 행사 성격에 따라 주최 측과 협의 후 계획하여야 하며, 좌석배치는 의전상 서열순서에 따라 주최 측과 충분한 협의를 거쳐 확정될 수 있도록 한다. 마지막으로 모든 테이블 계획이 확정되면 정확하게 연회서비스 Manager에게 전달한다.

(2.2) 전화응대

호텔에서 개최되는 연회행사는 전화로부터 시작된다. 올바르고 효과적인 전화응대법을 매뉴얼로 만들어놓고 이를 숙지하여 고객서비스에 만전을 기한다.

(2.3) 연회장 쇼잉에 대비한 모든 연회룸의 정리정돈

연회예약을 위해 사전답사를 하러 온 고객에게 호텔의 연회장을 보여주면서 연회장의 설비와 행사에 필요한 중요한 사항들을 설명하는 것은 매우 중요한 일이다. 모든 뱅큇룸과 컨벤션 룸은 항상 최상의 상태로 정리 정돈되어 있어야 한다. 연회예약실에는 연회장의 시설과 설비에 대한 홍보용 슬라이드 필름, 식탁배열도, 얼음조각과 케이크의 유형, 연회장 전경사진 등을 비치한다.

(2.4) 네임카드(Name Card)

주최 측에서 네임카드를 요구할 경우에는 미리 정확한 명단을 입수하여 행사 이전까지 네임카드 작성을 완료하여 행사장 입구의 안내 데스크에 비치할 수 있도록 조치한다.

(2.5) 헤드테이블과 강단(Head Table & Platform)

헤드테이블과 강단을 배치할 때에는 위치와 앉을 인원수 그리고 강단의 높이 등을 주최 측과 미리 협의한다.

1인당 70cm의 좌석공간을 계산하여 강단을 세우고 연단과 마이크 등 기타의 간격을 가산한다. 테이블 클로스와 초록색 펠트가 강단 위까지 내려오게 테이블을 둘러싸야 한다. 강단을 세팅할 때 주의사항은 안전을 위해 직원 두 명 이상이 조심스럽게 다루어야 하며 뒷부분은 벽으로부터 5cm 이상 떨어져서는 안 된다. 바닥 연결부분을 잘 이어서 높이가 같도록 주의를 기울여야 한다.

(2.6) 전시 및 진열

전시나 진열은 표준이 없다. 장식가는 주최 측과 협의하여 주최 측이 요구하는 바를

충분히 인지하고, 호텔연회장 상황을 고려한 후 호텔 측에서 제공 가능한 것들은 모두 제공하여 전시 및 진열대를 설치해야 한다. 전시나 진열을 할 경우에는 행사가 시작되기 이전에 그 지역이 완전히 정돈되었는지 확인하고 전시기간 동안 청결을 유지하도록 조치하여야 한다.

(2.7) 등록 및 접수대(Registration Desk)

등록 및 접수대는 행사 주최 측과 합의하여 설치하게 되는데, Folding Table을 사용하여 그린펠트로 테이블을 잘 세팅해야 한다. 주최 측의 요청에 의해 휴지통, 재떨이, 분필, 칠판, 방명록, 네임카드 등도 함께 배치한다.

(2.8) 통제 및 지시사항(Control)

연회서비스 Manager에게 행사가 차질 없이 진행될 수 있도록 예약사항에 대한 모든 사항을 빠짐없이 전달하여야 한다. 연회행사 후에도 계산서를 점검하고 서비스현장 직원에게 지시하여야 할 고객의 제안사항 또는 불평사항이 있으면 이를 전 직원 미팅 시 전달하여야 하며, 추후 충분히 개선될 때까지 교육을 실시하여야 한다.

(2.9) 행사장 장식(Decoration)

행사와 관련된 특별한 장식을 요구할 경우 호텔 측 제공 가능 여부를 주최 측에 즉시 통보하여야 하며, 협조가 가능한 사항은 차질 없이 준비할 수 있도록 한다.

플래카드, 꽃꽂이, 얼음조각(Ice Carving), 실내정원, 테이블장식 등이 호텔 측에서 제공 가능한 장식이다.

(2.10) 와인(Wine)

오찬(午餐)이나 만찬(晩餐) 행사 시 와인을 요청하면 즉시 음료 지배인에게 협조를 구하며, 음료창고에는 항상 어떠한 와인들이 준비되어 있고 저온 공급할 수 있는지 목록표를 작성하여 확인할 수 있어야 한다.

(2.11) 계산(Billing)

행사 종료 후 계산관계가 아무런 문제없이 이루어질 수 있도록 사전에 행사 요금계산과 관련되는 정보를 주최 측으로부터 충분히 알아두어야 한다. 지불능력에 대한 정보는 호텔 여신과에 확인하면 되지만, 회사명 및 주소, 개인 신상에 대한 정보가 있어야 한다.

어떤 행사든지 지불관계는 명백해야 한다. 누가, 언제, 어떤 방법으로 지불할 것인가에 대해서는 주최 측으로부터 행사계약서 작성 시에 명확히 확인받아 두어야 한다. (예) "계약서 작성자가 현금으로 행사 후 즉시 계산한다." "행사 후 회사카드로 결제한다."

(2.12) 행사장 청결 및 정리정돈

행사장의 청결상태를 확인하고, 테이블 클로스 및 스커트의 세탁상태를 점검하며, VIP 행사 전에 대기장소의 정리 정돈상태 등을 철저히 확인한다.

(2.13) 행사장소의 변경이나 취소

① **행사장소의 변경**(Adjustment)

- 관련되는 모든 부서에 행사장소의 변경을 통보, 필요한 조치가 수행되었는지를 확인하고 Event Adjustment Sheet를 작성하여 배포한다.
- 호텔 사정으로 인하여 행사장소를 부득이하게 변경해야 할 경우에는 행사 주최 측에 양해를 구한 뒤 변경된 장소를 알려주어야 한다.

② **행사 취소 시**(Cancellation)

- 행사가 취소되었으면 즉시 관련부서에 통지하고 Event Adjustment Sheet를 모든 관련부서에 배포한다.
- 행사가 24시간 전에 취소되면 총 음식가격의 50%를 계산해야 한다.
- 예약금은 호텔에 귀속시킨다.

(2.14) 예약금 영수증(Advance Banquet Deposit Record)

모든 행사는 반드시 총견적금액 중 50%의 예약금을 받아야 하며, 예약금을 받으면 영수증을 발부하여 고객에게 주고 예약금을 사본과 함께 여신과에 송부한다. 여신과에서는 사본 중 1장을 반드시 연회예약과 지배인 앞으로 보내야 하며 연회예약과 지배인은 그 사본을 보관해야 한다.

(2.15) 음료정책(Corkage Charge)

행사 시의 음료매출 비율이 상당히 크므로 행사 주최 측이 반입을 원하면 행사 취소 등 강경자세라도 잘 설득하여 될 수 있는 한 음료의 반입을 지양한다. 부득이하게 음료를 반입해야 하는 경우 연회부장의 결재를 얻어 허용하되 Corkage Charge를 부과시킨다. Corkage Charge는 통상 동급 반입음료에 대한 호텔 판매요금의 30% 정도이다.

(2.16) 행사장 사용료

연회행사의 성수기인 3~5월과 9~12월 사이에는 매출액이 상대적으로 적은 임대사용 행사는 될 수 있는 한 피한다. 식음료 주문 없이 연회행사장만 사용할 경우에는 자 호텔에서 정한 행사장 임대사용료를 부과한다.

(2.17) 컨벤션 및 뱅큇메뉴, 웨딩메뉴

연회행사에 대한 연회메뉴의 가격은 정해져 있으나 특별한 경우에는 책임자와 상의하여 특별메뉴에 대한 계약을 체결할 수 있다.

(2.18) 메뉴 프린팅

통상 고객관리차원에서 무료로 제공한다. 단 특별 고급사양을 고객이 요구하면 거래처를 추천만 해주고 관여하지 않는 것이 좋다(연회예약실의 불필요한 시간낭비 절약).

(2.19) VIP보고서 작성

행사가 이루어지면 주최 측으로부터 VIP 참석여부를 확인해야 한다. VIP의 참석이 확인되면 연회예약지배인은 VIP보고서를 작성하여 연회부장 및 총지배인, 객실부장, 당직지배인 등 관련 부서장에게 예약접수와 동시에 긴급 메시지 서식을 통해 보고해야 한다.

(2.20) 시설사항

연회장의 모든 음향기기 및 동시 통역시설 등은 특별한 엔지니어링 기술을 요하는 품목이기 때문에 특별한 연회나 국제회의, 디너쇼, 패션쇼 등 중요한 비중의 행사가 있을 때에는 사전에 시설부에 짧게 협의를 거친다. 자체해결이 안 되는 시설 등은 오전 부서장

회의를 통해 해결방안을 강구한다.

(2.21) 여흥관계

적어도 1주일 전에 예약이 완료되어야 하며, 예능관계부서 혹은 여흥관련 외부업체와 사전에 협의 조정한다.

(2.22) 주차장(Parking)

행사에 참석하는 고객들이 차량을 이용할 경우 차종에 따라 주차지역을 미리 배정하여 확보해 두어야 한다. 주차지역이 배정되면 주차장의 안전을 위하여 해당부서와 긴밀하게 협조한다.

(2.23) 안내문(Lobby Information Posting)

연회예약 코디네이터는 큰 행사나 연회 혹은 국제회의 시 참석자들이 행사장소를 쉽게 찾을 수 있도록 하고, Today's Event에 안내일시, 장소 등이 잘못된 것이 없는지 항상 점검한다.

(2.24) 음식 및 행사장 준비절차

① 음식 준비절차

- 연회주방장은 보증인원에 따라 식사를 준비한다.
- 만일 추가가 있다면 10% 이내여야 하지만, 더 이상의 추가메뉴는 연회서비스 과장과 주방장이 상의 후 결정한다.
- 부가적인 요리준비는 협의가 완료되면 즉각 준비되어야 한다.

② 행사장 준비절차

- 세트메뉴일 경우에는 보증인원보다 10% 정도 많게 좌석배열을 하되, 음식요금은 추가분만큼 더 받는다.
- 뷔페일 경우에는 보증인원의 10%까지는 좌석을 더 배열하고 추가분의 음식요금을 부과하지 않는 것이 일반적이다.
- 계약 시 확정된 보증인원은 반드시 연회 행사지시서에 정확히 명기한다.

(2.25) 행사 후 계산방법

행사가 끝날 무렵 행사지시서에 의한 실질계산은 뱅큇 캡틴이 하고 연회지배인에게 최종 확인한다.

- 행사주최자와 함께 계산서의 항목을 확인하고 계산한다.
- 현금이나 수표로 지불하면 캐셔는 고객에게 영수증을 발급하며, 후불일 경우에는 지불능력이나 신용도를 여신과에 문의한 후 그들의 승인 시에 결정한다. 또한 연락처, 명함 등을 명확히 기재 및 자료를 첨부하여 여신과에 관련 계산서를 넘긴다.

(2.26) 연회예약실 점검표

- 연회계약서
- 각종 행사의 연도별 기록보관 파일
- 연회메뉴가격표
- 각 행사장의 평당 연회유형별 수용인원 환산 Lay Out
- 장비와 설비에 대한 리스트와 사진
- 연회행사진행 사례 사진
- 얼음조각, 기타 연회행사장의 데커레이션 사진
- Thanks Letter of Guest
- 공휴일 및 오후 퇴근시간 이후의 당직 근무 스케줄

(2.27) 감사의 편지

행사가 끝난 후 1주일 이내에 행사를 주최한 고객에게 감사하다는 편지를 발송해야 한다.

(2.28) 일일 연회예약 현황보고서

- 보고서는 매일 코디네이터가 내일부터 1주일간의 행사지시서와 예약대장에 의거해서 작성해야 한다. 매일 작성하여 업데이트한다.
- 각 영업장 피존 박스(Pigeon Box) 및 조리부, 시설부, 당직지배인, 객실부, 플라워숍 등 관련부서에 배포한다.

- 관련부서는 연회예약 일일보고서를 보고 그날의 행사장을 다시 체크해야 하며, 각 영업부서는 그날의 행사를 숙지하여 행사에 대해 고객들에게 자세히 안내해 주어야 한다.

5. 연회예약부서의 조직과 직무

1) 연회예약부서 구성원의 직무

(1) 연회예약 지배인의 직무

연회행사를 판매하며, 각종 연회행사, 컨벤션, 미팅, 기타 행사를 조정하는 업무를 담당한다. 그리고 행사예약장부의 컨트롤에 대한 최종 책임자이다.

- 연회예약과 관련된 모든 업무에 대한 총괄적인 지휘, 감독, 관리업무
- 타 부서와의 협조관계 조정
- 연회예약의 메뉴 및 가격결정
- 연회예약접수에 따른 관리 및 결재, 연회예약대장의 관리
- 직원의 교육 및 근태관리 등 기타 업무

(2) 연회예약 부지배인의 직무

연회과장과 연회예약지배인의 업무를 보좌하며, 고객문의에 대한 부책임자 역할을 함. 행사 예약장부의 컨트롤 및 연회장 준비에 대한 종합적인 조정을 담당한다.

- 연회회의 및 객실예약에 관한 개인 또는 단체고객을 면담한다.
- 연회장 내의 모든 연회, 회의, 기타 행사를 고객과 직접 계획한다.
- 통합 판매체제의 증진을 위해 연회과장, 연회예약지배인, 판촉부서와 협력한다.
- 기타 연회예약 지배인을 보좌하며 경우에 따라 공통된 업무와 직무를 수행한다.
- 경우에 따라 연회예약 사무원의 직무를 수행한다.

(3) 연회예약사무원의 직무

- 시청각 기자재를 준비하고 관리한다.
- 컨벤션, 회의, 연회에 관한 서류를 유지, 관리한다.
- 예약접수내용 관리 및 연회예약대장을 기록, 유지한다.
- 견적서와 행사지시서를 작성한다.
- 행사장 배치도를 기록하고 관리한다.
- 연회장에 대한 각종 안내문을 준비시키고 이를 점검, 확인한다.
- 각종 서식 및 메뉴 비품관리
- 구매의뢰 및 구매요구서 발송
- 우편물 접수 및 발송
- 인쇄물 의뢰 및 수령
- 각종 타이핑 및 메뉴 프린팅
- 연회시트[Function Sheet = 연회행사통보서(Event Order)]의 배포
- 예약금관리
- 일일 연회예약 현황보고서를 취합 후 일일 단위로 업데이트하여 Pigeon box 및 각 부서에 전달
- 행사종료 후 1주일 이내에 행사 주최고객에게 감사의 편지 발송
- 경우에 따라 연회예약 부지배인의 직무를 대행한다.

(4) 연회예약담당의 조건

연회유치 경쟁은 고객확보를 위한 전략이다. 따라서 연회요원은 연회유치를 위하여 연회상품 지식은 물론 호텔상품에 대해서도 풍부한 지식을 습득하여야 한다.

- 좋은 연회시설
- 맛있는 요리
- 좋은 인적 서비스
- 풍부한 상품지식
- 고객에게 신뢰받을 수 있는 용모, 태도 확립

순위	MENU	항목	서비스 실시계획	사용기물
23	대기		Head Waiter, Captain 및 일부 직원을 제외하고 Back Side에서 정리 정돈한다.	
24	환송		전 직원이 입구에 도열하여 고객에게 감사함을 표시한다.	

❖ 참고사항

① Back Side 준비 및 진행사항은 Normal Party 준비와 동일하다.

② Table Set-up 시 Ashtray, Toothpick은 Set-up하지 않고 Main Dish Pick-up 후 Passing

③ 소규모 연회, VIP 행사인 경우 Double Underline을 사용

④ 특히 VIP 행사 시 Side Table을 활용하여 신속한 Service를 할 수 있도록 한다(호텔 롯데, 식음료 직무 교재, 저자 재구성).

3) 회갑연(回甲宴) 및 장수잔치

(1) 회갑연의 의의

요즘에는 회갑연을 하지 않고 70세가 될 때 칠순[七旬 : 고희(古稀)]연 잔치를 하는 추세이다. 상식적으로 알아야 할 회갑연(回甲宴)의 의의는 다음과 같다.

사람이 태어나서 만 60년이 되는 해를 회갑(回甲)이라고 한다. 회갑이라는 말은 환갑(還甲), 주갑(周甲), 화갑(華甲) 또는 화갑(花甲)이라고도 하는데, 이는 곧 자기가 타고난 간지(干支)가 만 60년이 되는 해의 생일을 뜻한다.

회갑이란 자녀들이 그 아버지나 어머니의 장수(長壽)를 축하하기 위해서 잔치를 베푸는 것을 말하며, 이를 수연(壽宴) 또는 회갑연이라 하고 일가친척 및 본인과 친한 친구들을 초대하여 술과 음식을 대접하는 것이 예로 되어 있다. 그리고 그 자리에서는 자녀들이 술을 올리고 절을 하는데, 이것을 헌수(獻壽)라 한다.

(2) 회갑상[칠순(七旬 : 고희(古稀)상 동일]

부모의 회갑을 맞이하여 자식들이 그 은혜에 감사하며 장수를 기원하는 뜻에서 드리는 상(床)이다. 회갑상 위에 올리는 음식들을 높이 쌓는 까닭은 음식을 쌓아올리는 높이가

바로 자손들의 효심을 나타낸다고 생각하기 때문이다. 그러나 회갑상 차림에는 형식보다 정성어린 마음이 중요하다고 볼 수 있으며, 요즘 들어서는 회갑상에 큰 의미를 두지 않는 경향으로 회갑상 전문업체에 용역을 의뢰하는 경우가 많다. 또한 호텔에서 모형을 갖추어 두고 서비스차원에서 제공해 드리는 곳도 많다.

(2.1) 회갑상의 기본음식[칠순(七旬 : 고희(古稀)상 동일]

① 건과(乾果) : 대추, 밤, 은행, 호두
② 생과(生果) : 사과, 배, 귤
③ 다식(茶食) : 송화다식, 쌀다식, 녹말다식, 흑임자다식
④ 유과(油果) : 약과, 강정, 매작과, 빈사과
⑤ 당속(糖屬) : 팔보당, 졸병, 옥춘당, 꿀병
⑥ 편(編) : 백편, 꿀편, 찰편, 주악, 승검초, 떡, 팥시루떡
⑦ 포(脯) : 어포, 육포, 건문어
⑧ 정과(正果) : 청매정과, 연근정과, 산사정과, 생강정과, 유자정과
⑨ 적(炙) : 소고기적, 닭적, 화양적
⑩ 전(煎) : 생선전, 갈납, 고기전
⑪ 초(抄) : 홍합초, 전복초

(2.2) 회갑상의 곁상 음식[칠순(七旬) : 고희(古稀)상 동일]

편육, 신선로, 식혜, 화채, 면, 나박김치, 구이, 초간장

(3) 회갑연 및 칠순[七旬 : 고희(古稀)]연 진행절차

① 개식사 : 사회자가 식장의 실내분위기를 정돈하고 개식을 알린다.
② 주빈입장 및 주빈약력 소개 : 주빈이 입장할 때 축하객들은 모두 자리에서 일어나 많은 박수를 치도록 한다. 이때 실내조명은 다운 스포트라이트를 비춰 분위기를 고조시킨 후 주빈이 상석에 착석하면 실내조명을 켠다. 사회자 또는 주빈의 친구가 주빈의 본관, 생년월일부터 현재까지의 약력사항과 슬하의 자녀에 대해 자세히 소개하도록 한다(Back Music을 조용하게 들려줌).
③ 가족대표 인사 : 주빈의 맏아들(아들이 없으면 맏사위, 자식이 없으면 친한 친구)이

가족을 대표해서 참석해 주신 내빈께 감사의 인사를 드리도록 한다.

④ 가족소개 : 사회자가 가족들을 가족항렬에 따라 소개시키도록 하며 호칭된 가족은 앉은 자리에서 일어나 내빈께 인사하거나, 주빈 테이블 근처로 나와 공손히 내빈께 인사를 드리도록 한다.

⑤ 내빈대표 축사(또는 인사) : 사전에 축사자를 선정하여 부탁드리도록 한다.

⑥ 헌화 또는 헌주 : 직계자손 순으로 헌화 및 헌주를 할 수 있도록 돗자리 및 헌주상을 준비해 주며, 상석에는 퇴주잔을 준비해 둔다. 어린이나 노인들은 꽃을 드리며, 인원이 많을 경우에는 가족단위로 할 수 있도록 한다. 이때 헌화로는 장미송이가 적합하며 헌주용 술은 정종 또는 백포도주가 알맞다.

⑦ 케이크 커팅 및 축가 : 주빈석 옆에 준비된 기념케이크를 커팅하는 순서이다. 촛불을 끄고 케이크를 커팅함과 동시에 내빈들은 축하의 박수를 칠 수 있도록 하고, 서비스 요원들은 준비된 샴페인을 터뜨린다(축하음악을 연주하거나 준비된 축가를 실시).

⑧ 축배 : 사회자는 내빈들이 모두 잔을 채우도록 안내하고 잔이 모두 준비된 것을 확인한 후 주빈 및 내빈 전체가 모두 자리에서 일어나 주빈의 만수무강을 비는 축배를 들도록 한다. 이때 팡파르가 연주되도록 한다(축배 제의자는 미리 선정). 축배의 순서가 끝나면 주빈은 내빈께 감사의 인사를 한다.

⑨ 식사 및 여흥 : 사회자는 내빈들이 식사할 수 있도록 알리며, 뷔페식일 경우 식사방법을 안내해 주는 것도 좋다. 흥겨운 분위기 속에서 식사를 즐길 수 있도록 은은한 배경음악을 틀어주도록 한다(내빈들의 식사가 어느 정도 끝날 즈음에 여흥으로 분위기를 유도).

⑩ 폐회 : 분위기를 보아가며 적당한 시간에 폐회를 알린다.

(4) 기타 장수잔치의 종류

(4.1) 진갑(進甲)

회갑 이듬해, 즉 62세가 되는 생일에 육순잔치 때처럼 간단한 음식을 차려 손님을 대접하고 부모를 기쁘게 해드리는 잔치이다.

(4.2) 칠순[七旬 : 고희(古稀)]

고희(古稀)는 당나라 시인 두보(杜甫)의 시에 나오는 "인생칠십고래희(人生七十古來

稀)"라는 문구에서 유래한 말로서, 옛날에는 70세가 되도록 사는 예가 그만큼 드물었다.

그러나 현대는 의학의 발달과 생활수준의 향상에 따라 평균수명이 연장되고 또한 젊음을 유지하므로 회갑보다 칠순잔치를 크게 하는 경향이 두드러지고 있다. 칠순도 회갑과 상차림이나 진행하는 방법은 똑같다.

(4.3) 희수(喜壽)

77세가 되는 생일에 간단한 잔치를 하는데, 이를 희수연이라 한다. 77세를 희수라 하는 까닭은 '喜'자를 초서로 쓰면 '・'자가 되는데, 이를 파(破)자(字)할 경우 '七十七'이 되기 때문이다.

(4.4) 팔순(八旬)

80세가 되는 생일에 펼치는 잔치를 팔순잔치라고 한다.

(4.5) 미수(米壽)

88세가 되는 생일에는 미수연을 차리고 축수한다. '米'자를 파자할 경우 '八十八'이 되기 때문에 미수라고 한다.

(4.6) 백수(白壽)

99세가 되는 생일에는 백수연을 차린다.

(4.7) 천수(天壽)

100세가 되는 생일잔치를 천수연이라 한다.

(4.8) 회혼례(回婚禮)

결혼 60주년을 맞는 부부가 자손들 앞에서 혼례복을 입고 60년 전과 같은 혼례식을 올리면서 해로 60년을 기념하는 의례이다. 친척, 친지를 초대하여 성대한 잔치를 베풀고 부모의 회혼(回婚)을 축하한다.

10. 연회용 집기 및 장비

1) 연회용 테이블

연회용 테이블(Banquet Table)은 일반 레스토랑에서 사용하는 테이블과 달리 각종 연회행사를 치르며 접고 펼 수 있는 접이식이다. 'Folding Table'이라고도 한다. Round Table, Rectangular Table, Meeting(Seminar) Table 등이 있고, 조립형 테이블로는 Half Table(1/2), Quarter Round Table(1/4), Square Table, Crescent Table 등이 있으며 좀 더 자세히 살펴보면 다음 표와 같다.

연회용 테이블의 종류 및 규격

종 류	규 격		용 도
	inch	cm	
Round Table	∅42(지름)	∅107(지름)	Table Deco • Cake Table, Cocktail Reception 시 Side Table용 • Stacking Chair 사용할 때 4인용 식탁 • Arm Chair 사용할 때 2인용 식탁
	∅54	∅137	소규모 연회, Cocktail용, 일반연회용 • Coffee Break Table, Cocktail Reception 시 Side Table • Stacking Chair 사용할 때 6인용 식탁
	∅60	∅153	Cocktail용, 일반연회용 • Coffee Table, Cocktail Reception 시 Food Table • 용도가 다양하며 좁은 공간에서 사용할 때 Stacking Chair 8~10인용 식탁 • Arm Chair 사용 시 6인용 식탁
	∅72	∅183	Cocktail용, 일반연회용 • Food Table, Coffee Break Table, Cocktail Reception Table • Stacking Chair 사용 시 10~12인용 식탁 • Arm Chair 사용 시 8인용 식탁

종 류	규 격		용 도
	inch	cm	
Rectangular Table (다목적 사용 Multiple Purpose)	30×60	76×153	• Food Table, Buffet Table, Ice Carving Table, Reception Table 등 용도가 다양 • Stacking Chair나 Arm Chair 사용 시 2인용 식탁
	30×72	76×183	• 용도는 60×30"과 동일함 • Stacking Chair, Arm Chair 사용 시 2인용 식탁
Meeting(seminar) Table	18×60 18×72	46×153 46×183	• 세미나 시 사용하는 테이블이다. 워크숍, 각종 교육 목적 회의, 사원교육 등 학교식으로 Set-up 할 때 많이 사용
Half Round(1/2) Table	∅50(지름)	∅153(지름)	테이블 연결용, 코너용 • Rectangular Table을 사용할 때 양쪽에 붙여서 사용하기도 하고, 특히 Two Line Buffet Table의 Set-up 시에는 양쪽에서 음식을 준비할 때 사용하기도 한다. Half Round 혹은 Halfmoon이라 칭한다.
Quarter Round(1/4) Table	∅30(지름)	∅76.5(반지름)	테이블 연결용, 코너용 • Rectangular Table에 연결해 모서리를 둥글게 할 수 있는 테이블
Square Table	30×30	46×46	OHP용, Cake용 • 다른 테이블과 연결하여 파티장 테이블 꾸밈에 사용하거나, Slide, Project, Video 등의 설치 등에 사용한다.
Crescent Table	30		테이블 연결용, 코너용 • 기둥 등을 테이블로 돌릴 때, 코너를 연결할 때, Head Table과 연결할 때 등에 사용

출처 : 롯데호텔, 식음료 직무교재, p.302 ; 최동열, 전게서, 2001, p.244. 저자 재구성

(1) Table Top

- 고객이 원탁을 요구하면서 고객 수가 많은 경우에는 합판으로 만든 Round Table Top을 사용한다.
- Table Top의 종류

  ∅ 210(10~12인용), ∅ 220(10~12인용),

  ∅ 240(10~14인용), ∅ 260(10~14인용),

  ∅ 280(12~16인용)

(2) Round Table 사용 시 주의사항

① 테이블을 운반하기 전에 반드시 장갑을 착용한다.

② 테이블을 운반할 때는 오른손으로 밀고 왼손으로는 테이블의 수평을 유지하여 천천히 굴린다.

③ 테이블을 운반하면서 주위의 장애물을 살핀다. 벽, 모서리, 문짝 등에 유의하며 부딪쳐서 파손되는 일이 없도록 한다.

④ 테이블을 펼 때 한 손으로 테이블이 넘어지는 것을 방지하며, 한 손으로 테이블 다리를 펴고 잠금쇠에서 '딱' 하고 소리가 나면 경사지게 세워놓고 다른 한쪽도 같은 요령으로 편다.

⑤ 습관적으로 다리의 양쪽 안쪽 잠금쇠의 소리가 '딱' 하고 날 때까지 다리가 펴졌는지 재확인을 해준다. 잠금쇠의 소리가 나는지 여부를 확인하는 절차를 습관적으로 확인하는 것을 교육시킨다.

(3) Rectangular Table 사용 시 유의사항

① 습관적으로 다리의 양쪽 안쪽 잠금쇠에서 '딱' 하고 소리가 날 때까지 다리를 펴주지 않으면 고객이 식사 중 다리가 쓰러지는 낭패를 볼 수 있다. 즉 테이블이 옆으로 누운 상태에서 오른쪽 다리를 펴고 양쪽 다리에서 "잠금쇠의 소리가 '딱' 하고 날 때까지" 완전히 펴지면 양손으로 중심 되는 부분을 들어 테이블을 정위치에 놓는다.

② 많은 양을 운반할 시 테이블 운반용 카트를 이용하여 운반하며, 벽, 문짝, 기둥 등의 시설물 파손에 유의하여 운반한다(호텔의 고가 재산인 인테리어를 부수고 다니면 안 된다).

③ 습관적으로 다리의 양쪽 안쪽 잠금쇠에서 '딱' 하고 소리가 날 때까지 다리가 펴졌는지 재확인해 준다.

(4) 테이블 관리요령

① 행사에 알맞은 테이블을 사용한다.
② 무리한 충격을 가하지 않도록 한다.
③ 무거운 물건을 올려놓거나 올라서지 않도록 한다.
④ 종이를 자르기 위해 상판 위를 칼로 긋거나, 다른 용도로 절대 사용하지 않는다.
⑤ 파손 시 즉시 수리하여 불량품이 되지 않게 한다.
⑥ Rectangular Table, Round Table은 똑바로 세워서 보관하며, 바닥에 카펫을 깔아 미끄럼을 방지한다.
⑦ 타 부서에 대여 시에는 차용증을 꼭 받아 보관하며 테이블 고유번호를 적어둔다.

2) 연회용 의자(Banquet Chair)

(1) 의자의 종류

(1.1) 스태킹 체어(Stacking Chair)

연회행사 시 사용하는 의자로 행사가 없을 때는 겹쳐 쌓아서 보관한다.

(1.2) 암 체어(Arm Chair)

팔걸이가 있는 의자를 말하며, 고급연회 또는 일반연회의 Head Table에서 사용한다.

(1.3) 이지 체어(Easy Chair)

소파(Sofa)형의 안락한 의자를 말한다.
단상(Stage) 위의 VIP석으로 사용한다.

(1.4) 연회 의자운반용 트롤리(Stainless Steel Banquet Chair Trolley)

11. 연회용 주요 장비

1) Platform(Portable Stage : 조립식 무대)

특히 무겁고 사용방법이 숙련을 요하므로 취급에 유의하여 안전사고를 예방한다. 운반 시 반드시 2인 1개조로 편성하여 운반해야 한다.

Platform(Portable Stage : 조립식 무대)

(1) Platform의 제원

연회장에서 사용하는 조립식 무대는 높낮이를 조정할 수 있고, 보관이나 이동이 용이하도록 접을 수 있으며, 바퀴가 달려 있다. 조립식 무대의 크기는 각 호텔 연회장의 사정에 따라 다르지만, 대체로 다음과 같다.

① 넓이(무대 표면적) : 240cm(가로)×120cm(세로)
② 조절가능 높이 : 20cm, 40cm, 60cm, 80cm, 100cm
③ 부품 : 스패너, 안전핀(높낮이 맞춤), 예비 바퀴

(2) Platform의 용도

① 각종 연회행사 시 Head Table 무대용
② Fashion Show 시 Cat Walk용
③ Special Event 시 무대용
④ 대형 Ice Carving Table
⑤ 조명 보조 테이블용(사람이 올라가 조종해야 할 경우)

2) Dancing Floor

(1) Dancing Floor의 제원

① 넓이 : 90cm(가로)×90cm(세로)

② 용도 : 무도회, 무도대회, 각종 여흥행사

③ 부품 : Trim(알루미늄 제재), 볼트 조임핀

3) Dry Ice Machine(Fog Machine)

안개를 연출하는 기구로 주로 웨딩행사나 창립기념일 파티 등에서 이용한다.

4) Red Carpet

(1) Red Carpet의 종류

레드 카펫의 종류와 규격

품 목	규 격	용 도
Red Carpet	4.6×7.16	CBR 연회장 무대용 위쪽
Red Carpet	3.3×6.46	CBR 연회장 무대용 아래쪽
Platform용 Carpet	7×3.4	50cm Platform 5장에 사용
Platform용 Carpet	10×3.6	50cm Platform 6장에 사용
Platform용 Carpet	10.6×3.6	50cm Platform 11장에 사용
Platform용 Carpet	2×2	50cm Platform 2장에 사용
Platform용 Carpet	4×10	20cm Platform 11장에 사용
Platform용 Carpet	6.5×3.4	20cm Platform 5장에 사용
Reception Line용	12.4×1.5	CBR 연회장 입구용(上)
Reception Line용	1.5×26	CBR 연회장 입구용
Reception Line용	1.5×8	CBR 연회장 입구용(下)
Reception Line용	1.5×24	EMERALD 입구용
Reception Line용	1.5×28	Host Line용(CBR)
Reception Line용	4.52×6	

출처 : 롯데호텔, 식음료 직무교재, p.308

(2) Red Carpet의 취급요령

- 운반은 2인 1조로 하여 Carpet을 사용할 것

- 행사 종료 후 반드시 청소를 하고 오염을 제거한 후 완전하게 건조시켜서 보관할 것
- 말아서 보관 시 양쪽 귀가 꼭 맞도록 감는다.

12. 연회용 집기와 비품

1) 연회장 리넨(Linen)류

연회장 리넨의 종류 및 규격

구 분	품 목	규격(cm)	사 용 용 도
Table Cloth	60" Table용	215×215	연회행사의 식탁용 다양한 색상
	72" Table용	245×245	
	210 Top Table용	260×260	
	240×240 Top Table용	270×270	
	Rectangular Table용	230×880	
Cloth Napkin(White, Pink, Blue, Green)		52×52	고객 식사 시 냅킨
Drapes		900×75	등록대, 헤드테이블 등의 앞에 치는 주름치마(다리를 가려주고, 품위 있게 해주는 데 사용)
Water Towel		30×30	고객 식사 보조용, 물수건
Green Felt		244×137	School Type 행사 시 사용하는 진녹색 천

출처 : 최동열, 상게서, 2001, pp.256-257; 롯데호텔, 상게서, pp.309-310. 저자 재구성

2) 연회용 Tray

사용 후 반드시 세척하여 곰팡이 발생을 예방한다. 물기가 완전히 마르기 전에는 절대 포개면 안 된다. 곰팡이가 발생하기 때문이다. 물비누를 이용해 손으로 닦거나 파손에 유의하면서 세척기에 세척 후 Rack에 건조하여 물기가 완전히 마른 후 보관해야 한다. Tray의 재질은 고강도 플라스틱이 좋다. 연회장에서 주로 사용하는 Tray(쟁반)는 다음과 같다.

연회용 트레이의 종류 및 규격

종 류	규격(cm)
Round Tray	36
Square Tray	51×38
Rectangular Tray	38×38
Oval Tray	48×32

Round Tray

Rectangular Tray

3) Glass, China 보관용 Rack

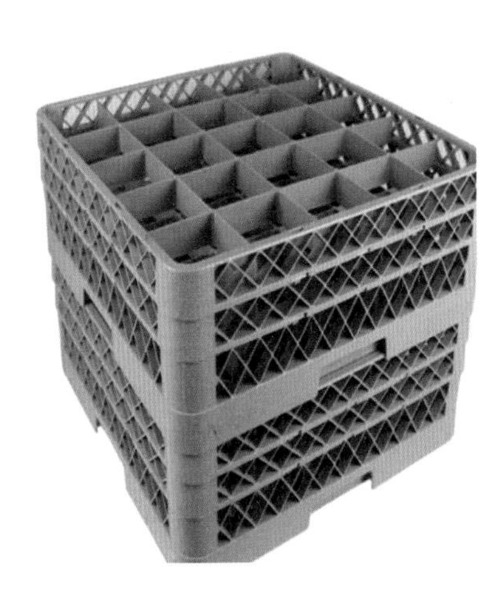

4) 연회용 집기와 비품류

연회용 집기와 비품의 종류 및 규격

구 분	품 목	규격(cm)	사용목적 및 용도
Ice Carving Stand	Ice Carving용	50×110×25	얼음조각을 놓는 받침대
	Sashimi용	50×70×12	
Spot Light	Color Spot		얼음조각이나 음식 테이블에 조명을 넣는 기구
	Pin Spot		
Ext Cord	Down Dorance	110V, 220V 등	전압을 높이거나 낮추는 변압기
	Extension Cord		전기연결 코드
Place Card	Holder(ㅅ)	15.5×7.5	Place Card를 테이블 위에 놓을 때 쓰는 것으로 (ㅅ), (−)형 2가지
	Holder(−)	12.5×6.5	
Tent	White Tent	375×883	야외행사에서 우천 시 혹은 차양막으로 사용하며 지주대, 팩, 로프 등
	Blue Tent	350×450	
Podium	Podium(대)	83×55×124	Speech 시 사용하는 연단
	Podium(중)	70×40×121	
Piano	Grand Piano	156×273×130	한 달에 2번씩 조율관리
	UP Light Piano	154×129	
Sign Board	Sign Board & Easel	80×104	각종 행사 안내문, 행사일정표 등에 사용
Flip Chart	Flip Chart	80×194	Meeting, Briefing 등에 사용하는 용품
Yadai	Yadai	231×86×235	Cocktail Reception, Buffet 등의 즉석코너
	Show Case		
Number	Number & Stand	20×22	연회행사 시 테이블 번호를 표시하며 Table을 찾기 쉽도록 만들어 놓은 판 번호판과 스탠드가 있음
Flag	Stand Flag	252	각국의 국기
	Table Flag	47	
Lottery Box	Lottery Box	40×30×30	추첨함, 명함함, 투표함

출처 : 롯데호텔, 전게서, pp.309-310; 최동열, 전게서, 2001, pp.258-259, 저자 재구성

5) Audio Visual Equipment

EQUIPMENT	DESCRIPTION	A	B	RENTAL PER UNIT (DAILY BASIS)	REMARK
SIMULTANEOUS	SYSTEM	2	1	500,000	
TRANSLATION	유선 동시통역기기(SONY)	0	60		
	RECEIVER	0	0	1,000	
	W/HEAD PHONE	700	500	8 CHANNEL-PHILIP	
		300	0	1 CHANNEL-LG	
		430	500	6 CHANNEL-PHILIP	
BEAM	SLIDE 35mm	6	6	3,000 KODAK(신형)	
PROJECTOR	ZOOM LENS	6	6	3,000	
	MASTER SLIDE	6	4	2,000 ROOM GUEST	
		0	0	3,000 ELMO, 3M	
	OVERHEAD	4	3	3,000 ELMO, PORTABLE	
	MOVIE(8mm)	2	0	3,000 ELMO, PORTABLE	
	MOVIE(16mm)	2	2	3,000 MAZDA, FIXED	
	MOVIE(35mm)	2	0	(INCL, SCREEN)	
SCREEN	LARGE SIZE(480×360cm)	2	0		
	MEDIUM SIZE(240×190cm)	2	0		
	SMALL SIZE(180×170cm)	6	2		
	EMERALD(230×230cm)	1	0		
	REAL(300×300cm)	0	1		
V.T.R	BARCO 1000	2	2	50,000	
	UMATIC	1	2	50,000	
	BETAMEX(PAL)	1	1	50,000	
	VHS	4	5	50,000	
	VHS(PAL)	1	2	50,000	
	BETAMEX	2	0	50,000	
	WIDE SCREEN(72")	1	0	50,000	
	MONITOR TV(20")	5	5		
	MONITOR TV(28")	4	4		
RECORDER	CASSETTE	6	6	5,000	
	OPEN REEL	4	4	5,000	
	OPEN REEL(4TRACK)	0	1	5,000	
LIGHTING	LASER BEAM	1	1	1,000,000	
	STOP ETC	0	0	300,000	
	PIN SPOT	4	6		
	LASER POINT	4	2	10,000	

EQUIPMENT	DESCRIPTION	A	B	RENTAL PER UNIT (DAILY BASIS)	REMARK
MICRO-PHONE	MIKE	40	40	5,000 WIRE	
		0	0	0	
	MIKE	4	6	5,000 WIRELESS	
	DELEGATE MIKE	200	100	0	
	PIN MIKE	17	10	5,000 WIRE	
	PIN MIKE	4	6	5,000 WIRE	
MIXER (AUDIO SYS.)	40 CHANNEL	0	1		
	24 CHANNEL	2	2		
	16 CHANNEL	2	1		
	12 CHANNEL	0	2		
PIANO	GRAND	1		10,000	
		0		10,000	
	ELECTRIC ORGAN	1		10,000	

주 : 10% V.A.T WILL BE ADDED
출처 : 호텔롯데, 전게서, pp.310-311, 저자 재구성

6) 행사 게시판(Event)

출처 : 저자

THE MAY HOTEL LED 행사게시판

7) 결혼식(웨딩) 풀코스 파티 전경

Banquet Hall

BANQUET ROOMS WITH A VIEW & OUTSIDE TERRACE

Banquet room with a view

Banquet room with bridal suite doors at the top of the stairs.

Dramatic staircases into each elegantly appointed ballroom

THE BANQUET ROOM VIEW OF THE OUTSIDE TERRACE

Stunning windows overlooking romantic garden courtyards

Stunning view for every guest to share with the dimming of the chandlers

View of the head table with the courtyard in back

제8절

음료(Beverage)

그랜드 워커힐 서울호텔 칵테일 라운지 '더 파빌리온'

1. 주류의 분류

음료는 알코올 유무에 따라 비알코올성 음료(Non-Alcoholic Beverage)와 알코올성 음료(Alcoholic Beverage)로 나눌 수 있다. 비알코올성 음료는 청량음료, 영양음료, 기호음료 등으로 구분할 수 있으며, 알코올성 음료는 다시 제조방법에 따라, 효모를 발효시켜 만드는 양조주(Fermented Liquor), 양조주를 증류시켜 만드는 증류주(Distilled Liquor), 이 밖에 양조주나 증류주에 설탕 · 시럽 · 과실류 · 약초류 등을 혼합하여 만든 혼성주(Compounded Liquor)로 구분되며, 비알코올성 음료는 청량음료(Soft Drink), 영양음료(Nutritious), 기호음료(Fancy Taste) 등으로 구분된다.

구 분		분 류	종 류
알코올성 음료	양조주	양조주는 각종 과일이나 곡류 및 기타 원료에 들어 있는 당분이나 전분을 곰팡이와 효모의 작용에 의해 발효시켜 만든 술이다. 이 술은 알코올 함량이 비교적 낮아(2~20도) 변질되기 쉬운 단점이 있으나 원료성분에서 나오는 특유의 향기와 부드러운 맛이 있다.	
		막걸리	전분 포함 곡물을 발효시켜 제조[탁주(Rice Wine)](알코올 도수 6~13%)
		청주(Sake)	쌀을 누룩으로 발효시킨 후 여과하여 맑게 걸러낸 술. 일본식 청주. 우리나라에서는 정종(正宗)으로 통하며 밀로 누룩을 만든다.(15~16%)
		Wine(Grape)(포도주)	Still Wine : 비발포성 와인, 레귤러 와인(13%)
			Sparkling Wine : Champagne, Sparkling Wine(프랑스의 Champagne 지방 이외의 곳에서 생산한 발포성 와인/탄산가스 첨가)(13.4%)
			Fortified Wine : Sherry, Port(20%)
			Aromatized Wine : Vermouth, Aperitif(19%)
		Fruits Wine	Cider(Apple), Perry(페리 : 배로 빚은 술)(1~6%)
		Mead(미드)	벌꿀주
		Beer(맥주)	Lager(3%), Draft(3~4%), Ale(4~4.5%)
		Pulque	용설란주. Agave의 즙액을 발효시킨 멕시코 토속주(40~52%)
	증류주	증류주는 발효된 술(양조주)을 다시 증류하여 얻는 술이다. 알코올 농도가 비교적 높으며(20~98도), 증류방법에 따라 불순물의 일부 또는 대부분의 제거가 가능하다.	
		주정	당밀이나 전분질(고구마, 보리, 감자 등)을 발효시켜 증류하여 제조. 에틸알코올, 에탄올. 술의 주성분. 효모에 의해 당분을 발효시키는 방법으로 제조

구 분		분 류	종 류
알코올성 음료	증류주	소주	증류식 소주와 우리나라에서 많이 음용되는 희석식 소주 2종류
		증류식 소주	과실을 제외한 전분 또는 당분을 함유하는 물료를 발효시켜 증류하여 제조(17~20%)
		희석식 소주	95%의 주정에 물을 가하여 희석하여 제조(20%)
		럼(Rum)	사탕수수, 사탕무, 설탕, 당밀 등을 발효시켜 증류하여 제조(40~44%)
		진(Gin)	소맥 등 곡류 증류. 노간주나무열매, 향미식물 등을 첨가하고 증류하여 제조(40%)
		보드카(Vodka)	감자, 곡류 증류. 자작나무숯으로 여과 정제하여 제조(45~50%)
		테킬라(Tequila)	용설란주. 당분 함유물인 용설란을 발효 증류하여 제조(40%)
		위스키(Whisky)	밀, 옥수수, 맥아(엿기름)를 원료로 발효시켜 증류한 후 나무통에 저장한 것(Scotch(대맥의 맥아), Irish(보리, 호밀, 밀), American[옥수수(버번위스키)], Canadian(옥수수, 호밀)(40%)
		브랜디(Brandy)	브랜디, 포도, 사과 등과 같은 과실을 원료로 발효시켜 증류한 후 오크통에 저장한 것(Cognac, Calvados, Kirsch, Slivovitz)(35~40%)
		아쿠아비트(Aquavit)	감자주(45%)
		고량주	수수로 제조. 배갈, 줄여서 고량이라고도 한다. 대만의 금문도나 마조도가 중요 산지이다. 도수는 대개 40~63도
	혼성주	혼성주(재제주 : Compounded)는 양조주나 증류주에 과실, 향료, 감미료, 약초 등을 첨가하여 침출하거나 증류하여 만든 술로서 Liqueur, Bitters, 인삼주, 매실주, 오가피주 등이 있다. 리큐어는 식물약재, 과실, 유실 등을 증류주류에 담가서 우려내거나 증류하여 제조하는 것, 증류주류에 당분, 산분 등 첨가물을 첨가하여 제조하는 것 등으로 혼성주는 다양하게 제조할 수 있으며 개발의 여지가 많은 주종이라 할 수 있다.	
비알코올성 음료		청량음료	탄산음료(Carbonated), 무탄산음료(Non Carbonated)
		영양음료	주스류(Juice), 우유류(Milk)
		기호음료	커피(Coffee), 홍차(Tea)

2. 주장부문의 직무 및 형태

1) 바(Bar)의 개념

바의 어원은 불어의 'Barrière'(바리에 : 울타리, 장벽, 장애물)에서 유래된 말로서 고객과 바맨(Bar Man) 사이에 가로질러진 장애물을 바(Bar)라고 하던 개념이 오늘날에는 술을 판매하는 주장을 총칭하고 있다. 주장 설계 시 이용에 편리한 출입구, 적절한 조명, 배경음악 등을 중요하게 다루어야 한다. 주장(酒場)은 아늑한 분위기가 느껴지는 장소에서 바텐더가 고객에게 주로 음료를 판매하는 곳으로 고객에게 일상의 긴장감을 해소시켜 주며 대화를 나눌 수 있는 역할을 하는 공간이라고 할 수 있다. 호텔에서는 이러한 바(Bar)의 준비가 필수적으로 요구되는데, 일반적으로 다음과 같은 종류가 있다.

그랜드 앰배서더 호텔서울 펍 재즈 바 '그랑 아'

- Main Bar : 호텔고객을 위주로 영업하며 식당이 취급하는 전 음료를 리스트에 표기하며 가격 표준가로써 판매하는 것이 일반적이다.
- Sky Lounge : 전망이 좋은 곳에 위치하며 간단한 식사를 취급하거나 아니면 양식당으로 운영되기도 한다.

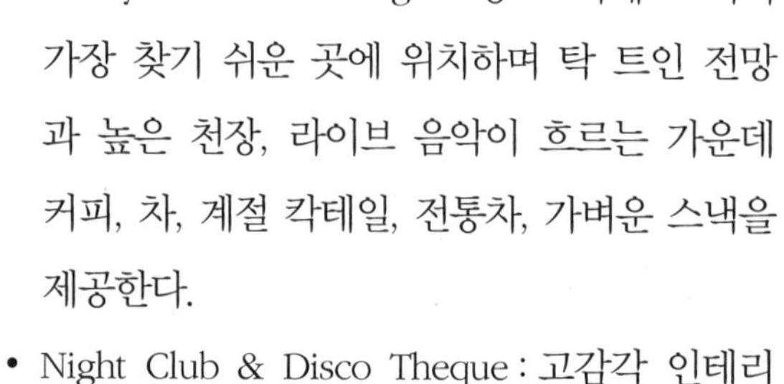

- Lobby Cocktail Lounge : 1층 로비에 고객이 가장 찾기 쉬운 곳에 위치하며 탁 트인 전망과 높은 천장, 라이브 음악이 흐르는 가운데 커피, 차, 계절 칵테일, 전통차, 가벼운 스낵을 제공한다.

베트남 엠갤러리호텔 '루프트탑~바'

- Night Club & Disco Theque : 고감각 인테리어의 독특한 컬러와 분위기로 새로운 개념의 고품격 테마 클럽형태를 띤다. 메인 라운드 바, 가라오케 룸, 포켓볼 테이블, 최신 하이테크 사운드 시스템, 특수조명시설, 댄스 플로어 등을 갖춘 엔터테인먼트 시설이다. 통상 저녁 7시부터 새벽 2시까지 영업을 한다. Disco Theque(디스코 텍)은 레코드에 의해 춤추는 댄스홀이라는 점이 Night Club(나이트 클럽)과 다르다. 음료, 주류, 안주류 등을 제공한다.

- Men's Bar : 여자의 출입을 규정으로 금지하는 형태의 업장
- Members Club Bar : 입회금과 연회비로써 운영되는 회원전용의 업장이다. 이 밖에 펍 바, 댄스 바, 가라오케 바 등이 있다.

2) 주장의 조직

주장 운영에 있어서 인사조직도는 지휘계통과 업무의 책임 한계를 확립시켜 주는 것으로 체계적인 조직 및 직무관리가 요구된다.

일반적으로 주장에서 예상되는 효율적인 바(Bar)의 조직도는 다음과 같다.

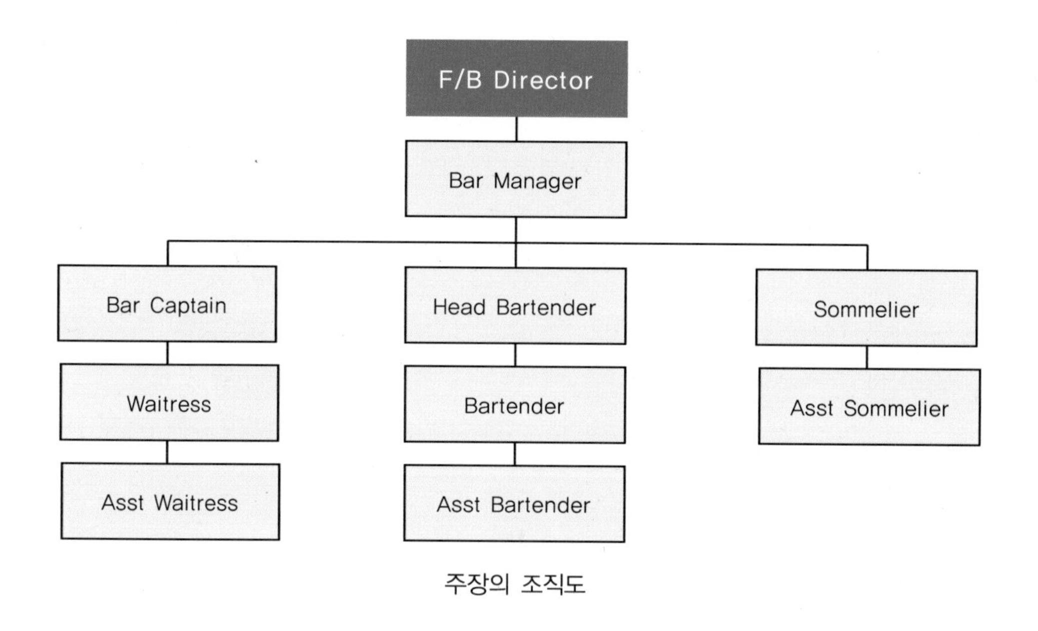

주장의 조직도

3) 직무분석(Job Description)

직무분석이란 해당직무를 수행하기 위해 요구되는 사항을 명시해 놓은 것을 말한다. 주요 직무를 요약하여 서술하면 다음과 같다.

(1) 음료 지배인(Beverage Manager)

□ 업　　장 : Bar

□ 보 고 자 : 식음료부장

□ 근무시간 : 식음료부장 결재에 의한 근무 스케줄에 따름

□ 직　　무

- 고객서비스를 철저히 지휘 · 감독하여 고객관리를 총괄한다.
- 음료의 양목표 관리와 재고관리를 감독한다.
- 영업종료 후 영업보고 및 재료 사용보고서를 작성 · 제출한다.
- 위생 점검을 매일 실시하고 기기와 기물 정상작동, 청결성 유지 감독을 한다.
- 주장 종사원들의 근무편성과 Bar 영업을 책임진다.
- 표준 칵테일 Recipe를 각 Bar에 하달하고 이에 대한 교육을 담당한다.
- 가격 조정과 원가 계산, 월말 재고조사(Monthly Inventory)를 실시한다.

(2) 헤드 바텐더(Head Bartender)

□ 업 장: Bar
□ 보 고 자: Bar Manager
□ 근무시간: Bar Manager가 정한 근무시간
□ 직 무

- 영업시작 전에 Bar의 서비스 준비사항과 직원들을 점검한다.
- 접객서비스의 책임자로서 정확한 주문과 서비스 절차를 유지한다.
- 필요시 지배인의 업무를 대행한다.
- Bar에서의 서비스와 연계된 모든 행사일정에 관해서 파악해야 한다.
- 식음료가 제공된 후 고객의 만족도를 주의 깊게 관찰한다.
- 테이블 Reset-up이 자동적으로 실시되는지 체크한다.
- Bar의 음료서비스 매뉴얼, 긴급조치 절차 등을 숙지하고 교육한다.
- 신입사원 및 실습생의 교육을 담당하며 업장 내 행정업무, 지배인 보좌업무를 수행한다.

(3) 소믈리에(Sommelier)

□ 업 장: Bar
□ 보 고 자: Bar Manager
□ 근무시간: 근무 스케줄에 따름
□ 직 무

포도주를 관리하고 고객에게 추천하여 판매하는 사람을 말한다. 영어로는 와인캡틴(Wine Captain) 또는 와인웨이터(Wine Waiter)라고 한다. 1800년대에 프랑스 파리의 한 음식점에서 와인을 전문으로 담당하는 사람이 생기면서 지금과 같은 형태로 발전하였다.

- 흰색 와이셔츠에 검은색 상·하의, 조끼, 넥타이와 앞치마를 두른다.
- 조끼 주머니에는 와인병을 따는 와인스크루(Wine Screw)와 성냥을 항시 휴대해야 한다. 와인을 시음할 때 사용하는 시·음용 잔인 타스트뱅(Tastevin)을 목에 착용한다.
- 고객의 식사와 어울리는 와인을 추천한다.

- 각종 와인의 종류와 맛에 능통해야 한다. 이를 위해 포도의 품종, 숙성방법, 원산지, 수확연도 등 와인의 특징에 대한 풍부한 지식을 갖추고 있어야 한다.
- 재고를 파악하여 와인의 주문, 품목선정, 구매와 저장 및 전반적인 관리를 한다.

(4) 바텐더(Bartender)

□ 업　　장 : Bar
□ 보 고 자 : Bar Manager 또는 헤드 바텐더
□ 근무시간 : 근무 스케줄에 따름
□ 직　　무

- Glasses 및 칵테일용 기물을 세척 정돈한다.
- 칵테일 양목표(Recipe)에 준하여 지정된 계량기를 사용하고 지정된 글라스에 제공한다.
- 바텐더는 음료와 와인에 대해 충분한 지식을 갖추고 있어야 한다.
- 영업개시 전에 영업 준비를 완료한다.
- 영업종료 후 Bar 주위의 청소와 기물정리를 담당한다.
- Par Stock에 준하여 그날 영업에 사용할 주류와 장식자료들을 보급, 수령한다.
- Bar Counter, 작업대 진열장 등을 청소한다.
- 냉장고, 맥주저장고(Beer Cooler), 제빙기 등이 정상적으로 작동하는지 점검한다.
- 칵테일에 필요한 부재료(양념류), 장식물, 얼음 등을 준비한다.
- Bar Waiter의 주문 및 카운터의 직접주문을 신속 정확하게 조주하여 제공 처리한다.
- 와인, 맥주, 청량음료 등의 모든 상품에 적정온도가 유지되는지를 점검하고 저장관리에 만전을 기한다.
- 영업 종료 후 재고조사(Inventory)를 하여 재료사용보고를 실시한다.

(5) 어시스트 바텐더(Assist Bartender)

□ 업　　장 : Bar
□ 보 고 자 : Bar Manager
□ 근무시간 : 근무 스케줄에 따름

□ 직 무

- 칵테일 장식 과일류를 슬라이스(Slice)하여 즉시 사용 가능하게 지정된 자리에 준비
- 바에 있는 비품들을 위생적으로 닦고 카운터 위와 바닥의 청결을 항상 유지
- 연회행사가 있을 때 바텐더의 헬퍼(Helper)를 한다.
- 맥주 쿨러(Beer Cooler)에 항상 충분한 맥주를 미리 냉장하여 적당한 온도로 제공
- 간단한 믹스 드링크(Mixed Drink)와 병은 바텐더의 감독하에 제공하도록 한다.
- 각종 소모품과 주류, 과일, 리넨류 등 바에서 필요한 모든 물품을 창고로부터 수령한다.
- 칵테일 장식에 필요한 과일류를 예상고객 수보다 적게 슬라이스하여 놓는다.
- Ice Bin(용기)에 각얼음, 프라페를 위한 가루얼음 등을 미리 준비한다.
- 싱크대에서 글라스류, 은기류, 접시류를 닦아 재사용할 수 있도록 준비한다.
- Bar 내부의 청결을 유지한다. 쓰레기통은 반드시 뚜껑이 있는 것으로 준비한다.
- 맥주창고는 Par Stock에 맞추어 다시 채워 항상 일정수준을 유지한다.

(6) Waiter & Waitress

□ 업 장 : Bar

□ 보 고 자 : Bar Manager

□ 근무시간 : 근무 스케줄에 따름

□ 직 무

- 담당 Table과 그 주위를 항상 정리정돈하고 청결하게 유지해야 한다.
- 고객으로부터 주문한 칵테일이나 술의 명칭, 수량을 정확하게 주문서에 기재한다.
- 바텐더에게 주문서를 전달하고 조주된 칵테일을 Tray로 운반고객에게 제공한다.
- 경우에 따라 Cashier로부터 받은 영수증과 잔돈을 영수증 쟁반 위에 놓아 제공한다.
- 고객이 주문할 때 즉시 응할 수 있도록 준비상태로 대기하고 있어야 한다.
- 파티가 있을 경우에는 손님들(특히 여성고객들) 사이로 다니면서 음료 및 렐리시, 오르되브르, 카나페 등을 서빙한다.
- 고객이 돌아간 후 빈 글라스와 기타 테이블 기물을 치우고 테이블을 청소한다. 재떨이는 항상 깨끗한 것으로 교환하여 놓는다.
- 주류에 대한 충분한 지식과 칵테일에 들어가는 내용물도 숙지하고 있어야 한다.

• 와인에 대한 기능과 지식을 지속적으로 습득한다.

쉐라톤서울팔래스강남호텔 클럽바

제 5 장

식음료서비스의 실제

제1절

레스토랑서비스의 기본 요건

1. 레스토랑 종사원의 몸가짐

레스토랑의 이미지(Image)는 우선 종사원의 용모 및 태도에 있으므로, 종사원은 근무에 임하기 전 반드시 자신의 몸가짐 및 복장에 대해 점검하는 태도를 길러야 한다.

1) 남(男) 종사원의 몸가짐

(1) 유니폼(Uniform)

- 바지는 무릎이 나오지 않도록 다림질 후 착용한다. 길이는 양말이 보이지 않아야 한다.
- 단추가 떨어졌거나 바느질이 터진 곳이 없는지 확인한다.
- 먼지나 비듬이 묻었는지 항상 수시로 거울을 보고 용모를 체크한다.
- 필기도구는 항상 안주머니에 준비한다.
- 명찰은 자신의 얼굴이므로 반드시 새것처럼 깨끗한 상태를 유지한다.

(2) 와이셔츠

- 흰색으로 청결하고 다림질이 잘된 것으로 착용한다.
- 소매길이는 재킷에서 3~5mm 정도 나오는 것이 적당하며 소매 끝의 청결에 유의한다.
- 옷자락이 바지 위로 나와서는 안 된다.

(3) 구두, 양말

- 싸구려로 보이는 구두 또는 장식이 요란한 디자인은 피한다.
- 양말은 검은색으로 하되 부득이한 경우 바지와 같은 색상으로 착용한다.

- 흘러내리거나 올이 나가지 않도록 주의하고 만약을 위해 여분의 것을 준비한다.
- 구두의 색깔은 검은색으로 하며 하이힐이나 화려한 것은 금한다.
- 깨끗이 손질하여 광택이 나게 착용한다.
- 끈을 잘 묶고 뒷굽이 닳거나 낡은 것은 착용을 금한다.
- 구두의 뒤축을 구겨 신거나 질질 끌고 다니면 절대 안 된다.

(4) 얼굴

- 면도는 매일 하여 깨끗한 인상을 주도록 한다.
- 향이 강한 화장품이나 향수는 사용하지 않도록 한다.
- 안경 대신 콘택트렌즈를 착용한다.
- 얼굴에 난 상처는 즉시 치료하고 반창고 등의 사용은 금한다.
- 햇볕에 지나치게 그을리지 않도록 한다.

(5) 두발

- 단정하게 손질하되 장발과 파마는 금한다.
- 뒷머리는 짧게 깎고, 흘러내리는 앞머리는 향이 부드러운 머릿기름, 스프레이 등을 사용하여 청결히 한다.

- 매일 감아 비듬 없이 청결을 유지한다.

(6) 손과 입

- 항상 손의 청결을 유지한다.
- 손톱은 되도록 짧게 깎고 때가 낌에 유의한다.
- 특정한 손가락의 손톱을 기르는 행위를 금한다.
- 담배는 가능하면 금연을 하며 흡연 후에는 반드시 양치질을 한다.
- 식후에는 꼭 양치질하여 입냄새(口臭)에 주의한다.

2) 여(女) 종사원의 몸가짐

(1) 유니폼(Uniform)

- 지급된 유니폼을 착용하고 소매 끝, 깃 등의 청결에 유의하여 착용한다.
- 단추가 떨어졌거나 바느질이 터진 곳은 없는지 확인한다.
- 먼지나 비듬이 묻지 않게 제복이 항상 청결한 상태가 유지되도록 한다.
- 스커트의 길이와 폭은 회사의 규정에 따른다. 블라우스가 스커트 밖으로 나오지 않게 한다.
- 명찰은 자신의 얼굴이므로 반드시 새것처럼 깨끗한 상태를 유지한다.

(2) 액세서리(Accessory)

- 외국 체인호텔은 단독 호텔보다 덜 엄격하므로 해당 호텔의 정서를 감안한다.
- 반지, 팔찌, 체인 등의 착용을 금하며 약혼 또는 결혼반지는 허용한다.
- 시계는 평범하고 작은 디자인이어야 하며 명품류의 고가품은 피한다.

(3) 구두, 스타킹

- 싸구려로 보이는 구두 또는 장식이 요란한 디자인은 피한다.
- 스타킹의 색상은 살색에 가까운 은은한 색상으로 한다.
- 흘러내리거나 올이 나가지 않도록 주의하고 만약을 위해 여분의 것을 준비한다.

- 구두의 색깔은 검정색으로 하며 하이힐이나 화려한 것은 금한다.
- 깨끗이 손질하여 광택이 나게 착용한다.
- 끈을 잘 묶고 뒷굽이 닳거나 낡은 것은 착용을 금한다.
- 구두의 뒤축을 구겨 신거나 질질 끌고 다니면 절대 안 된다.

(4) 화장

- 향이 강한 화장품이나 향수는 금한다.
- 화장은 가급적 밝고 자연스럽게 하며 진하지 않도록 주의한다.
- 윤기 나는 립스틱(Lipstick)과 짙은 색은 피하며 엷고 자연스러운 색으로 한다.
- 눈 화장(Eye Shadow, Eye Line)은 짙은 색은 피하며 엷고 자연스러운 색으로 한다.

(5) 두발

- 각 호텔의 규정과 정서에 따른다.
- 긴 머리는 단정한 핀이나 끈으로 묶고, 단발머리는 흘러내리지 않도록 귀 뒤에 넘기도록 한다.
- 매일 감아 비듬 없이 청결을 유지한다.

(6) 손과 입

- 항상 손의 청결에 유의한다.
- 손톱은 단정하게 다듬고 불순물에 유의한다.
- 매니큐어는 사용을 금하되 살색에 가까운 연한 색은 허용한다.
- 식후에는 꼭 양치질을 하여 입냄새(口臭)에 주의한다.

2. 인사예절 교육

인사는 특별히 호텔 또는 식음료 영업장 고객에게 진심으로 환영하는 마음의 표현이다. 그러므로 찾아주신 고객에게 감사하는 마음으로, 예의바르고 정중하게 그리고 밝고 상냥하게 인사해야 한다. 또한 인사는 예절의 기본이라 할 수 있고 인간관계의 시작이다. 상사에게는 존경심의 표현이고, 동료 간에는 동료애의 상징이며 자신의 인격과 품위를 나타내는 기본자세이다.

1) 인사요령

① 최경례는 VIP에게 한다.

② 머리를 숙인 상태가 깊을수록 정중하다.

③ 보통례는 일반고객에게 한다. 직함을 모르는 고객은 '고객님!' 직함을 아는 경우는 '이사님!' 등으로 반드시 호칭하며 인사한다.

④ 고객의 5보 전방에서 호칭하며 허리 굽혀 인사한다(부장님 이상 임원급은 가능한 직위를 붙이는 것이 예의).
예) 회장님, 박사님, 상무님, 부장님, 교수님, 선생님

⑤ 반절은 프런트, 캐셔 데스크 등에서 약간 먼 거리상의 고객과 눈이 마주쳤을 때와 엘리베이터 내에서 손님에게 또는 동료 간에 하는 인사이다.

⑥ 즐거운 마음에서 밝은 표정이 나오므로 항상 자연스러운 미소가 넘칠 수 있도록 마음의 준비를 하고 미소를 짓고 인사한다. 또한 인사 후에도 상대에게 온화한 미소 띤 표정을 유지한다.

2) 인사에 따른 방법

인사 종류 / 항목	최경례	보통례	반절
대상	VIP고객	일반 보통고객	엘리베이터 등 장소 제약 시, 동료 간
인사속도	하나 – 둘 – 구부림 셋 – 멈춤 넷 – 다섯 – 폄	하나 – 구부림 둘 – 멈춤 셋 – 폄	하나 – 구부림 둘 – 폄
인사의 각도	45°	30°	20°
시선	발 1미터 전방	발 2미터 전방	발 5미터 전방
양손처리	남자 : 손을 곧게 펴서 붙인 채 바지 재봉선에 댄다. 여자 : 왼손으로 오른손 위를 감싸서 아랫배에 가볍게 댄다.		
발	뒤꿈치를 붙이고 앞 발끝은 30°로 벌린다.		
표정	가벼운 미소		
허리, 머리	허리에서 머리까지 일직선을 유지해야 하고, 머리만 숙이거나 허리만 굽히지 않는다.		
다리	곧게 펴고 무릎을 붙인다.		
둔부(hips)	둔부(hips)가 뒤로 빠지지 않도록 한다.		
인사말	"안녕하십니까?" 등의 인사말은 구부리는 동안 한다.		
유의사항	눈을 위로 치켜뜨지 말 것, 인사 후 딴 데로 눈을 빨리 돌리지 말 것		

구분	시기	인사말	비 고
대고객	접객 시	– "어서오십시오. 고객님." – "무엇을 도와드릴까요?"	– 즉각 접근할 수 있는 바른자세로 대기하다 즉시 조치
	전송 시	– "안녕히 가십시오. 고객님." – "감사합니다. 또 오십시오."	– 45°, 30°로 허리를 굽혀 감사드리고 밝게 재방문을 요청

출처 : 신형섭, 호텔식음료서비스실무론, 기문사, pp.42–45, 저자 재구성

3) 대기자세

대기(Standby)는 고객이 식음료 영업장 입구에 오셨을 때 이를 인지하여 즉각 인사하며, 영업장 안에서 고객의 요구에 즉각 응대하기 위하여 고객을 주시하는 근무자세를 말한다.

① 손님에게 즉시 응대할 수 있는 가장 편한 위치를 정한다.

② 종사원의 효율적인 대고객서비스의 준비자세이다.

③ 자기 위치에서 고객 요구에 대기하여 서비스 절차의 흐름을 유지한다.

④ 바른 대기자세는 양발을 가지런히 모으고 정 위치에 서 있는 것이다.

⑤ 고객이 보는 데서 남녀 직원이 웃으며 잡담을 하는 것은 고객에게 상당히 불쾌감을 주므로 절대 금한다.

⑥ 하품, 머리나 몸을 긁는 행위, 코를 만지거나 데스크 또는 벽에 기대서 다리를 꼬고 서 있는 등의 부적절한 자세를 취하여선 안 되는데, 그 이유는 수준이 낮고 경박해 보이기 때문이다.

⑦ 손님의 등 뒤에서 큰 소리로 웃는 것은 고객에게 상당히 불쾌감을 주므로 절대 금한다.

⑧ 대기 시 뒷짐을 지면 절대 안 된다.

⑨ 고객과의 장시간 대화는 피하고, 다른 고객응대를 위해 가급적 짧게 대화한다.

⑩ 고객을 가리킬 때는 턱 또는 손가락질을 하지 말고 손바닥을 위로 향해 정중한 표정과 몸짓으로 예의바르게 고객의 좌석을 가리키며 직원 간에 신속한 서비스를 의뢰 또는 지시한다.

4) 주시

전방을 좌에서 우로, 가까운 곳에서 먼 곳으로 먼 곳에서 가까운 곳으로 폭넓은 시야를 가지고 전체의 서비스 흐름을 주시(Watching)하여야 한다. 어느 테이블에서 무엇이 필요한지, 다음 코스는 무엇이 나갈 차례인지, 또 다른 고객은 술잔이 다 비어서 추가 음료 주문을 해야 한다든지, 전반적으로 좌우전후를 잘 살핀다.

① 가장 시급한 서비스를 원하는 고객 테이블은 어디인가? 파악 - 급한 순서대로 서브해 드리는 훈련이 필요하다.

② 고객이 무엇을 원하는가?

③ 고객서비스에 무엇이 부족한가? 고객의 만족 여부 등을 관찰(Observation)한다.

④ 재떨이의 사용도와 사용량, 물컵에 있는 물의 양, 와인잔에 있는 와인의 양 등이 부족한지? 수시로 확인하고 질문하여 고객들이 원하는 이상으로 Best Service를 해 드린다.

⑤ 식사를 마치고 나갈 때 놓고 나가는 것이 있는지 반드시 습관적으로 좌석 위아래를 체크하여 발견한 것이 있을 때는 즉각 전해드린다.

⑥ 폭넓은 주시 - 딴 테이블 서브로 바쁘더라도 고객이 나가시는 것을 발견하면 즉시

다가가서 "고객님, 안녕히 가십시오! 또 오십시오!"라고 또 와주시기를 청하는 인사를 꼭 한다.

⑦ 고객을 유심히 쳐다보거나 고객의 식탁을 가리킬 때 곁눈질, 턱을 치켜올려 가리키거나 손가락질을 해서는 안 되며 손바닥을 위로 하고 방향을 정중히 가리킨다.

5) 고객을 존경하는 자세와 밝은 표정관리

유능한 종사원은 고객을 진정으로 존경하는 자세와 밝은 미소를 가지고 업무에 임한다. 말없이 어두운 얼굴로 서브하면 고객이 오해할 수 있고, 그러한 종사원뿐만 아니라 고객의 기분도 나빠지는 연쇄작용이 일어나 불평을 초래한다. 반면에, 활기차고 명랑하게 인사하는 종사원은 고객에게 어떤 실수를 했을 때 고객은 이를 용서하고 "바쁜 데 그럴 수도 있지요"라고 좋게 이해해 주는 경우를 많이 경험할 수 있다. 무언의 서비스는 피하라! 짧은 대화(Small Words)로 고객 마음을 사로잡을 수 있는 접객원이 많을수록 그 레스토랑은 번창한다.

tip 스마일 표정 만들기 훈련

① 근육 풀어주기 → 입술 근육에 탄력주기 → 미소 만들기 → 미소 유지하기 → 미소 수정하기 → 미소 다듬기
② 근육을 풀어주기 : 영화 〈사운드 오브 뮤직〉의 '도레미'송
③ 입술 근육에 탄력주기 : 거울 앞에 앉아 턱에 자극이 느껴질 정도로 입을 크게 벌린 상태에서 10초간 유지하기. 이어 벌렸던 입을 다물고 양쪽 입 꼬리를 힘껏 당겨 입술이 수평으로 맞닿게 하기(10초). 다음엔 입술을 천천히 오므려 동그랗게 말기(10초)
④ 미소 만들기 : 작은 미소는 위 앞니 두 개만 약간 보이도록 하기. 보통 미소는 위 앞니가 8개가량 보이도록 하기. 큰 미소는 위 앞니 10개가량 보이고 좀더 안쪽까지 보이도록 하기
⑤ 미소 유지 : 입을 다문 상태에서 입 꼬리만 올렸다 풀었다 하는 것이 효과적이다(10회 반복). 이어 '위스키', '쿠키' 같은 단어를 힘주어 발음하면서(10번 빠르게 반복) 끝으로, 입을 다문 상태에서 입 꼬리를 올렸다 내렸다 하는 처음 동작을 다시 반복, 긴장된 근육을 풀어주기
⑥ 미소 수정 : 양쪽 입 꼬리가 나란히 올라가지 않을 때는 나무젓가락을 앞니로 가볍게 문 뒤 젓가락 양쪽 끝에 맞춰 좌우 입 꼬리를 똑같이 올리는 훈련을 한다. 이 상태를 잠시(10초) 유지한 뒤 젓가락을 살짝 뺀다.
⑦ 위의 6단계 내용 메모를 몸에 지니고 습관이 될 때까지 반복한다.

6) 보행자세

바른 걸음걸이는 그 사람의 인상을 좌우한다.

① 등과 가슴을 곧게 펴고, 시선은 정면을 향하고 턱을 당기며, 보폭을 적당히 하여 자연스럽게 걷는다.
② 어떤 경우이든 고객이 식사 중인 식당 내에서는 뛰면 안 된다.
③ 보행 중 다리가 벌어지지 않도록 주의하고 발은 질질 끌지 않는다.
④ 남(男) 종사원은 미니스커트를 입는 여성고객과 같이 계단을 오를 경우, 먼저 계단을 오르도록 하고 내려올 때는 여성고객의 뒤를 따르도록 한다.
⑤ 고객과 마주치면 가볍게 인사한다.
⑥ 우측통행을 일반화하고 고객을 앞질러가는 것은 금한다.
⑦ 고객과 서로 지나칠 때는 걸음을 잠시 멈추고 고개를 약간 숙인 다음 먼저 지나가도록 한다.
⑧ 고객의 앞을 함부로 가로질러서는 안 된다.
⑨ 유니폼 재킷을 벗은 채로 식당 내를 다녀서는 안 되며, 보행 중에는 항상 주위에 신경을 써서 서비스 제공에 이상이 없는지 확인하며 걷는다.

제2절

기물(테이블 웨어, Table Ware) 준비하기

1. 유리제품(Glass Ware) 준비하기

1) 유리제품(Glass Ware)의 종류

(1) 국제적으로 사용되는 글라스의 종류

① 하이볼 글라스

㉠ Embassy Stemware Footed Hi-Ball 10oz

- 10온스이며 주스류 제공에 많이 사용

㉡ 보통 Hi-Ball 8oz

- 8~10온스이며 길이가 톰 콜린스보다 적다.
- 소프트 드링크 및 믹스 드링크 제공에 많이 사용한다.

② **워터 글라스**(Water Glass) 10oz

- 10온스 정도며 폭과 길이가 길다.
- 위 바디가 아래 베이스보다 넓은 편이다.
- 물은 글라스의 8부 정도로 채운다.

③ **레드와인 글라스**(Wine Glass)

- 5~8온스 정도로 깊고 위와 아래의 넓이가 비슷하다.
- 적포도주 잔이 백포도주 잔보다 크다.
- 재고 파악이 쉽고 좁은 공간으로도 보관이 충분하다.

④ **샴페인 글라스**(Champagne Glass)

- 5온스 정도
- 소서(Saucer) 모양(Embassy Stemware Champagne $4\frac{1}{2}$oz)과 튤립(Tulip-Shaped)형을 많이 사용한다.

⑤ **칵테일 글라스**(Cocktail Glass)

- 3~4온스 정도며 밑이 좁고 위는 넓다.
- 일반적인 모양은 삼각형(V-Shaped)이다.
- 크기와 모양이 다양하다.

⑥ **브랜디 스니프터**(Brandy Snifter)

- 6~8온스 정도이며 일반적으로 튤립형과 전구형이 있다.
- 술은 가득 채워서는 안 되며, 1~2온스가량 따라서 둘째와 셋째 손가락 사이에 끼워 손의 온도에 의해 발하는 향기를 즐긴다.
- 브랜디 잔은 독특한 향이 밖으로 쉽게 나가지 않도록 고안된 글라스이다.

⑦ **리큐어 글라스**(Liqueur Glass)

- 1온스와 3온스 정도의 것이 있으며 스템(Stem : 목줄기)이 짧고 작은 튤립형으로 되어 있다.
- 혼성주를 마실 때 사용된다.

⑧ **톰 콜린스 글라스**(Tom Collins Glass) or Tea Glass

- 12온스 정도이며 실린드리컬 글라스(Cylindrical Glass)형이다.

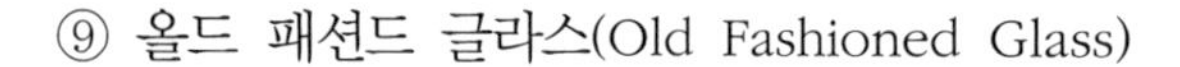

⑨ 올드 패션드 글라스(Old Fashioned Glass)

- 10.5oz Lexington Old Fashioned Glass
  스템(Stem : 목줄기)이 없고 둘레가 약간 넓다.
- 높이가 낮고 두껍다.

⑩ **맥주 글라스**(Beer Glass)

㉠ Pilsner Glass 12oz

㉡ 비어 머그 글라스(Beer Mug Glass) 16oz

- 16온스 정도이다.
- 손잡이가 있다.
- 유리가 두꺼우므로 차갑게 냉장하여 둔다.

⑪ **믹싱 글라스**(Mixing Glass)

- 14온스 정도이다.
- 위가 아래보다 넓은 편이다.
- 칵테일 제조 시 섞을 때 사용한다.

⑫ **위스키 글라스**(Whisky Straight Glass, Whiskey/Shooter)

- 1~2온스 정도이다.

⑬ Irish Coffee Mug

- 14온스 정도이다.
- 위가 아래보다 넓은 편이다.
- 칵테일 제조 시 섞을 때 사용한다.

⑭ **커피 머그 글라스**(Coffee Mug Glass)

- 13온스 정도이다.
- 커피나 뜨거운 칵테일 제공에 사용한다.

⑮ Hurricane Glass(15oz Cyclone Glass)

- 여름 트로피컬 칵테일 제공에 사용한다.

⑯ **마르가리타 글라스**(Margarita Glass)

- 12온스 정도이며 여름철 칵테일에 많이 사용한다.

⑰ **셰리 글라스**(Sherry Glass)

㉠ 전통적인 셰리 글라스

- 3온스 정도이며 아래로 갈수록 폭이 약간 넓어지면서 깊다.

㉡ 현대식의 세련된 셰리 글라스

- $4\frac{1}{2}$온스 정도이며 아래로 갈수록 폭이 약간 넓어지면서 깊다.

⑱ **사워 글라스**(Sour Glass)

- $4\frac{1}{2}$온스 정도이다. 위스키 사워 등 Sour 종류의 칵테일에 사용하는 글라스이다.

⑲ **좀비 글라스**(Zombie Glass)

- 16온스 정도이며 여름 트로피컬 칵테일이나 톰 콜린스 유형에 사용한다.

⑳ 워터 피처(Water Pitcher)

- 33온스(1Lt) 정도이다.
- 물 제공에 사용한다.

Villeroy & Boch_2024 글라스웨어

OCR 16-6621-0021
Burgundy wine goblet
243 mm · 0,68 l | 9½" · 23 oz.
OCR 16-6621-0020
Red wine goblet
235 mm · 0,47 l | 9¼" · 15⅝ oz.
OCR 16-6621-0130
Water/Bordeaux wine goblet
252 mm · 0,65 l | 10" · 22 oz.
OCR 16-6621-0035
White wine goblet
227 mm · 0,38 l | 9" · 12⅘ oz.
OCR 16-6621-0072
Champagne flute
252 mm · 0,26 l | 10" · 8⅘ oz.
OCR 16-6621-1300
Water goblet
145 mm · 0,33 l | 5⅔" · 11⅛ oz.
OCR 16-6621-1410
Whisky tumbler
94 mm · 0,36 l | 3⅔" · 12⅛ oz.
OCR 16-6621-3660
Longdrink glass
149 mm · 0,44 l | 5⅚" · 14⅞ oz.
OCR 16-6621-3650
Shot glass
53 mm · 0,06 l | 2¹⁄₁₆" · 1⅘ oz.
OCR 11-3786-8226
Martini goblet, set 2 pcs.
196 mm · 0,3 l | 7¹¹⁄₁₆" · 10 oz.
OCR 11-3731-8131
Champagne flute, set 4 pcs.
265 mm · 0,15 l | 10½" · 5 oz.
OCR 11-3731-8120
White wine goblet, set 4 pcs.
240 mm · 0,37 l | 9⅝" · 12½ oz.

OCR 11-3780-0021
Red wine goblet full-bod.
208 mm · 0,55 l | 8⅛" · 18⅗ oz.
OCR 11-3780-0025
Red wine goblet intric+del
230 mm · 0,57 l | 9" · 19⅔ oz.
OCR 11-3780-0035
White wine goblet fresh+lig.
218 mm · 0,4 l | 8½" · 13½ oz.
OCR 11-3781-0070
Champagne glass
250 mm · 0,27 l | 9⅞" · 9⅛ oz.
OCR 11-3781-1341
Spirit goblet
152 mm · 0,08 l | 6" · 2⅔ oz.
OCR 11-3785-1360
Beer goblet
175 mm · 0,36 l | 6⅞" · 12⅝ oz.
OCR 11-3785-1373
Wheat beer goblet
243 mm · 0,74 l | 9⅝" · 25⅛ oz.
OCR 11-3786-8240
Shot glass, set 2 pcs.
83 mm · 0,06 l | 3¼" · 1⅘ oz.
Bar, Beer & Specialities
OCR 11-3786-8062
Tumbler small, set 2 pcs.
95 mm · 0,32 l | 3¾" · 10⅘ oz.
Bar, Beer & Specialities
OCR 11-3781-8139
Champagne flut, set 2 pcs.
245 mm · 0,18 l | 9⅝" · 6⅛ oz.
OCR 11-3785-8165
Pint glass, set 2 pcs.
160 mm · 0,62 l | 6 5/16" · 21 oz.
OCR 11-3786-8180
Margarita glass, set 2 pcs.
172 mm · 0,34 l | 6¾" · 11½ oz.

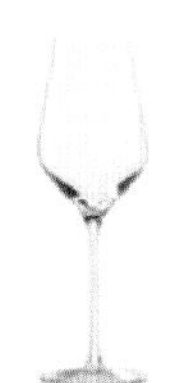

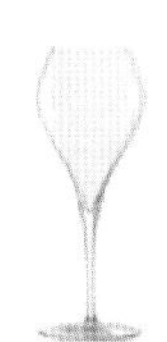

420 00 00*	420 00 38*	420 00 35*	420 00 03*	420 00 02*	420 00 04*
Burgundy	Burgundy Grand Cru	Bordeaux	Chianti	White Wine	Sweet Wine
Burgunderkelch	Burgunder Grand Cru	Bordeauxkelch	Chianti	Weißweinkelch	Süßweinkelch
650 ml | 22 oz	870 ml | 29½ oz	600 ml | 20¼ oz	400 ml | 13½ oz	350 ml | 11¾ oz	320 ml | 10¾ oz
H 245 mm | 9¾"	H 270 mm | 10½"	H 263 mm | 10¼"	H 247 mm | 9¾"	H 245 mm | 9¾"	H 207 mm | 8¼"
Ø 114 mm | 4½"	Ø 125 mm | 5"	Ø 100 mm | 4"	Ø 84 mm | 3¼"	Ø 84 mm | 3¼"	Ø 84 mm | 3½"

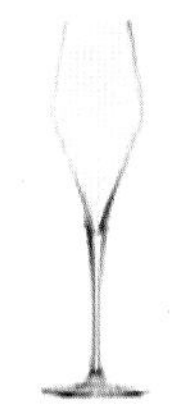

420 00 29*	420 00 05*	420 00 30*	420 00 18*	420 00 11*	420 00 16*
Flute Champagne	Port	Grappa	Cognac	Water	Water Tumbler
Champagnerkelch	Portwein	Edelbrand	Cognac	Wasserkelch	Wasserbecher
300 ml | 10¼ oz	180 ml | 6 oz	60 ml | 2 oz	120 ml | 4 oz	460 ml | 15½ oz	570 ml | 19¼ oz
H 270 mm | 10½"	H 200 mm | 7¾"	H 193 mm | 7½"	H 185 mm | 7¼"	H 188 mm | 7¼"	H 123 mm | 4¾"
Ø 80 mm | 3¼"	Ø 64 mm | 2½"	Ø 62 mm | 2½"	Ø 64 mm | 2½"	Ø 86 mm | 3½"	Ø 100 mm | 4"

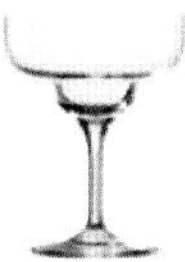
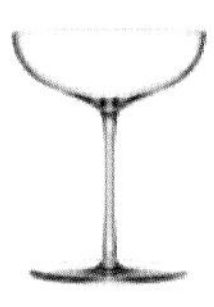
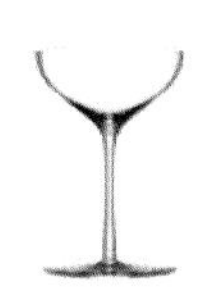

140 00 25	205 00 25	140 00 24*	346 00 25	346 00 05	205 00 25 DS1620
Grandezza	Professional	Grandezza	Kyoto	Kyoto	Soho
Cocktail Glass	Cocktail Glass	Margarita	Cocktail glass	Nick & Nora glass	Cocktail Glass
Cocktailschale	Cocktailschale	Margarita	Cocktailschale	Nick & Nora Glas	Cocktailschale
240 ml | 8 oz	250 ml | 8½ oz	340 ml | 11½ oz	318ml | 10 ¾ oz	190ml | 6 ½ oz	250ml | 8½ oz
H 172 mm | 6¾"	H 168 mm | 6½"	H 172 mm | 6¾"	H 172,2mm | 6 ¾"	H 161,4mm | 6 ⅓"	H 168mm | 6⅔"
Ø 116 mm | 4½"	Ø 106 mm | 4¼"	Ø 111 mm | 4¼"	Ø 112mm | 4 ½"	Ø 89,9mm | 3 ½"	Ø 106mm | 4¼"
			NEW	NEW	NEW

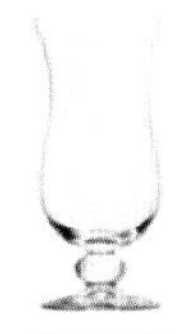

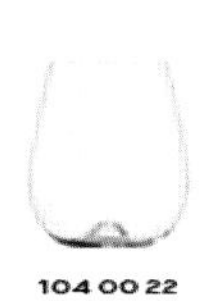
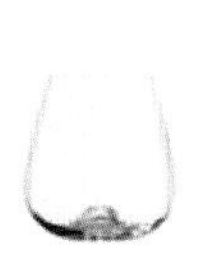

483 00 25	160 00 37	104 00 22	104 00 12	502 00 32	150 00 31
Beer & Bar		Vulcano	Vulcano		Grand Cuvée
Acapulco	Cocktail Glass	Red Wine Tasting Tumbler	White Wine Tasting Tumbler	Coffee / hot beverages	Tasting Glass
Acapulco	Gin Tonic	Rotwein-Tasting-Becher	Weißwein-Tasting-Becher	Latte / Glühwein	Verkostungsglas
480 ml | 16¼ oz	755 ml | 25½ oz	705 ml | 23¾ oz	475 ml | 16 oz	265 ml | 9 oz	300 ml | 10¼ oz
H 209 mm | 8¼"	H 215 mm | 8½"	H 133 mm | 5¼"	H 115 mm | 4½"	H 150 mm | 6"	H 186 mm | 7¼"
Ø 80 mm | 3¼"	Ø 107 mm | 4¼"	Ø 96 mm | 3¾"	Ø 87 mm | 3½"	Ø 78 mm | 3"	Ø 74 mm | 3"

(2) 글라스 취급법

손으로 끼워 운반하는 방법과 서비스 트레이(Service Tray)로 운반하는 방법이 있으며, 원통모양의 글라스류는 반드시 트레이를 사용하여 운반한다.

① 손으로 운반하는 법

글라스를 손으로 운반할 때는 어떠한 경우에도 손가락이 글라스 안으로 들어가면 안 되며, 유리컵을 잡을 때는 항상 글라스의 아랫부분을 잡도록 한다. 손잡이가 달린 글라스는 반드시 손잡이를 잡도록 한다.

- 손가락이 글라스 안으로 들어가지 않게 한다.
- 글라스의 아랫부분을 잡는다.
- 스템이 있는 글라스는 왼쪽 손가락에 스템의 사이를 끼워 운반하고 끼운 것부터 차례로 내려놓는다.

② 손잡이가 있는 잔을 운반하는 법

손잡이(Stem)가 달린 글라스를 손으로 운반할 때는 손잡이 부분을 손가락 사이에 끼워서 글라스의 윗부분이 아래쪽을 향하도록 거꾸로 든다. 이때 글라스끼리 부딪치지 않도록 조심해서 운반하며, 놓을 때는 맨 마지막에 끼운 글라스부터 역순으로 내려놓는다.

- 한 손에 2~3개의 잔을 운반할 수 있다.
- 손잡이를 정확히 든다.
- 잔이 심하게 부딪히지 않도록 조심한다.

③ 서비스 트레이에 담아 글라스를 운반하는 법

서비스 트레이로 운반할 때는 글라스가 미끄러지지 않도록 트레이에 매트(Mat) 또는 냅킨(Napkin)을 깔고 물체가 한쪽으로 기울지 않도록 중심자리부터 글라스를 붙여서 놓아야 한다.

- 많은 잔을 운반하는 데 적합하다.
- 글라스가 미끄러지지 않도록 냅킨이나 매트를 깐다.
- 높은 잔은 중심부분에 놓고 그 주위로 낮은 잔을 놓는다.

- 왼손을 펴서 쟁반의 중심부위를 받친다.
- 위험하다고 생각할 경우 쟁반의 가장자리를 잡는다.

④ 한꺼번에 많은 양의 글라스를 운반할 때는 글라스 랙(Glass Rack)을 사용하도록 하며, 용도에 맞는 글라스 랙을 필히 사용해야 한다.

(3) 글라스 닦는 요령

① 글라스 랙(Glass Rack)에 채워 함께 세척기계(Wash Machine)에 넣어 닦는다.
② 기계로 닦인 글라스는 다시 뜨거운 수증기로 닦아주어야 하는데, 용기에 뜨거운 물을 별도로 준비하여 세척된 글라스를 한 개씩 수증기에 쏘여 깨끗이 닦는다.
③ 닦기 전에 글라스에 금이 갔거나 깨진 것인지 확인한다.
④ 왼손에 글라스 타월(Glass Towel)을 펼쳐 글라스의 윗부분을 감싸쥔 채 글라스의 아랫부분은 오른손을 이용하여 닦는다. 글라스를 잡은 후 한쪽 엄지손가락과 타월을 글라스 안쪽에 넣고 나머지 손가락은 글라스 바깥부분을 쥐며, 다른 한쪽 손은 글라스 밑바닥을 타월로 감싸 쥐고 글라스를 가볍게 돌려가면서 닦는다.
⑤ 윗부분의 안팎을 닦은 후 손잡이 부분과 밑바닥을 물기가 없도록 차례대로 깨끗하게 닦는다.
⑥ 닦은 후에는 먼지 또는 얼룩이나 물자국 등이 깨끗하게 닦였는지 철저히 점검해야 한다.
⑦ 깨끗이 닦인 글라스를 깨끗한 리넨이나 매트가 깔린 보관소에 거꾸로 세워 놓는다.

2. 도자기 제품(China Ware) 준비하기

호텔 레스토랑에서 사용하는 도자기 제품들은 다음과 같이 크게 3가지로 구분한다.

1) 플레이트류(Plate)

- 애피타이저 플레이트(Appetizer Plate)
- 샐러드 플레이트(Salad Plate)
- 브레드 플레이트(Bread and Butter Plate, BB Plate)
- 앙트레 플레이트(Entree Plate)
- 디저트 플레이트(Dessert Plate)
- 서비스 플레이트(Service Plate)
- 쇼 플레이트(Show Plate)

2) 볼(Bowl)

- 수프 볼(Soup Bowl)
- 샐러드 볼(Salad Bowl)
- 시리얼 볼(Cereal Bowl)
- 슈거 볼(Sugar Bowl)

3) 컵과 받침(Cup & Saucer)

- 커피컵(Coffee Cup)
- 커피 잔받침(Coffee Saucer)
- 수프컵(Soup Cup)
- 수프컵받침(Soup Saucer)
- 데미타스컵(Demitasse Cup)
- 데미타스 컵받침(Demitasse Saucer)

The innovative design of NewMoon

(1) 플레이트의 종류

① **쇼 플레이트 또는 서비스 플레이트**(Show Plate, Service Plate)

- 직경 31.1cm가량의 대형 플레이트이다.
- 기본세팅은 중앙에 냅킨을 접어 세워 놓는다.
- 전체 수프를 서브하고 수프 볼이나 컵을 함께 수거한다.
- 레스토랑 모든 플레이트의 상징이다.
- 식탁의 분위기를 살려주는 역할을 한다.

② **브레드 플레이트**(Bread Plate)

- B&B Plate라고 하며, 이것은 Bread와 Butter의 약자를 말한다.
- 직경은 16cm 정도가 적당하다.
- 빵과 잼 혹은 버터를 올려놓는 사이즈면 된다.

③ **앙트레 플레이트**(Entree Plate)

- 메인 코스(Main Course)가 올려지는 플레이트이다.
- 직경은 25~27cm 정도가 적당하다.
- '뜨거운 음식은 뜨겁게' Hot Dish에 음식을 제공함이 원칙이므로 워머기 안에 보관하여야 한다.

④ **샐러드 플레이트**(Salad Plate)

- 채소요리를 제공하는 데 사용된다.
- 직경 20cm 정도가 적당하다.
- 찬 샐러드를 차게 서브할 수 있도록 차갑게 보관해야 한다.

⑤ **디저트 플레이트**(Dessert Plate)

- 직경 20cm 정도가 적당하다.

⑥ **수프볼**(Soup Bowl)**과 컵**(Cup)

- 플레이트와 컵의 형식이 복합된 것이 볼(Bowl)이며 진한 수프를 제공할 때 사용된다.
- 보통 수프의 컵을 부용컵(Bouillon Cup)이라고 하며 맑은 수프를 제공할 때 사용된다.

- 통상 부용컵의 직경은 10cm 정도이다.
- 통상 수프볼의 직경은 20cm 정도이다.

⑦ **커피컵과 컵받침**(Coffee Cup & Saucer)

- 커피컵은 3~8온스 용량의 크기이다.
- 커피컵을 제공할 때는 컵받침을 받쳐서 제공한다.

⑧ **버터 디시**(Butter Dish)

⑨ **커피포트**(Coffee Pot)

⑩ **크림 피처**(Cream Pitcher) 등

다음은 식음료 차이나 웨어 종류이다.

Range Overview

CAFFÈ CLUB
p. 64
CERA
p. 68
COPPER GLOW
p. 72
CORPO
p. 76
DUNE
p. 82
EASY
p. 88
OCR 16-4004-0465
Teapot/Coffeepot w. cover/filter
1,0 l | 33⅞ oz.
OCR 16-4004-0630
Teapot/Coffeepot w. cover/filter
0,4 l | 13½ oz.
OCR 16-4004-0780
Creamer
0,25 l | 8⅝ oz.
OCR 16-4004-0800
Creamer/Sauceboat
0,1 l | 3⅜ oz.
OCR 16-4004-0930
Sugar bowl with cover
135 x 65 mm · 0,26 l | 5⅓ x 2⅝" · 8⅝ oz.
OCR 16-4004-0950
Cover sugar bowl/Individual bowl
135 x 65 mm | 5⅓ x 2⅝"

OCR 16-4004-1270
Cup
0,22 l | 7⅝ oz.

OCR 16-4004-1450
Cup
0,1 l | 3⅜ oz.

OCR 16-4004-1360
Cup
0,25 l | 8⅝ oz.

OCR 16-4004-4870
Mug with handle
90 mm · 0,4 l | 3½" · 13½ oz.

OCR 16-4004-1271
Cup stackable
80 mm · 0,22 l | 3½" · 7⅝ oz.

OCR 16-4004-1451
Cup stackable
60 mm · 0,1 l | 2½" · 3⅜ oz.

OCR 16-4004-4895
Mug with handle stackable
0,4 l | 13½ oz.

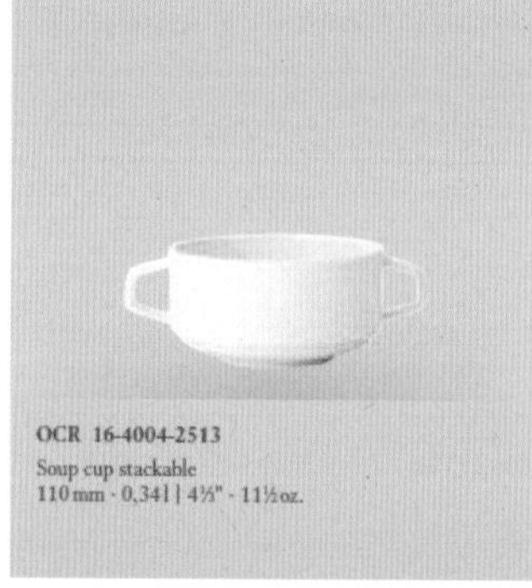
OCR 16-4004-2513
Soup cup stackable
110 mm · 0,34 l | 4½" · 11½ oz.

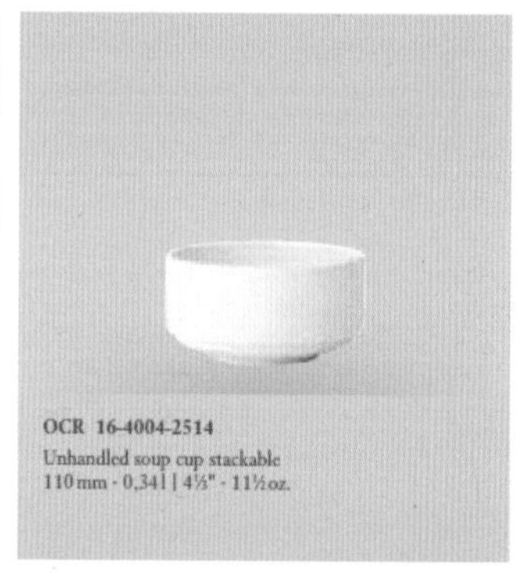
OCR 16-4004-2514
Unhandled soup cup stackable
110 mm · 0,34 l | 4½" · 11½ oz.

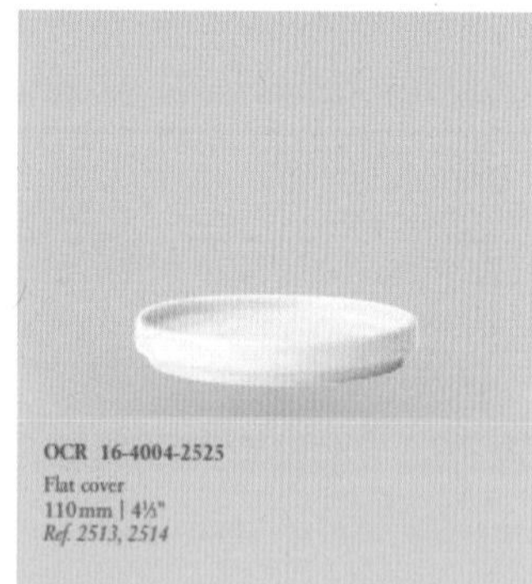
OCR 16-4004-2525
Flat cover
110 mm | 4½"
Ref. 2513, 2514

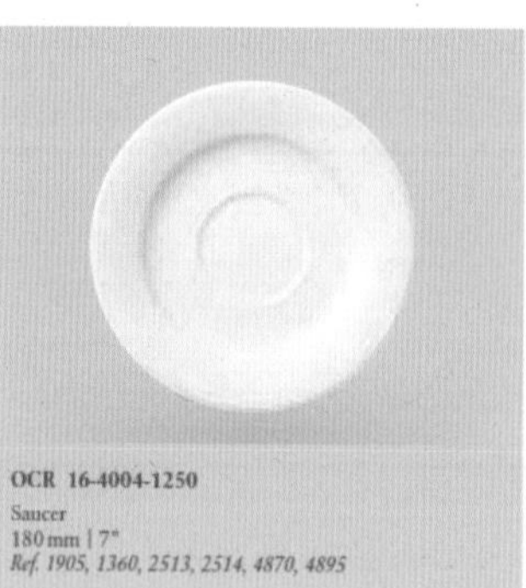
OCR 16-4004-1250
Saucer
180 mm | 7"
Ref. 1905, 1360, 2513, 2514, 4870, 4895

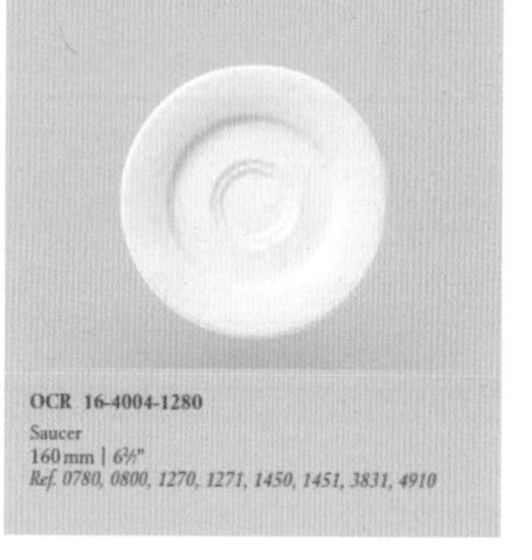
OCR 16-4004-1280
Saucer
160 mm | 6½"
Ref. 0780, 0800, 1270, 1271, 1450, 1451, 3831, 4910

OCR 16-4004-1460
Saucer
135 mm | 5⅓"
Ref. 1450, 1451
OCR 16-4004-2830
Rectangular partyplate
270 x 160 mm | 10⅝ x 6⅓"
Ref. 0800, 1270, 1271, 1360, 1905, 2513, 2514, 3831, 4870, 4895, 4910
OCR 16-4004-2590
Flat plate
315 mm | 12⅜"
OCR 16-4004-2600
Flat plate
295 mm | 11⅝"
OCR 16-4004-2610
Flat plate
285 mm | 11⅕"
OCR 16-4004-2620
Flat plate
270 mm | 10⅝"
OCR 16-4004-2630
Flat plate
240 mm | 9⅝"
OCR 16-4004-2640
Flat plate
210 mm | 8¼"
OCR 16-4004-2660
Flat plate
160 mm | 6⅓"
OCR 16-4004-2701
Deep plate
290 mm · 0,62 l | 11⅜" · 21 oz.
OCR 16-4004-2700
Deep plate
230 mm · 0,31 l | 9" · 10½ oz.
OCR 16-4004-2710
Oval flat plate
320 x 280 mm | 12⅝ x 11"

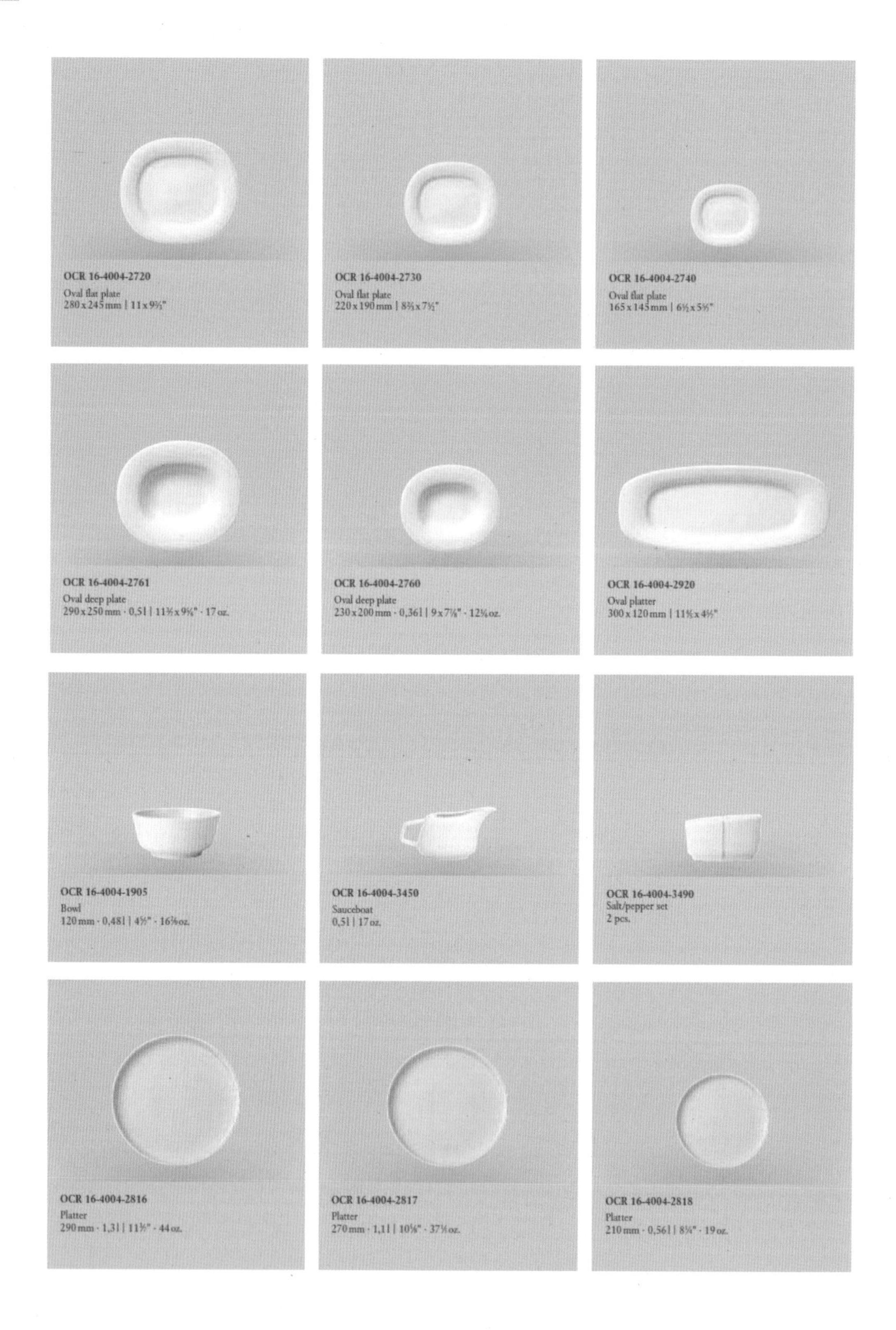
OCR 16-4004-2720
Oval flat plate
280 x 245 mm | 11 x 9 2/3"
OCR 16-4004-2730
Oval flat plate
220 x 190 mm | 8 2/3 x 7 1/2"
OCR 16-4004-2740
Oval flat plate
165 x 145 mm | 6 1/2 x 5 2/3"
OCR 16-4004-2761
Oval deep plate
290 x 250 mm · 0,5 l | 11 2/5 x 9 5/6" · 17 oz.
OCR 16-4004-2760
Oval deep plate
230 x 200 mm · 0,36 l | 9 x 7 7/8" · 12 3/4 oz.
OCR 16-4004-2920
Oval platter
300 x 120 mm | 11 4/5 x 4 3/4"
OCR 16-4004-1905
Bowl
120 mm · 0,48 l | 4 1/2" · 16 3/4 oz.
OCR 16-4004-3450
Sauceboat
0,5 l | 17 oz.
OCR 16-4004-3490
Salt/pepper set
2 pcs.
OCR 16-4004-2816
Platter
290 mm · 1,3 l | 11 1/2" · 44 oz.
OCR 16-4004-2817
Platter
270 mm · 1,1 l | 10 5/8" · 37 1/2 oz.
OCR 16-4004-2818
Platter
210 mm · 0,56 l | 8 1/4" · 19 oz.

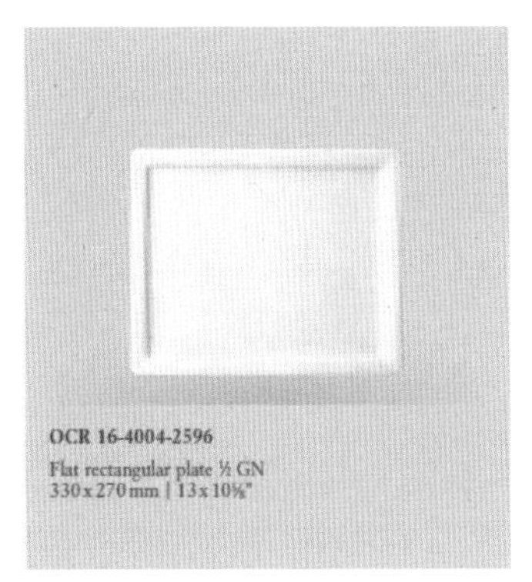

OCR 16-4004-2596
Flat rectangular plate ½ GN
330 x 270 mm | 13 x 10⅝"

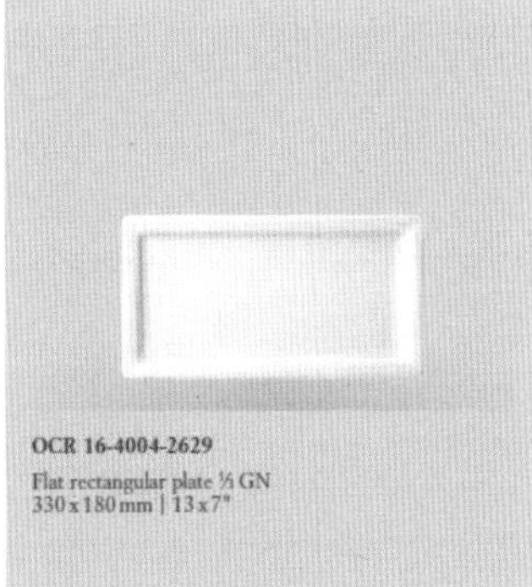

OCR 16-4004-2629
Flat rectangular plate ⅓ GN
330 x 180 mm | 13 x 7"

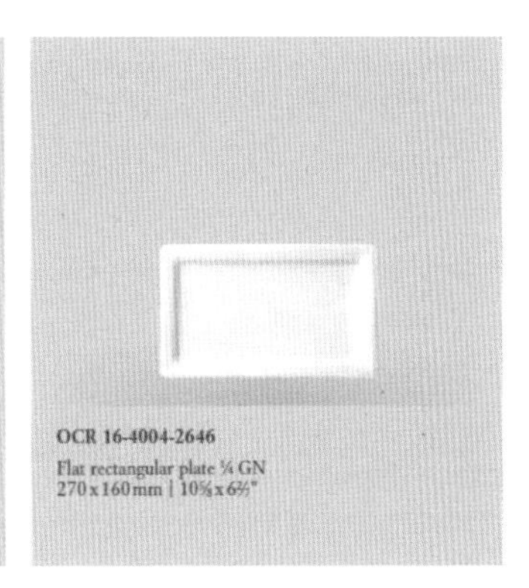

OCR 16-4004-2646
Flat rectangular plate ¼ GN
270 x 160 mm | 10⅝ x 6⅓"

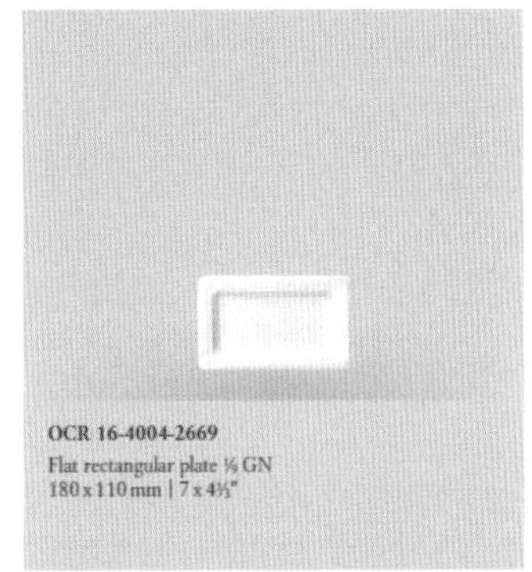

OCR 16-4004-2669
Flat rectangular plate ⅛ GN
180 x 110 mm | 7 x 4⅓"

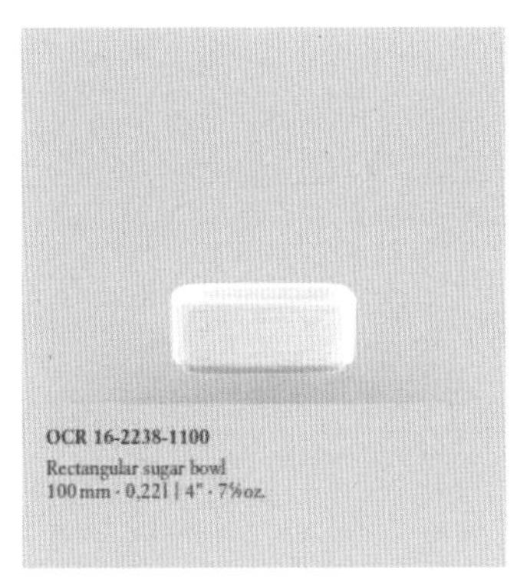

OCR 16-2238-1100
Rectangular sugar bowl
100 mm · 0,22 l | 4" · 7⅝ oz.

OCR 16-2238-1270
Cup N.2
0,22 l | 7⅝ oz.

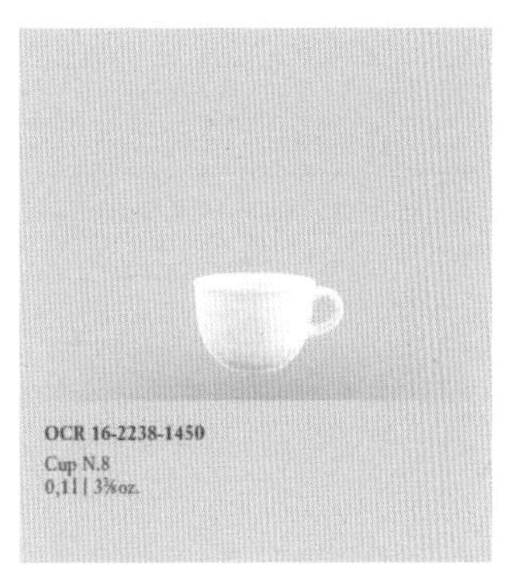

OCR 16-2238-1450
Cup N.8
0,1 l | 3⅜ oz.

OCR 16-2238-1271
Cup N.2 stackable
0,22 l | 7⅝ oz.

OCR 16-2238-1361
Cup N.4 stackable
0,18 l | 6 oz.

OCR 16-2238-1451
Cup N.8 stackable
0,1 l | 3⅜ oz.

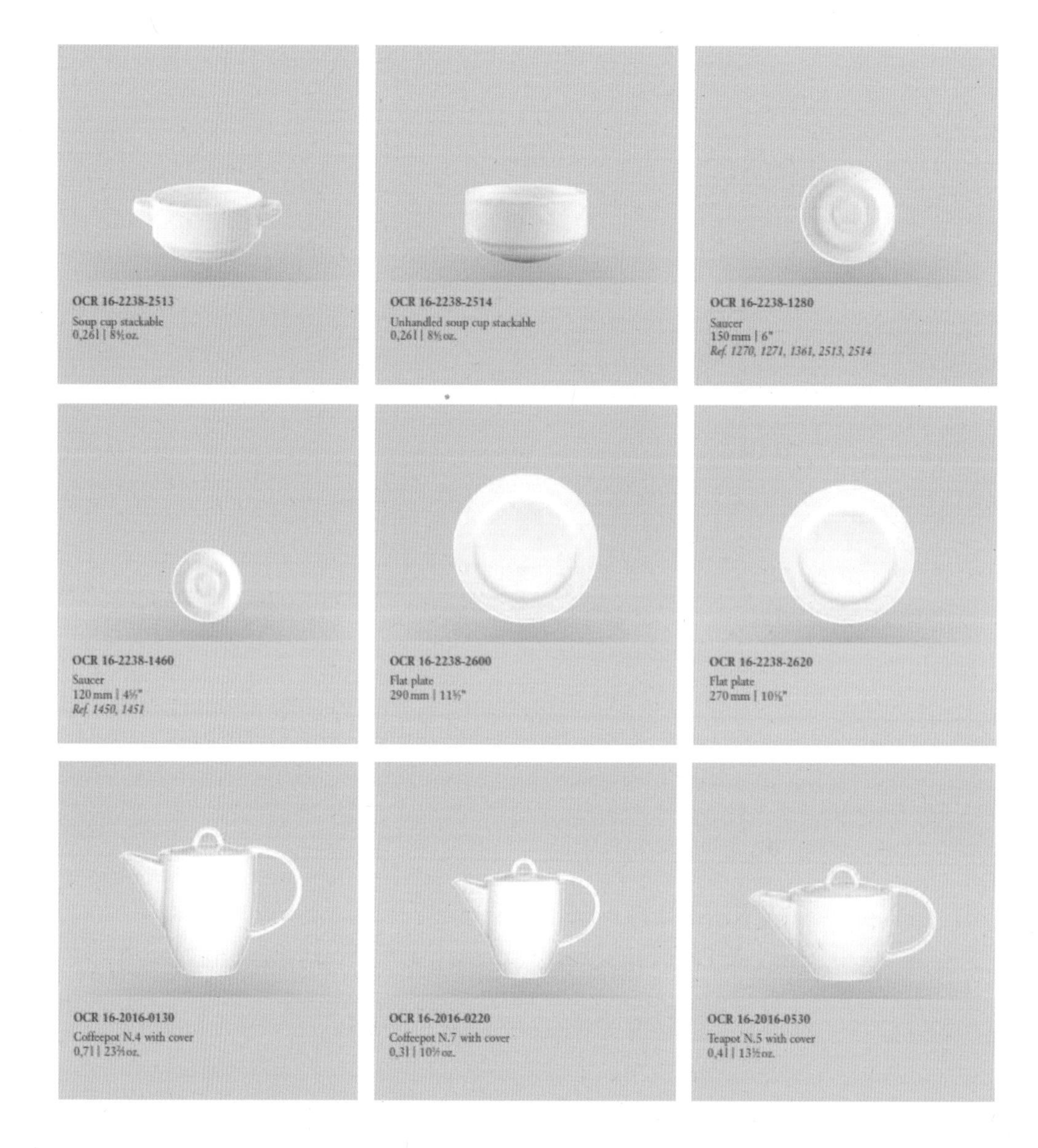
OCR 16-2238-2513
Soup cup stackable
0,26l | 8⅘oz.
OCR 16-2238-2514
Unhandled soup cup stackable
0,26l | 8⅘oz.
OCR 16-2238-1280
Saucer
150 mm | 6"
Ref. 1270, 1271, 1361, 2513, 2514
OCR 16-2238-1460
Saucer
120 mm | 4¾"
Ref. 1450, 1451
OCR 16-2238-2600
Flat plate
290 mm | 11⅖"
OCR 16-2238-2620
Flat plate
270 mm | 10⅝"
OCR 16-2016-0130
Coffeepot N.4 with cover
0,7l | 23⅔oz.
OCR 16-2016-0220
Coffeepot N.7 with cover
0,3l | 10⅕oz.
OCR 16-2016-0530
Teapot N.5 with cover
0,4l | 13½oz.

(2) 플레이트(Plate) 닦는 법

- 양손에 청결한 워시 클로스(Wash Cloth)를 감싸쥐고 플레이트를 회전시키면서 깨끗이 닦는다.
- 플레이트의 가운데 부분을 닦을 때도 왼손에 워시 클로스(Wash Cloth)를 감싸서 플레이트를 들고 닦는다.
- 앞부분을 닦고 난 후 뒷부분에 이물질이 있는지 확인한 후에 닦는다(이물질 있는 것은 세척기에 보냄).
- 닦을 때는 소음이 나지 않도록 하며 조심스럽게 다루어 깨지지 않도록 한다.

(3) 플레이트(Plate) 운반하는 법

플레이트류를 운반하는 방법에는 2, 3, 4개 드는 법과 여러 개를 한꺼번에 운반하는 방법이 있다. 취급할 때는 플레이트의 테두리(Rim) 안쪽으로 손가락이 들어가지 않도록 주의한다.

- 운반할 때는 플레이트가 몸 바깥으로 벌어지지 않게 몸 안쪽으로 플레이트를 밀착해서 들어야 하고, 플레이트 든 팔을 흔들면서 걷지 말며 전후좌우 경계를 소홀히 해서는 안 된다.
- 음식이 담긴 뜨거운 플레이트는 암타월(Arm Towel)로 받쳐 들고, 특히 고객 앞에서는 주의하며 내려놓을 때 "접시가 뜨겁습니다. 고객님"이라고 주의를 요청한다.

① 플레이트(Plate) 한 장 운반법

- 왼손의 엄지손가락이 플레이트 테두리에 지문이 닿지 않게 쥔다.

② 플레이트(Plate) 두 장 운반법

- 왼손의 엄지손가락과 새끼손가락 사이에 플레이트를 끼운 다음 나머지 손가락은 밑부분을 가볍게 받쳐 든다.
- 한 장의 플레이트를 받쳐 든 엄지와 새끼손가락, 그리고 손목 위에 안정감 있게 두 번째 플레이트를 수평을 유지하게 자연스럽게 위에 얹는다.

③ 플레이트(접시, Plate) 세 장 운반법

요리가 담긴 여러 개의 음식접시를 겹쳐 들 때 접시의 밑부분에 쥔 다른 요리에 닿아 위생상 안 좋고 고객의 불평을 초래하므로, 사전에 접시 드는 훈련이 기본적으로 되어야 한다.

- 왼손의 엄지손가락과 검지로 첫 번째 플레이트의 9시 방향을 가볍게 잡는다.
- 2nd플레이트는 1st플레이트 밑으로 플레이트 끝 테두리 부분을 겹쳐 나머지 손가락으로 받쳐 든다. 즉 두 번째 플레이트는 첫 번째 플레이트의 밑 테두리에 끼워 엄지손가락으로 고정시킨 뒤 나머지 손가락으로 균형 있게 수평을 유지하여 받쳐 든다.

• 플레이트를 잡은 후에는 손목을 안쪽으로 충분히 구부리고 2nd플레이트 테두리 위와 왼손 팔목부분에 3rd플레이트를 올려놓으면 3개를 들 수 있다. 즉 두 개의 플레이트가 평행을 이루도록 손목을 충분히 안쪽으로 꺾어 2nd플레이트와 암타월을 걸친 팔의 중심부분에 세 번째 플레이트의 균형을 잡아 가볍게 얹는다(될 때까지 반복 수업).

(4) 플레이트(Plate) 치우는 법

• 왼손의 엄지손가락과 검지로 첫 번째 플레이트를 쥐고 포크(Fork) 끝을 엄지손가락으로 고정시킨 다음 나이프(Knife)는 포크(Fork)의 밑부분에 X자형이 되도록 끼운다. 즉 포크 밑으로 가지런히 끼워 바닥에 기물이 떨어지지 않도록 힘을 적당히 준다. 포크(Fork)는 첫 번째 포크 위에 가지런히 포갠다.
• 모든 포크(Fork)와 나이프(Knife)는 첫 번째 플레이트에 X자형으로 모아놓고 세 번째 플레이트의 음식물 찌꺼기는 포크(Fork)를 이용하여 두 번째 플레이트로 고객에게 보이지 않게 몸을 살짝 틀어 조용히 쓸어내린다. 그다음 플레이트도 같은 요령으로 처리하여 포개며, 이때 절대 소음이 나지 않도록 주의해야 한다.
• 엄지손가락과 새끼손가락 사이에 1st플레이트를 끼우고 포크(Fork)를 엄지손가락으로 고정시킨 다음 그 밑에 나이프(Knife)를 끼운다. 2nd플레이트는 엄지손가락과 새끼손가락, 손목에 중심을 잡아 얹어 포크(Fork)를 이용하여 음식찌꺼기를 1st플레이트로 쓸어내리고 이용한 포크(Fork)는 나이프(Knife) 위에 X자형으로 놓는다(될 때까지 반복수업).

(5) Tray 드는 요령

① 반드시 표준절차대로 왼손으로 손바닥 위에 들며 옆구리에 끼거나 끝을 잡아 세워 들고 흔들고 다녀서는 안 된다.
② Tray 중심부분에 왼손 팔목부분의 손바닥 부위와 각 손가락을 넓게 벌려 손끝을 약간 세운 다음 손바닥 중심부분이 Tray에 닿지 않도록 공간을 이루어 자연스럽게 든다.
③ Tray는 팔을 겨드랑이에 자연스럽게 붙이고 몸 안쪽으로 직각이 되게 팔꿈치를 구부려 반듯하게 든다.

④ Tray 바닥에는 냅킨(Napkin)이나 매트(Mat)를 깔아 물건이 미끄러지지 않도록 한다.
⑤ 물건을 놓을 때는 Tray의 중심을 잡고 그 부분부터 글라스나 병 등을 올리고 내려놓을 때는 바깥부터 내려놓는다.
⑥ 기물을 담을 때는 청결하게 하고 소음이 나지 않도록 한다.

3. 실버웨어(은기물류, Silver Ware) 또는 스테인리스 스틸웨어(Stainless Steel Ware) 준비하기

실버웨어(Silver Ware)

순은제와 은도금의 두 종류가 있는데, 대부분 1988년 이전에 우리나라 특급호텔의 식당에서는 은도금의 기물을 많이 사용하였다. 은도금의 기물은 원가가 매우 비싼 관계로 고급식당에서만 사용하였으나 도색관리에 힘이 들어 점차 스테인리스 스틸(Stainless

Steel)로 바뀌는 추세이다. 일반식당에서는 품질 좋은 스테인리스 스틸(Stainless Steel) 기물을 많이 사용하고 있다.

1) 종류

① **쟁반**(Service Tray)

쟁반은 그 모양에 따라 원형 쟁반(Round Tray), 사각형 쟁반(Square Tray), 직사각형 쟁반(Rectangular Tray) 등으로 나누어진다. 최근 식당에서는 플라스틱 제품이나 스테인리스 제품의 쟁반을 많이 사용하고 있다.

- 깨끗하게 사용하고 보관에 유의한다.
- 물건이 미끄러지지 않게 냅킨이나 매트를 깐다.
- 둥근 쟁반(Round Tray), 타원형 쟁반(Oval Tray), 사각 쟁반(Square Tray), 직사각형 쟁반(Rectangular Tray)이 있다.

② **식탁용 은기제품**(Tale Silver Ware)

〈나이프(Knife)의 종류〉

- 애피타이저 나이프(Appetizer Knife)
- 미트 나이프(Meat Knife, Entree Knife)
- 과일 나이프(Fruit Knife)
- 생선 나이프(Fish Knife)
- 테이블 나이프(Table Knife & Service Knife)
- 디저트 나이프(Dessert Knife)
- 카빙 나이프(Carving Knife)
- 버터 나이프(Butter Knife)
- 과일 나이프(Fruit Knife)

〈포크(Fork)의 종류〉

- 에스카르고 포크(Snail or Escargot Fork)
- 애피타이저 포크(Appetizer Fork)
- 앙트레 포크(Entree Fork & Meat Fork)

- 카빙 포크(Carving Fork)
- 디저트 포크(Dessert Fork)
- 생선 포크(Fish Fork)
- 칵테일 포크(Cocktail Fork)
- 샐러드 포크(Salad Fork)
- 과일 포크(Fruit Fork)
- 미트 포크(Meat Fork)

〈스푼(Spoon)의 종류〉

- 부용 스푼(Bouillon Spoon)
- 수프 스푼(Soup Spoon & Table Spoon)
- 디저트 스푼(Dessert Spoon)
- 티 스푼(Tea Spoon & Coffee Spoon)
- 딸기 스푼(Strawberry Spoon)
- 슈거 스푼(Sugar Spoon)
- 멜론 스푼(Melon Spoon)
- 소다 스푼(Soda Spoon)
- 아이스크림 스푼(Ice Cream Spoon)
- 서빙 스푼(Serving Spoon) 또는 서비스 스푼(Service Spoon)
- 소스 래들(Sauce Ladle)
- 수프 래들(Soup Ladle)

〈그 밖의 은기제품〉

- 수프 튜린(Soup Tureen)
- 냅킨 홀더(Napkin Holder)
- 워터 피처(Water Pitcher)
- 샴페인 쿨러(Champagne Cooler)
- 커피 포트(Coffee Pot)
- 소스 볼(Sauce Bowl)
- 아이스 패일(Ice Pail)
- 빵 바구니(Bread Basket)

2) 은기물류(Silver Ware) 취급법

- 은제품과 스테인리스 제품은 반드시 따로 구분한다.
- 사용된 은기물은 지정된 통에 모으며, 부딪쳐서 흠이 생길 우려가 있으므로 던져 넣거나 한꺼번에 쏟아 넣어서는 안 된다.
- 모여진 은기물은 세척기(Dish Washer)에서 뜨거운 물로 세척액을 사용하여 충분히 씻어낸다.
- 뜨거운 물을 용기에 따로 준비한다.
- 은기제품을 왼손에 적당량 쥐고 용기에 든 뜨거운 물에 담갔다가 워시 클로스(Wash Cloth)로 손잡이를 감싸쥐고, 오른손으로 음식이 닿는 부분부터 손잡이 목의 순서로 물기가 완전히 제거되도록 신속한 동작으로 깨끗이 닦는다.
- 나이프(Knife)를 닦을 때는 칼날이 바깥쪽을 향하도록 하고 워시 클로스(Wash Cloth)가 찢어지지 않도록 주의한다.
- 여러 종류의 기물을 한꺼번에 닦을 때는 반드시 포크(Fork)부터 닦는 것이 쉽다. 그리고 포크 창날 사이의 안쪽은 주의해서 닦는다.
- 테이블 세팅(Table Setting)을 할 때는 음식이 닿는 윗부분을 손으로 잡거나 만져서는 절대 안 되고, 반드시 손잡이 윗부분 목을 양옆 모로 잡아 가능한 손자국이 나지 않도록 한다.
- 운반할 때는 소음이 나지 않도록 트레이(Tray)를 사용한다.
- 변색된 은기제품은 트윙클 등 광택제로 깨끗하게 윤을 내어 사용한다.
- 잘 닦여진 은기물을 종류별로 구분하여 기물함에 비치한다.

3) 은기물류 취급 시 유의사항

- 여러 종류의 기물을 닦을 때는 큰 기물부터 닦는다.
- 닦인 기물을 사용하여 테이블 세팅을 할 때는 음식이 닿는 기물부분을 손으로 잡거나 만지면 안 된다.
- 기물의 손잡이 윗부분 목을 모로 잡아 가능한 한 지문이나 손자국이 나지 않도록 해야 한다.

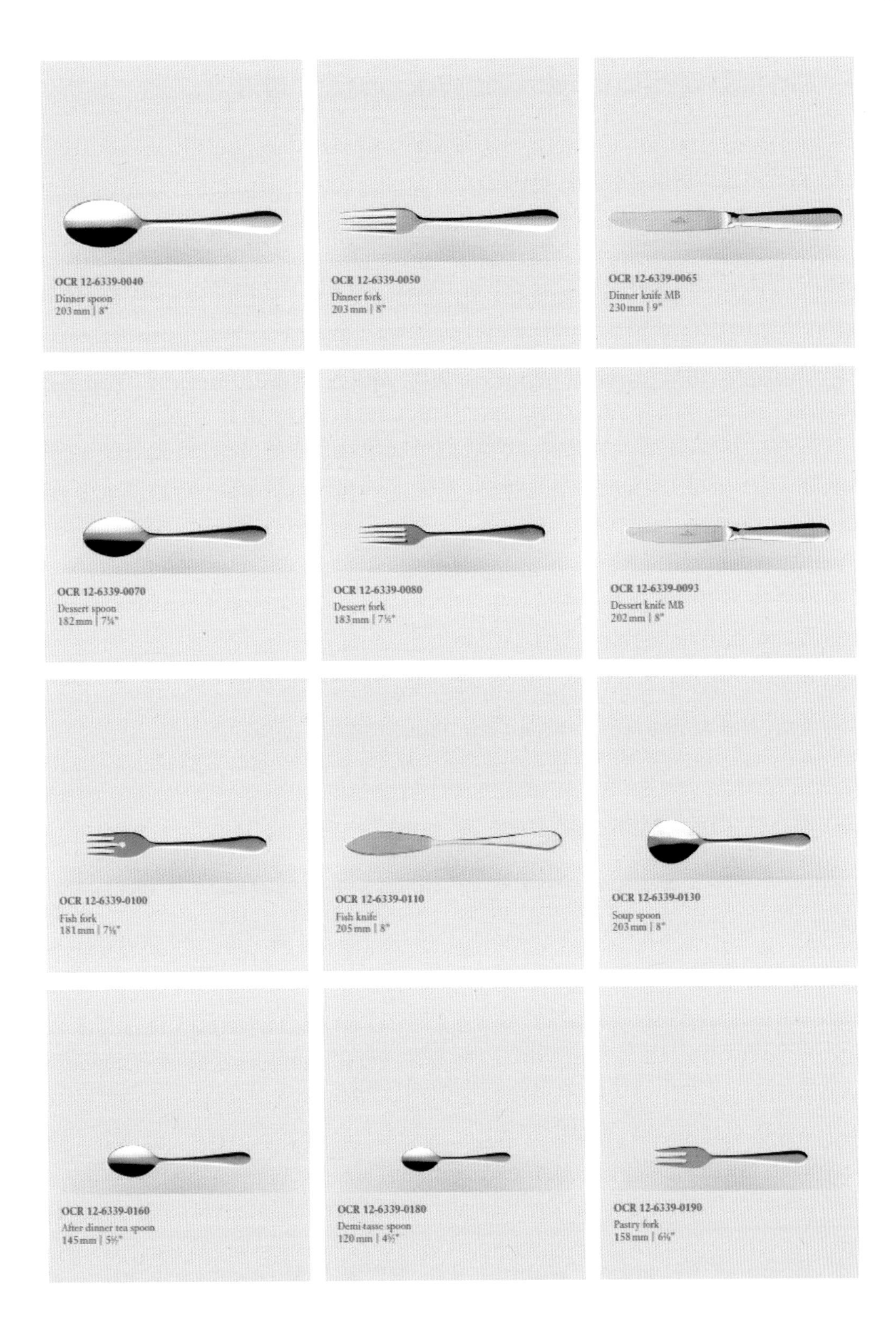
OCR 12-6339-0040
Dinner spoon
203 mm | 8"
OCR 12-6339-0050
Dinner fork
203 mm | 8"
OCR 12-6339-0065
Dinner knife MB
230 mm | 9"
OCR 12-6339-0070
Dessert spoon
182 mm | 7¼"
OCR 12-6339-0080
Dessert fork
183 mm | 7⅛"
OCR 12-6339-0093
Dessert knife MB
202 mm | 8"
OCR 12-6339-0100
Fish fork
181 mm | 7⅛"
OCR 12-6339-0110
Fish knife
205 mm | 8"
OCR 12-6339-0130
Soup spoon
203 mm | 8"
OCR 12-6339-0160
After dinner tea spoon
145 mm | 5⅝"
OCR 12-6339-0180
Demi-tasse spoon
120 mm | 4½"
OCR 12-6339-0190
Pastry fork
158 mm | 6¼"

4. 레스토랑 웨건(Restaurant Wagon) 준비하기

1) 리큐어 트롤리(Liqueur Trolley)

다양한 종류의 브랜디(Brandy) 및 리큐어(Liqueur) 트롤리에 진열해 놓고 고객이 선택해서 드실 수 있도록 만들어진 이동식 수레이며, 프랑스 식당 등 고급식당에서 사용되고 있다.

2) 서비스용 웨건(Service Wagon) 또는 서비스 트롤리(Service Trolley)

서비스용 웨건은 고객의 요리를 운반할 때 사용하는 것으로 영업 전에 서비스 타월(Arm Towel), 서빙 스푼(Serving Spoon), 서빙 포크(Serving Fork), 트레이(Tray) 등을 충분히 준비해 둔다.

① 최고급 서비스에 사용된다.
② 식탁과 높이가 비슷해야 한다.
③ 이동 시 잡음이 전혀 없는 것으로 너무 무거운 재질은 피한다.
④ 영업 전에 Arm Towel, Serving Gear, Plate를 비치해 둔다.

3) 로스트 비프 웨건(Roast Beef Wagon)

조리된 로스트 비프가 식지 않도록 온도 유지 기능이 갖추어진 것으로 뷔페식당이나 연회행사 시에 많이 이용된다. 고객 앞에서 직접 로스트 비프를 카빙(Carving)하여 제공할 때 사용한다.

① 고객 앞에서 직접 카빙(Carving)하여 제공한다.
② 연료를 사용하여 적당한 온도를 유지하도록 한다.
③ 요리가 식지 않도록 뚜껑이 있다.
④ 도마, 칼, 비프용 소스가 웨건 위에 준비된다.

4) 플랑베 웨건(Flambee Wagon) 또는 플랑베 카트(Flambee Cart)

고객의 테이블 앞에서 종사원이 직접 조리하여 요리를 제공하기 위해 사용되는 것으로 알코올 램프나 가스버너(Gas Burner)를 갖춘 웨건이다.

① 전채, 앙트레, 후식 등을 요리할 때 사용된다.

② 직접 조리하여 요리를 서브하는 알코올, 가스버너를 갖춘 카트이다.

③ Frypan, 조리용 양념류, Table Sauce, Wine, 플랑베용 술 종류 등을 고정 비치해 두어야 한다.

5) 바-트롤리(Bar Trolley)

칵테일파티용 트롤리이다. 각종 주류 진열과 조주에 필요한 얼음, 글라스, 부재료, 바 기물 등을 준비하여 고객 앞에서 주문받아 즉석에서 제공할 수 있는 기능성 바이다.

① 조주에 필요한 바(Bar)기물, 술, 음료 등을 비치한다.

② 고객 주문 시 직접 조주하여 서브할 수 있도록 한다.

6) 디저트 트롤리(Dessert Trolley)

① 후식을 진열하여 고객이 잘 볼 수 있도록 꾸민 전시용 트롤리이다.

② 냉장장치가 된 것과 안 된 것이 있다.

③ 각종 디저트 기물을 갖추어 즉석에서 서브할 수 있도록 한다.

7) 룸서비스 웨건(Room Service Wagon)

객실의 투숙객이 식사할 수 있도록 꾸며진 것으로 식사를 위한 기본적인 세팅을 하여 객실 손님에게 식탁용으로 사용되는 웨건이다.

8) 게리동 서비스(Gueridon Service)

음식이 반조리상태에서 홀로 운반되어 고객의 식탁 앞에 위치한 Cart(Gueridon) 위에 준비한 다음 셰프 드 랑 혹은 코미 드 랑에 의해 요리를 완성하여 서브하는 형식이다. 셰프 드 랑은 코미 드 랑과 한 조를 만들어 팀워크를 이루는데, 셰프 드 랑이 카트 위에서 조리를 완성하고 접시에 Presentation을 하면 코미 드 랑이 고객에게 서브한다.

카트서비스(Cart Service)를 미국에서는 웨건서비스(Wagon Service)라고도 한다. 길이와 높이가 식탁과 같아야 한다.

9) 서비스 스테이션(Service Station) 또는 사이드 보드(Side Board)

① Working Table, Service Station, Serving Table, Side Table 등으로 불리기도 한다.
② 신속한 서비스를 목적으로 한다.
③ 길이와 높이는 고객의 식탁과 비슷해야 한다.
④ 이동식, 고정식이 있다.
⑤ 서비스에 필요한 준비물을 보관한다.

영업에 필요한 모든 준비물을 비치하여 접객서비스를 신속하게 할 수 있도록 레스토랑 내부의 적절한 장소에 고정시켜 종사원만 사용하는 비품함이다.

"MATHUSALEM"
lt. 6 - gal. 1 1/2
"SALMANAZAR"
lt. 9 - gal. 2 1/2
MIRABELLA
FRANCIACORTA
BRUT

5. 리넨(Linen)류 준비하기

1) 리넨의 종류

(1) 테이블 클로스(Table Cloth)

테이블의 청결함을 나타내기 위하여 보편적으로 면직류 또는 마직류로 만든 흰색 클로스가 일반적이었으나, 최근 식당분위기에 맞게 여러 종류의 색을 사용하기도 한다. 클로스를 이중(Top Cloth)으로 깔아 테이블을 분위기 있게 데코(Deco)하는 경우도 있다.

(2) 언더 클로스(Under Cloth)

사일런스 클로스(Silence Cloth)라고도 하며 식탁 위에 기물을 놓을 때 나는 소음을 줄이고자 테이블 클로스 밑에 까는 것이다. 털로 짜서 만든 천(Felt)이나 면 종류의 천(Flannelet)으로 만들어 테이블에 고정시켜 사용한다.

(3) 미팅 클로스(Meeting Cloth)

연회행사에서 회의 및 리셉션(Reception)에 널리 사용되며 무늬가 없는 색상으로 촉감이 부드러워 털로 짜 만든 천(Felt)이 일반적으로 사용되고 있다. 색상은 보편적으로 초록(Green)과 갈색(Brown)을 사용한다.

(4) 냅킨(Napkin)

고객이 식사 중에 입을 닦거나 음식을 흘려 옷이 더러워지는 것을 방지하기 위해 무릎 위에 놓고 사용하며 테이블 클로스와 같은 면직으로 만든다. 식탁의 장식 역할도 하므로 테이블 클로스와 잘 어울리는 색상을 선택한다. 규격은 50×50cm, 60×60cm, 67.5×67.5cm 등의 종류가 있으며, 청결한 느낌을 주는 백색을 주로 사용하나 레스토랑 분위기에 맞게 유색을 사용하기도 한다. 고객에게 새로운 인상을 주기 위하여 여러 형태의 모양으로 바꾸어 변화 있는 냅킨을 사용한다.

(5) 워시 클로스(Wash Cloth)

유리잔이나 포크, 나이프류 등 고객의 입에 닿는 청결을 요하는 기물류만 닦을 때 사용해야 하며, 더러운 것, 테이블 위 음식 등은 별도 컬러로 걸레를 지정해서 사용해야 한다. 색상이나 모양을 구분하여 사용하기 편리하고 구별하기 쉽게 만드는 면직류이다.

2) 리넨의 취급법

① 고객의 입에 닿는 리넨류는 위생 수칙을 지켜서 청결히 사용하고 보관해야 한다.
② 사용목적 외에는 절대 사용하면 안 되며 규격 및 용도에 맞게 사용한다.
③ 세탁된 리넨을 보관할 때는 지정된 장소에 종류별로 구분해서 누구나 식별해서 사용하기 편리하도록 잘 정리 정돈해야 한다.
④ 리넨이 기름이나 음식물 등으로 인해 얼룩이 생기지 않도록 주의해야 하며, 사용한 리넨에 음식물 등이 있을 때는 깨끗하게 정리한 후 세탁할 수 있도록 한다.
⑤ 사용된 리넨은 반드시 리넨카(Linen Car) 등 청결한 용기에 모아야 하며, 주방 바닥이나 기타 장소에 방치하지 않도록 한다.
⑥ 리넨이 찢어졌거나 흠집 또는 얼룩이 있는 것은 고객의 테이블에 절대 사용하면 안 된다.

제3절

냅킨 접는 방법(Folding Dinner Napkins)

조선팰리스호텔앤리조트서울 연회장

1. 왕관(Crown)

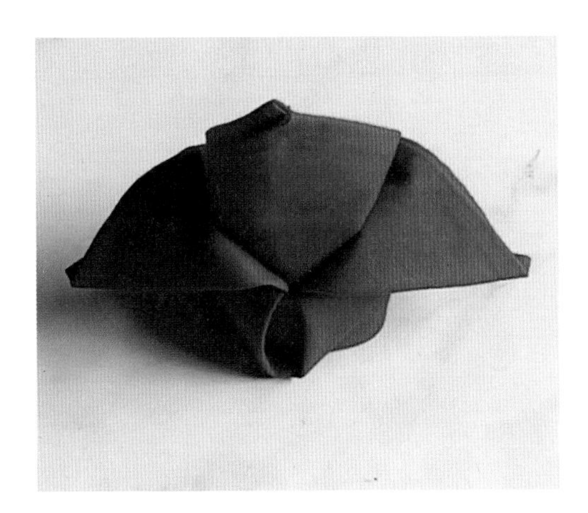

2. 장미(Rose)

제4절

테이블 세팅하기

1. 테이블 세팅(Table Setting)의 정의

테이블 세팅은 식탁에서 고객을 맞기 위한 준비작업이다. 따라서 식사 제공에 필요한 준비기구인 테이블, 의자, 리넨류, 은기물류, 도자기류, 유리컵류 및 기타 테이블 서비스용 기물을 바르게 갖추어 놓는 것을 말한다. 접객서비스를 효율적으로 수행하기 위하여 테이블 세팅과 적절한 테이블의 배치는 중요하다.

1) 아침식사 차림(Breakfast Setting) 또는 일품요리 차림(A La Carte Setting)

Please notify Juniper Hill Bed & Breakfast ahead of time about alternate serving times and dietary requirements. Your needs will be accommodated to the best of our abilities.

2) 정식 차림(Table D'hote Setting)

A	B	C	D	E
Serviette (napkin)	Service Plate	Soup Bowl on Plate	Bread & Butter Plate with Butter Knife	Water Goblet
F	G	H	I	J
White Wine	Red Wine	Champagne Glass	Dinner Knife Dinner Fork	Salad Knife Salad Fork
K	L	M	N	O
Service Knife or Meat Knife	Fish Knife Fish Fork	Soup Spoon	Dessert Spoon and Cake Fork	Appetizer Fork
P	Q	R	S	T
Fruit Knife Fruit Fork	Bread crumbs Plate	Sherry Wine	Escargot Fork	Salt & Paper

Note that it often is recommended that the salad fork (J) is placed to the left of the dinner fork (I). However, in this formal setting the dinner fork is placed to be used before the salad fork because it is suggested that the guest awaits the main meal before helping him/herself to the salad.

2. 테이블 세팅의 순서

레스토랑의 특성과 테이블의 종류에 따라 세팅순서가 달라질 수 있겠으나 일반적인 테이블 세팅 순서는 다음과 같다.

- 테이블과 의자를 점검한다.
- 언더클로스 위에 조심스레 클로스를 편다(천의 먼지가 옆 테이블이나 고객에게 가지 않게 유의).
- 쇼 플레이트(Show Plate)를 놓는다.
- 센터피스를 놓는다.
- 브레드 플레이트(B.B. Plate)를 놓는다.
- 앙트레 나이프와 포크를 놓는다.
- 생선 나이프와 포크를 놓는다.
- 수프 스푼과 샐러드 포크를 놓는다.
- 애피타이저 나이프와 포크를 놓는다.
- 버터나이프를 놓는다.
- 디저트 스푼과 포크를 쇼 플레이트 위쪽에 놓는다.
- 고블릿 잔(물잔, Water Goblet)과 포도주잔(White & Red Wine Glass)을 놓는다.
- 냅킨을 Set-up한다.
- 마지막으로 테이블 세팅의 전체적인 조화와 균형을 점검한다.

3. 레스토랑 식탁 및 의자, 스테이션 규격

1) Service Station(Side Board) : 가로 180~200cm×세로 80~90cm

2) 레스토랑 Table : 가로×세로 85~90cm, 높이 75cm(H)

레스토랑 Chair : 가로×세로 50×50cm, 높이 45cm(H)

(1) 양식당 4인용 Table : 가로×세로 90×140cm

(2) 커피숍 4인용 Table : 가로×세로 90×90cm

(3) 카페용 Table 4인용 : 90×90cm, 2인용 90×75cm, 의자높이 45cm, 의자넓이 50×50cm, 등높이 110cm, 팔걸이높이 25cm

(4) 양식당 Table 4인용 : 80×140cm, Room 비치용; 80×140cm, 2인용; 80×80cm

(5) 스낵, 커피숍 4인용 : 90×90cm, Round 4인용 원형; Table 113cm, 의자 앉는 면적 50×50cm, SH 45(앉는 높이), 등받이 H 95cm

(6) 중식당 테이블류 : 원탁 ø 120cm, 원탁 ø 180cm×2개, 별실용 테이블 : 120×422(1개), 120×140(3개), 트롤리 40×80×75(H)

(7) 기타 규격 : 의자면적; 46×46cm, 의자높이; 46×48cm, 등받이; H(높이), 1m(커피숍 의자)

(8) 4인용 Round ø : (SM) ø 120×75cm(H) (원탁 ø 120) Table Cloth 187×187cm

(9) 6인용 (M) ø 150×75cm(H)

(10) 원탁 ø 150cm Table Cloth ø 250cm

(11) 8인용 Round ø (SM) ø 180×75cm(H)

(12) 원탁 ø 180 Table Cloth ø 250×250cm 돌리는 판 원형 ø 80×80

4. 레스토랑 리넨류 규격

1) Table Cloth : White(Top Cloth 용도로는 연한 색이나 체크컬러를 이용하기도 함)

2) Under Cloth(융)를 Table Cloth 속에 사용

(1) Table Cloth; 30cm 정도 늘어뜨림(세탁 후)

(2) Table과 고객 한 사람과 다른 고객과의 간격 60cm(의자와 의자의 간격, 연회석의 경우 최소거리)

(3) Table Cloth(Under Felt)

(4) 4인용 90×90cm의 Table : 양면을 45cm 정도 늘어뜨림(180×180cm가 되도록 함)

(5) Napkin : 50×50cm, 영업장 적정수량 = 좌석수 + 회전율

(6) 중식당 리넨류 규격

① 원형 테이블 ø 120cm : Table Cloth 210×210cm

② 원형 테이블 ø 150cm : Table Cloth 230×230cm

(7) Fork & Knife 규격 : 12~16인치(길이) 30~50cm

(8) China Ware 규격

① Soup Cup : 직경 12~16cm

② Round Deep Plate : 직경 20~26cm(Thick Soup)

③ Roti(Roast) Plate : 직경 26cm

④ Entree Plate : 직경 24cm

⑤ Dessert Plate : 직경 20cm

⑥ Salad Plate : 직경 17cm(Salad Underline Use)

(9) 한 사람이 차지하는(점유하는) 객석의 좌폭 : 70cm

5. 테이블 세팅의 기본원칙

테이블 세팅을 하는 데 있어 우선 고객의 이용목적에 따라 식사와 부수되는 행사에 불편함이 없도록 식당에서 보유한 물적 자원을 상품화로 유도해 나가야 한다.

1) 테이블과 의자(Table & Chair)

(1) 테이블의 크기와 종류

① 정사각형(Square) : 식당의 중앙과 구석에 배치되며 보통 2, 4인용이 있다. 크기는

가로 90cm, 세로 90cm, 높이 75cm이다.

② 직사각형(Rectangular) : 식당의 창가와 벽, 때로는 중앙에도 배치된다. 4, 6인용의 테이블이 있으며 크기는 가로 150cm, 세로 90cm, 높이 75cm이다.

③ 원형(Round) : 식당의 중앙에 주로 배치되고 2, 4인용이 있으며 크기는 지름 ø 90cm, 높이 75cm가 있다.

(2) 식탁은 고객이 불편을 느끼지 않도록 배치되어야 하며, 흔들리지 않게 바르게 놓여야 한다. 식탁의 높이는 70~75cm, 의자의 높이는 40~45cm, 넓이는 50×50cm 정도가 표준이며 한 사람이 점유하는 의자의 폭은 70cm를 기준으로 한다.

(3) 테이블 배치요령(Table Arrangement)

① 고객의 활동에 불편이 없도록 한다.
② 정해진 규격이 일정해야 하며 견고하고 흔들리지 않아야 한다.
③ 테이블의 위치는 자주 변동하지 않는 게 좋다.
④ 서비스하는 데 불편함이 없어야 한다.
⑤ 고객의 인원수에 맞는 테이블을 배치한다.
⑥ 고객들의 보안이 유지될 수 있도록 배치한다.

2) 테이블 클로스(Table Cloth)

테이블 클로스는 흰색을 사용하는 것이 원칙이지만, 최근에는 색과 무늬가 들어 있는 다양한 종류의 클로스가 사용되고 있다. 테이블 클로스는 깨끗하게 다림질되어야 하며, 클로스를 깔 때는 접었던 선이 식탁의 가로, 세로와 평행이 되도록 해야 한다.

3) 센터피스(Center Pieces)

센터피스는 식탁의 중앙에 놓는 집기로서 소금, 후추, 재떨이, 촛대, 꽃병 등을 가리킨다. 꽃은 병에 꽂거나 수반을 이용할 수 있으나 꽃의 높이가 너무 높아 상대방의 얼굴을 마주보는 데 방해가 되면 안 된다. 또한 촛대(Candlestick) 역시 손님의 대화에 지장을 주는 높이는 피해야 한다. 소금과 후추는 보통 2~3명에 한 세트씩 세팅하며 내용물이 차 있어야 하고, 응고되거나 구멍이 막히지 않도록 수시로 점검해야 한다.

4) 쇼 플레이트(Show Plate) 또는 서비스 플레이트(Service Plate)

항상 깨끗하게 닦여 있어야 하며, 은기물류의 경우 광택이 나야 하고, 도자기류의 경우 깨진 곳이나 흠이 없어야 한다.

5) 냅킨(Napkin)

냅킨의 색상과 모양은 식당의 분위기와 조화를 이루는 격조 높은 것이어야 하며, 가끔씩 색상과 모양을 바꾸어 변화 있는 식당의 분위기를 만들기도 한다.

6) 은기물류(Silver Ware)

나이프 종류는 칼날이 안전하게 안쪽을 향하게 하고 기물배치, 순서, 방향 및 평행을 항상 염두에 두어 가장 합리적으로 배치하여 식탁 분위기에 맞도록 해야 한다. 또한 은기물류를 취급할 때는 반드시 손잡이를 잡는 철저한 위생관념이 필요하다.

7) 유리컵류(Glass Ware)

유리컵류는 얼룩진 곳이 없도록 항상 깨끗하게 닦여 있어야 하며 물기, 기름기, 깨진 것 등은 테이블 세팅에 사용하면 안 된다. 유리컵류를 세팅할 때는 유리컵을 들어서 전등불이나 밝은 곳을 향하여 바라보면 얼룩진 부분을 쉽게 발견할 수 있다.

참고문헌

국내

고석면 외 4인, 관광사업론, 백산출판사, 2022.
고석면 · 황성식, 호텔경영정보론, 백산출판사, 2024.
고재윤 · 조춘봉 · 최웅, 호텔식당경영학원론, 신정, 2005.
권봉현 · 노선희, 글로벌 호텔 브랜드의 이해, 백산출판사, 2022.
권용주 · 신정하 · 이윤영 · 유양호, 식음료경영관리론, 백산출판사, 2005.
김기영 · 김미자 · 박계영 · 전은례 · 조창연, 칵테일의 모든 것, 백산출판사, 2003.
김기영 · 추상영 · 채영철, 호텔 · 외식산업 식음료서비스 실무론, 대왕사, 1999.
김봉규, 호텔인사관리론, 백산출판사, 1996.
김상진, 음료서비스관리론, 백산출판사, 1999.
김영찬 · 김윤 · 김윤민 · 박익수 · 송청락 · 신형섭 · 윤성길 · 장상태, 외식사업 창업과 경영의 실제, 백산출판사, 2018.
김영찬 · 김종규 · 김희영 · 권동극 · 박경호 · 신형섭, 국제화시대 매너와 에티켓, 백산출판사, 2018.
김영찬 · 박경호 · 홍영택 · 조남도, 조주기능사 칵테일 실무, 백산출판사, 2016.
김영찬 · 신형섭 · 서광열 · 조봉기, 호텔경영론, 백산출판사, 2019.
나정기, 메뉴관리론, 백산출판사, 1995.
대생기업(63BLD) 서비스매뉴얼(Manual).
라영선, 외식산업 창업과 경영, 백산출판사, 2006.
레저산업진흥연구소 편, 호텔용어사전, 백산출판사, 2008.
롯데호텔 식음료매뉴얼(Manual).
박성부 · 이정실, 호텔식음료 관리론, 기문사, 1997.
박수영 · 김성혁, 최신관광마케팅론, 백산출판사, 2024.
박영배, 식음료서비스관리론, 백산출판사, 2007.
박영배, 음료 · 주장관리, 백산출판사, 2006.
박오성 · 국승욱 · 최운 · 이보순, 호텔주장경영론, 석학당, 2002.
박인규 · 장상태, 호텔식음료실무경영론, 기문사, 2007.
박정준 · 이상태 · 주종대 · 최동열 · 하종명 · 강영선, 식음료경영실무, 대왕사, 2003.

박철호, AI케어 관광창업론, 기문사, 2024.
박혜정, 항공식음료실무, 백산출판사, 2006.
서한정, 한손에 잡히는 와인, (주)베스트홈, 2001.
쉐라톤서울팔래스강남호텔 식음료서비스 매뉴얼(Manual).
신형섭, 호텔식음료서비스실무론, 기문사, 1999.
워커힐호텔 매뉴얼(Manual).
원유석 · 권혜원 · 정동주 · 양동욱, 호텔식음료서비스실무론, 백산출판사, 2005.
원융희 · 고재윤, 최신 식음료실무론, 백산출판사, 1998.
63빌딩 식음료 매뉴얼(Manual).
이병태, 법률용어사전, 법문북스, 2010.
이석현 · 김의겸 · 김종규 · 김학재, 조주학개론, 백산출판사, 2006.
이순주, 와인입문교실, 백산출판사, 2004.
이순주 · 고재윤, 와인 · 소믈리에 경영실무, 백산출판사, 2001.
이정학, 주류학개론, 기문사, 2004.
임성빈 · 심재호 · 박헌진, 이탈리아요리, 도서출판 효일, 2007.
장혁래, 중국요리입문, 지구문화사, 1999.
전홍진 · 김희수 · 손재근 · 최대만, 레스토랑서비스, 신정, 2008.
정동효 · 윤백현 · 이영희, 차생활문화대전, 홍익재, 2012.
중학생을 위한 기술가정 용어사전(https://goo.gl/5iJM7a).
진양호, 서양조리입문, 지구문화사, 1999.
최동렬, 관광서비스, 기문사, 2008.
최동렬, 호텔연회관리, 백산출판사, 2001.
최수근, 소스의 비밀이 담긴 68가지 소스수첩, 우듬지, 2012.
최수근, 최수근의 서양요리, 형설출판사, 1996.
최웅 · 조선배 · 고재윤 · 김종규 · 김수정 · 원갑연 · 김윤성, Hotel Food & Beverage, 석학당, 2004.
평화문제연구소, 조선향토대백과, 평화문제연구소, 2006.
한국고전용어사전, 세종대왕기념사업회, 2001.
한국민족문화대백과, 한국학중앙연구원, 2011.
한국식품과학회, 식품과학기술대사전, 광일출판사, 2008.
홍영택 · 최태영, 실무 칵테일 백과, 삼지사, 2000.

국외

Bernard Davis, Sally Stone BSC, Food and Beverage Management, British Library Cataloguing in Publication Data, Heinemann Professional Publishing Ltd., 1985.

George, Rosemary, The Simon & Schuster Pocket Wine Label Decoder, Fireside, 1991.

Harper, Douglas, "wine", Online Etymology Dictionary, 2001.

Johnson, Hugh, Vintage: The Story of Wine, Simon and Schuster, 1989.

Lillicrap D. R., Food and Beverage Service, Second Edition, MHCIMA Dip Ed., Edward Arnold Publishing Ltd., 1987.

Stephen Visakay Vintage Bar Ware, Schroeder Publishing Co, Inc., 1997.

The Guildhall Delicatessen.

Tom Powers, Introduction to Management in the Hospitality Industry, Third Edition, John Wiley & Sons, Inc., 1988.

인터넷사이트

en.wikipedia.org

http://blog.daum.net/namil0513/5847793 Retrieved on 2006-09-19

http://cafeteria15l.com/

http://en.wikipedia.org

http://encykorea.aks.ac.kr

http://isle-news.com/archives/2009/01/refurbishment-puts-high-style-on-the-menu/479/

http://kids.donga.com/?ptype=article&no=90201605022188

http://ms.m.wikipedia.org/wiki/wain

http://retaildesignblog.net/2013/02/18/coca-grill-restaurant-by-integrated-field-bangkok/

http://romanticdecorationnow.blogspot.kr

http://soolsool.co.kr

http://thisgirlabroad.com/brunch-giando-italian/

http://tuttomassimo.com/italian-style-table-service

http://www.azrymuseum.org/Projects/Dining_Car/Dining_ Car.htm

http://www.bgf.com.hk/en/data/DATA-za8rUe44faQ2fyxMlA5L-I8-UJxIBZvxaOP1t8QytI57.html

http://www.bsm.re.kr

http://www.daum.net

http://www.designsponge.com

http://www.dimasharif.com/2010/04/understanding-pasta-all-there-is-to.html)
http://www.flickr.com
http://www.followmefoodie.com/2012/03/vancouver-dessert-trends-2012
http://www.gelatodolcevita.com/?page=deli&p=salame
http://www.grandhiltonseoul.com
http://www.grandicparnas.com
http://www.honolulumagazine.com
http://www.interconti.co.jp/yokohama/en/restaurant
http://www.kookje.co.kr/mobile/view.asp?gbn=v&code=0900&key=20120203.22014203745
http://www.koreansool.co.kr
http://www.livestrong.com/article/311950-is-cream-of-wheat-healthy/
http://www.marriott.com-Residence Inn Edinburgh
http://www.mpduksales.com/Tables/restauranttrolleys.htm
http://www.naver.com
http://www.oldwisconsin.com/all-products/ring-bologna/original
http://www.ovguide.com
http://www.patiolanzarote.com/en/event/entrecote-di-manzo/
http://www.recipeshubs.com/sausage-breakfast-cake/49739
http://www.recipeshubs.com/t-bone-steak-with-balsamic-onions/4929
http://www.restaurantmagazine.com/east-coast-wings-grill-announces-strategic-partnership-with-us-foods/
http://www.rewardmanufacturing.com
http://www.shangrila-hotel.com/dining-en.html
http://www.shms.com/en/simple/programs/undergraduateprogram/year-1-food-and-beverage-management-1745
http://www.swissgrand.co.kr/Sub_BarRestaurant.asp?tGo=5
http://www.taste.com
http://www.topratedsteakhouses.com/how-to-grill-bacon-wrapped-filet-mignon/
http://www.wikiwand.com/en/Table_setting
http://www.yahoo.co.kr
https://at-bangkok.com/shangri-la-hotelwon-bangkoks-best-restaurants-2013

https://chefswonderland.com/what-to-do/how-to-make-a-reservation-at-fine-dining-restaurants-in-japan/

https://cm.asiae.co.kr/article/2019120309042390683#Redyho

https://kr.pinterest.com/pin/405675878904820062/

https://modules.marriott.com/hotel-restaurants/seljw-jw-marriott-hotel-seoul/flavors-restaurant/6396017/home-page

https://roadfood.com/restaurants/dutch-kitchen/

https://seoul.intercontinental.com/grandicparnas/restaurant/Weilou

https://seouleducation.tistory.com/3177

https://spanish.alibaba.com

https://tsobtsobe.com/product/rib-eye-steak/

https://www.foodsforbetterhealth.com/cream-of-wheat-vs-oatmeal-difference-between-the-nutrition-values-and-health-benefits-30072

https://www.google.co.kr/search?q=hotel+restaurants+staff&source=lnms&tbm=isch&sa=X&ved=2ahUKEwjPg_fcmKLnAhWNc3AKHbf2DwQQ_AUoAXoECA8Q

https://www.grandicparnas.com:444/kor/index.do

https://www.hankyu-hotel.com/ko/hotel/dh/toyamadh/restaurants/lumiere/

https://www.hospitality-school.com/waiter-guest-english-dialogue/

https://www.hotel-chinzanso-tokyo.com/kr/about/

https://www.radisson.com/varanasi-hotel-up-221002/indvaran/hotel/dining/eastwest

https://www.thelalit.com/the-lalit-delhi/eat-and-drink/kitty-su/

https://www.walkerhill.com/#meetingCont

https://www.walkerhill.com/grandwalkerhillseoul/

https://www.wikiwand.com/en/Table_setting

https://www.youtube.com/watch?v=Ub0rlSRlHbo

nbc.clientmediaserver.com

www.flickr.com

황성식(黃聖植)

현) 에이치엠플레이스 호텔경영컨설팅 대표
현) THE FIRST CLARK HOTEL & RESIDENCE PHILIPPINE General Manager 총지배인
현) 안양대학교 관광경영학과 겸임교수
현) 서울시 강남구 주민참여예산 미래문화분과 문화체육관광위원회 위원장
현) 강소기업협회 전문위원
경희대학교 경영대학원 호텔식음경영전공 경영학석사
안양대학교 관광경영대학원 관광경영전공 관광학박사

[경력]
유니크베뉴 대표
쉐라톤서울팔래스강남호텔 부총지배인
더리버싸이드호텔서울 총지배인
더라움서울 총지배인/상무
부평관광호텔 총지배인/부사장
프리마호텔 총괄지배인/본부장
엘리에나호텔서울 영업총괄 부사장 外

[자격취득]
초경량항공무인멀티콥터 드론1종 자격증 취득

[연구경력]
호원대학교 호텔관광경영학과 겸임교수
청운대학교 인천캠퍼스 관광학부 강사
인하공업전문대학 관광학과 외래교수
안양대학교 대학원 관광경영학과 외래교수
고용노동부 국가직무능력표준 NCS 결혼예식장관리분야 대표집필자
한국산업인력공단 국가직무능력표준 NCS 기업활용컨설팅 책임연구원

[저서]
『호텔경영정보론』
『호텔서비스 만만하게 보지 마라』
『웨딩 365』 외 매거진 칼럼 기고 다수

[논문]
"BTL 마케팅 요소를 통한 호텔웨딩연회상품의 구매의도에 관한 연구" 박사학위논문
"호텔레스토랑 메뉴의 효율적인 운영에 관한 연구" 석사학위논문 외 다수

서정운

현) 청주대학교 호텔외식경영학과 교수
현) 연세대학교 심바오틱라이프텍연구원 객원연구원
현) 호텔리조트학회 부회장
현) 한국국제소믈리에협회 부회장
경희대학교 관광대학원 조리외식경영학과 관광경영학석사
단국대학교 경영대학원 부동산경영학과 경영학석사
가천대학교 대학원 관광경영학과 경영학박사

[경력]
그랜드하얏트서울 26년 근무
경희대학교 관광대학원 마스터소믈리에 · 와인컨설턴트과정 수료
서울대학교 농업생명과학대학 최고농업정책과정 수료
고려대학교 도시재생전문가과정 수료
NCS 개발 집필진
NCS 기업활용컨설팅 컨설턴트
충청북도 충북형 균형발전지표 개발 및 활용방안 연구원
청풍리조트 유휴부지 개발 및 운영계획 책임연구원
충북비즈니스고등학교 학과 재구조화 및 교육과정 개발연구 책임연구원
청주읍성큰잔치 축제평가보고서 책임연구원
대한민국 우리술 품평회 심사위원
충청북도 관광특구 심사위원
호텔업등급 평가위원
경희대 겸임교수 외 다수
베트남 하노이 인터콘티넨탈 호텔 – 한식주간 전통주 클래스 기획

[자격취득]
CHA
마스터소믈리에 - KISA

[논문]
"주류스토리텔링이 고객충성도에 미치는 영향관계 연구–브랜드자아 연대의식과 브랜드이미지 매개효과–" 박사학위논문
"호텔부동산 입지와 고객선택 속성에 관한 연구–서울지역 특급호텔을 중심으로–" 석사학위논문
"Customers' behavioural intentions in relation to sustainable green marketing activities in hotels" 외 27편

김재현

현) 대림대학교 호텔관광과 전임교수
Swiss Hotel Management School PG
한양대학교 관광 · 호텔경영학석사
한양대학교 관광학박사

[경력]
Thermes Parc Resort Swiss F&B
노보텔앰배서더독산 식음료부
파크하얏트서울 식음료부

[활동]
한국관광품질인증제 심사위원
한국관광서비스평가원 이사
한국관광학회 사무차장
호텔등급평가 심사위원

[저서]
『호텔경영의 이해』
『식음료 서비스 실무』
『호텔객실관리실무』 등

저자와의
합의하에
인지첩부
생략

호텔·외식산업

식음료서비스 실무론

2024년 12월 26일 초판 1쇄 인쇄
2024년 12월 30일 초판 1쇄 발행

지은이 황성식 · 서정운 · 김재현
펴낸이 진욱상
펴낸곳 (주)백산출판사
교　정 성인숙
본문디자인 구효숙
표지디자인 오정은

등　록 2017년 5월 29일 제406-2017-000058호
주　소 경기도 파주시 회동길 370(백산빌딩 3층)
전　화 02-914-1621(代)
팩　스 031-955-9911
이메일 edit@ibaeksan.kr
홈페이지 www.ibaeksan.kr

ISBN 979-11-6567-939-2 13590
값 35,000원